Berliner Gemeinderecht

Herausgegeben

vom

Magiſtrat

Zweite, ergänzte Auflage

Fünfter Band

Springer-Verlag Berlin Heidelberg GmbH

Kanalisation, Herrschaft Lanke Wasserwerke, Zentrale Buch

Herausgegeben

vom

Magiſtrat

Zweite, ergänzte Auflage

Springer-Verlag Berlin Heidelberg GmbH

Additional material to this book can be downloaded from http://extras.springer.com

ISBN 978-3-662-01796-8   ISBN 978-3-662-02091-3 (eBook)
DOI 10.1007/978-3-662-02091-3
Softcover reprint of the hardcover 2nd edition 1917

Inhaltsverzeichnis.

Kanalisation.

Herrschaft Lanke.

Zentrale Buch.

Additional material from *Kanalisation, Herrschaft Lanke, Wasserwerke, Zentrale Buch*
ISBN 978-3-662-01796-8 (978-3-662-01796-8_OSFO1.pdf),
is available at http://extras.springer.com

Kanalisation.

1. Kurze Darstellung der Entstehung der Kanalisationswerke.

Bereits in den Jahren 1828 und 1856 haben die Behörden der Stadt Berlin erörtert, in welcher Weise die menschlichen und wirtschaftlichen Abgänge am zweckmäßigsten aus den Häusern und Straßen der Stadt Berlin entfernt werden könnten.

Auch die Kgl. Regierung bekundete ihr großes Interesse für diese Frage und ließ von dem Geh. Baurat Wiebe ein Projekt „über die Entwässerung und Reinigung der Stadt Berlin" ausarbeiten.

Nach diesem Projekt sollten zwei Hauptsammelkanäle (einer auf jeder Seite der Spree) alle Abflüsse von den Straßen und aus den Häusern aufnehmen und fortführen. Demnächst sollte der linksseitige Kanal unter dem Bette der Spree hindurch nach einem den beiderseitigen Kanälen gemeinsamen, abwärts von Moabit belegenen Sammelbassin geführt und dort der Inhalt nach Absonderung der festen Sinkstoffe in die Höhe gepumpt und in die Spree hinter der Eisenbahnbrücke bei Charlottenburg geführt werden.

Die Ausführung dieses Projekts wurde indessen von der Stadtverordnetenversammlung am 6. 12. 1866 abgelehnt; die städtischen Behörden beauftragten vielmehr im Jahre 1869 den Baurat James Hobrecht mit der Ausführung von Voruntersuchungen und der Aufstellung eines neuen Entwurfs. Das Ergebnis dieser Arbeiten war das von Hobrecht ausgearbeitete „Generelle Projekt für die Entwässerung Berlins", welches von dem Wiebeschen Projekt im wesentlichen darin abwich, daß das Gesamtgebiet der Stadt in mehrere selbständige Entwässerungsgebiete zerlegt wurde, deren Entwässerung gesondert nach den außerhalb des Stadtbezirks belegenen Rieselfeldern erfolgen sollte.

Nachdem fodann noch weitere eingehende Unterfuchungen über die Durchführbarkeit diefer Kanalifation angeftellt worden waren, erftattete Prof. Dr. Rudolf Virchow im Dezember 1872 den Generalbericht über die ausgeführten Unterfuchungen.

Am 6. 3. 1873 erklärte fich die Stadtverordnetenverfammlung mit der Ausführung der Kanalifation nach dem Hobrecht'fchen Projekt im allgemeinen einverftanden und nahm den Antrag des Magiftrats, die Ausführung der Kanalifation für das Rad.= Syftem III fofort in Angriff zu nehmen, an.

2. Zuftändigkeit der Deputation für die ftädtifchen Kanalifations= werke und Riefelfelder.

An den Magiftrat.

Befchluß (Protokoll Nr. 8).

Zu der Vorlage des Magiftrats, betreffend die Bildung einer gemifchten Deputation für die Verwaltung der Kanalifations= werke, verlas der Vorfteher folgenden von dem Stadtverordneten Mifch eingebrachten Antrag:

„Die Stadtverordnetenverfammlung wolle befchließen:

Die Mitglieder der außer Wirkfamkeit tretenden Bau= kommiffion für die Kanalifation Berlins, und zwar die Stadt= verordneten Degmeier, Meyer, Salge, Seibert, Dr. Stryck und Dr. Virchow, werden zu Mitgliedern der neu zu bildenden ge= mifchten Deputation für die Verwaltung der Kanalifations= werke ernannt. Die Wahl der andern beiden Mitglieder für diefe Deputation erfolgt in nächfter Sitzung durch Stimmzettel".

Die Berichterftattung über die Magiftratsvorlage hat ftatt= gefunden.

Die Verfammlung erklärt fich nach dem Antrage des Magi= ftrats damit einverftanden, daß für die Verwaltung der Kanali= fationswerke eine aus 4 Mitgliedern des Magiftrats und 8 Mit= gliedern der Stadtverordnetenverfammlung beftehende gemifchte Deputation gebildet wird,

fowie damit,

daß auf diefe gemifchte Deputation die Befugniffe der infolge des Kommunalbefchluffes vom 10. bis 15. Mai 1873 eingefetzten, nunmehr außer Wirkfamkeit tretenden „Baukommiffion für die Kanalifation Berlins" übergehen.

Gegen den Antrag Misch ist Widerspruch erhoben worden. Demzufolge und da die Wahl der Mitglieder für die betreffende Deputation nicht auf der heutigen Tagesordnung steht, wird der Vorsteher

die Wahl von 8 Mitgliedern in die gemischte Deputation für die Verwaltung der Kanalisationswerke

auf die Tagesordnung der nächsten Sitzung setzen.

Berlin, den 5. April 1877.

Stadtverordnete zu Berlin.
gez. Dr. Straßmann.

Abschrift von
J.-Nr. 706 K. W. 77.

D.

1. Da an Stelle der bisherigen B a u kommission für die Kanalisation die „Deputation für V e r w a l t u n g der Kanalisationswerke" konstituiert ist, sind fortan alle Kassenordres, Verfügungen usw., auch diejenigen, welche bisher nomine Magistrat für den Betrieb ergangen sind, unter der neuen Firma auszufertigen.

2.—3. pp.

Berlin, den 25. Mai 1877.

Magistrat hiesiger Königl. Haupt= und Residenzstadt.

gez. Hobrecht. Runge. Marggraff.

3. Abschrift von J.-Nr. 1344 K. W. 82 in actis Kanalis. Gen. Nr. 62.

Berlin, den 20. Juli 1882.

Magistrat hiesiger Königlichen Haupt-
und Residenzstadt.

J.-Nr. 1390 G. B. 82.

Auf die Anfrage der Deputation für die Verwaltung der Kanalisationswerke vom 8. Mai d. J. (J.-Nr. 1344 U. W. 82) erklären wir uns unter Modifikation unserer Verfügung vom 5. September 1875 (Nr. 1665 F. B.) bei den in bezug auf die Erwerbungen von Ländereien zu Rieselzwecken obwaltenden vielfachen und besonderen Eigentümlichkeiten damit einverstanden, daß die Deputation selbst sämtliche Arbeiten erledige, welche den

Erwerb und die Veräußerung von Grundstücken für die Kanali=
sationsverwaltung, den Kontraktsabschluß, die Auflassung und die
sonstigen damit zusammenhängenden Geschäfte, sowie die Grund=
buch= und Hypothekenregulierungen usw. betreffen. Dagegen
haben wir uns nicht dafür entscheiden können, der Deputation
auch die Bearbeitung der Steuerangelegenheiten zu übertragen.
Dieselbe soll vielmehr, und zwar sowohl hinsichtlich der Kommunal=
als der Kreis=, Provinzial= und Staatssteuern bei der Grundeigen=
tumsdeputation fernerhin jedoch mit der Maßgabe verbleiben,
daß die betreffenden Verfügungen und Anträge dieser Behörde
der Deputation zur Mitzeichnung (durch den Vorsitzenden und
Dezernenten) vorgelegt werden. Nur bei besonders eiligen Sachen
kann von dieser Vorschrift abgesehen werden.

Magistrat hiesiger Königlichen Haupt= und Residenzstadt.

gez. v. F o r c k e n b e c k.

An
die Deputation für die Verwaltung der Kanalisationswerke,
hier.

**4. Vorlage (J.=Nr. 4937 Kan. 1895) — zur Beschlußfassung —.
betreffend die Vermehrung der Mitglieder der Deputation für
die Verwaltung der Kanalisationswerke und der Rieselfelder.**

Die durch den Beschluß der Stadtverordnetenversammlung
vom 5. Dezember 1895 — Protokoll Nr. 7 — angeregte Frage
der Einsetzung einer besonderen Deputation für die Verwaltung
der Rieselfelder (Abt. II der Kanalisationsdeputation) ist schon
wiederholt Gegenstand der Erörterung sowohl zwischen der Stadt=
verordnetenversammlung und uns, als auch zwischen uns und der
Kanalisationsdeputation gewesen.

Durch Beschluß vom 10. Nov. 1881 — Protokoll Nr. 8 — er=
klärte die Stadtverordnetenversammlung sich damit einverstanden,

1. daß die Deputation für die Verwaltung der Kanalisations=
   werke, welche bis dahin aus 4 Stadträten und 8 Stadt=
   verordneten bestand, um 2 Stadträte und 3 Stadtverordnete
   vermehrt würde und

2. daß aus den Mitgliedern der gedachten Deputation für
   die spezielle Verwaltung der Rieselfelder eine Kommission

bestehend aus 2 Stadträten und 3 Stadtverordneten, gebildet würde.

Diese Einrichtung bewährte sich aber so wenig, daß sich die Stadtverordnetenversammlung auf Antrag des Magistrats vom 29. November 1884 und auf einstimmigen Beschluß des zur Beratung dieses Antrags eingesetzten Ausschusses unterm 26. November 1885 — Protokoll Nr. 15 — damit einverstanden erklärte,

1. daß die aus 6 Stadträten und 11 Stadtverordneten bestehende Deputation für die Verwaltung der Kanalisationswerke zum 1. Januar 1886 aufgelöst, und an deren Stelle eine neue Deputation, bestehend aus nur 4 Stadträten und 8 Stadtverordneten eingesetzt würde und

2. daß, um den Mitgliedern der Deputation eine größere Teilnahme an den Geschäften der Güterverwaltung zu ermöglichen, ein Kuratorium für die Bewirtschaftung der Rieselgüter nicht wieder eingesetzt würde.

Die Gründe, welche namentlich für den zweiten Teil des Beschlusses maßgebend waren, sind auch heute noch vorhanden, und dies um so mehr, als beabsichtigt ist, die Geschäfte für die Veranlagung und Beitreibung der Kanalisationsgebühr von jetzt ab — um die doppelte Führung von Katastern zu vermeiden — dem Realsteuerbureau zu übertragen. Bei einer Teilung der Kanalisationsdeputation in zwei Deputationen würde für die Abteilung I dann fast kein anderes Pensum als die Bearbeitung bzw. die Anweisung der in der Betriebsverwaltung entstehenden Rechnungen übrig bleiben, während alle wichtigeren, im Kollegium zu beratenden Gegenstände zu dem Pensum der Abteilung II gehören würden. Wir glauben, daß dem Zwecke des von der Stadtverordnetenversammlung gefaßten Beschlusses vom 5. Dezember 1895 am besten durch eine Vermehrung der Mitglieder der alsdann „Deputation für die städtischen Kanalisationswerke und Rieselfelder" zu benennenden Deputation entsprochen wird.

Die Stadtverordnetenversammlung ersuchen wir daher, zu beschließen:

Die Stadtverordnetenversammlung nimmt von der Einsetzung einer besonderen Deputation für die Verwaltung der Rieselfelder Abstand und erklärt sich damit einverstanden, daß die Zahl der Mitglieder der von jetzt ab „Deputation für die städti-

ſchen Kanaliſationswerke und Rieſelfelder" zu nennenden Deputation um 1 Stadtrat und 2 Stadtverordnete vermehrt werde.

Berlin, den 1. Februar 1896.

Magiſtrat hieſiger Königl. Haupt- und Reſidenzſtadt.

gez. Z e l l e.

An
die Stadtverordnetenverſammlung.

An den Magiſtrat.

Beſchluß (Protokoll Nr. 10).

Die Verſammlung nimmt von der Einſetzung einer beſonderen
Deputation für die Verwaltung der Rieſelfelder Abſtand und
erklärt ſich damit einverſtanden, daß die Zahl der Mitglieder der
von jetzt ab „Deputation für die ſtädtiſchen Kanaliſationswerke
und Rieſelfelder" zu nennenden Deputation um 1 Stadtrat und
2 Stadtverordnete vermehrt werde, erſucht jedoch den Magiſtrat,
ſich ſeinerſeits damit einverſtanden zu erklären, daß die Deputation
auch noch durch einen Bürgerdeputierten verſtärkt werde.

Die Wahl der beiden Stadtverordneten wird die Verſammlung
in ihrer nächſten Sitzung vornehmen, ebenſo auch die Wahl eines
Bürgerdeputierten, falls der Magiſtrat bis dahin dem bezüglichen
Beſchluſſe der Verſammlung beigetreten iſt.

Berlin, den 13. Februar 1896.

gez. L a n g e r h a n s.

**5. Geſchäftsordnung der Deputation für die ſtädtiſchen Kanali-
ſationswerke und Rieſelfelder.**

§ 1.

Die auf Grund des § 59 der Städteordnung vom 30. Mai 1853
gebildete „Deputation für die ſtädtiſchen Kanaliſationswerke und
Rieſelfelder" beſteht aus:

      5 Magiſtratsmitgliedern,
     10 Stadtverordneten,
      1 Bürgerdeputierten und
      1 Magiſtratsaſſeſſor.

§ 2.

Die Deputation versammelt sich zur Beratung und Beschlußfassung über die ihr obliegenden Geschäfte nach Bedürfnis. Der Vorsitzende beruft und leitet die Sitzungen nach den Bestimmungen der „Geschäftsordnung für die Sitzungen der Verwaltungsdeputationen des Magistrats vom 20. Februar 1876."

Der Vorsitzende ist verpflichtet, eine Sitzung anzuberaumen, sobald drei Mitglieder der Deputation es beantragen.

Der Direktor der Kanalisationswerke wohnt den Sitzungen mit beratender Stimme bei, sofern nicht im Einzelfalle der Vorsitzende eine abweichende Anordnung trifft. Ausnahmsweise können in besonders wichtigen Fällen auch die Leiter der Bauabteilung und der Betriebsabteilung durch den Vorsitzenden zu der Sitzung zugezogen werden.

§ 3.

Die Deputation führt die Leitung und Oberaufsicht über sämtliche Zweige der Kanalisationswerke. Ihr Geschäftsbereich erstreckt sich demgemäß auf:

I. allgemeine Angelegenheiten auf dem Gebiete der städtischen Kanalisationswerke und Rieselfelder,

II. den Bau der Straßenleitungen, einschließlich der Notauslässe, sowie der Pumpstationen und der nach den Rieselfeldern führenden Druckrohrleitungen,

III. den Betrieb der Kanalisationswerke,

IV. die Aptierung der Rieselfelder zu Rieselzwecken, sowie die Verteilung der städtischen Abwässer auf denselben, die Regelung der Vorflut und die landwirtschaftliche Verwaltung der Rieselfelder usw.,

V. die Überwachung der Stadtpanke.

§ 4.

Zu den unmittelbaren einzelnen Geschäften der Deputation, welche im Bureau der Kanalisationswerke und Rieselfelder bearbeitet werden, gehören insbesondere:

a) die allgemeinen Verwaltungsangelegenheiten, wie alle Anträge und Berichte an den Magistrat und die sonstigen Vorgesetzten Behörden,

b) die Aufstellung der Etatsentwürfe,

c) die Anweisung der Kasse zur Vereinnahmung und Verausgabung von Geldbeträgen usw.,

d) die Prüfung und Erläuterung der Jahresabschlüsse der Hauptkasse der städtischen Werke für den Bereich der Kanalisationswerke und Rieselfelder,

e) die Aufstellung der Anleiheschulden- und Vermögensübersichten,

f) die Erstattung der jährlichen Verwaltungsberichte,

g) die Beitreibung der Kanalisationsgebühr und Hausanschlußkosten in Verbindung mit den rückständigen Forderungen der städtischen Wasserwerke unter Mitwirkung der Magistratskommission für Zwangsvollstreckungssachen und der Hauptkasse der städtischen Werke,

h) die Erwerbung von Rieselfeldern und Ordnung der Rechtsverhältnisse derselben,

i) die Regelung der Vorflutverhältnisse der Rieselfelder,

k) die Entscheidung über die wichtigeren wirtschaftlichen Geschäfte der Rieselfelder, die Prüfung der Gutsabrechnungen usw.,

l) die Angelegenheiten der im Bereich der städtischen Rieselgüter belegenen Kirchen und Schulen, soweit sie unter dem Patronat der Stadtgemeinde Berlin als Gutsherrschaft stehen,

m) die Fürsorge für hygienische Einrichtungen auf den Rieselfeldern, Anstellung von Ärzten, die chemische und bakteriologische Untersuchung der Abwässer, Drainwässer, Brunnenwässer, sowie Aufstellung statistischer Übersichten über den Gesundheitszustand der Bevölkerung auf den Rieselfeldern,

n) die Messungen des Grundwasserstandes und der Erdbodentemperaturen,

o) der Abschluß von Verträgen insbesondere über den Anschluß einzelner Grundstücke außerhalb des städtischen Weichbildes, oder einzelner Gebietsteile von Nachbargemeinden an die Kanalisation von Berlin und dergleichen,

p) die Annahme bzw. Anstellung des Verwaltungspersonals, mit Ausnahme der Kategorie der Arbeiter, welche von den der Deputation unterstellten Organen angenommen wird.

§ 5.

Der Anſchluß der Grundſtücke an die Kanaliſation von Berlin, die Berechnung der Hausanſchlußkoſten auf Grund eines Tarifs, welcher alljährlich von den Gemeindebehörden feſtgeſetzt wird, ferner die Heranziehung der angeſchloſſenen Grundſtücke zu der laufenden Kanaliſationsgebühr, die Reparaturen an den Hausanſchlußleitungen und die Beitreibung dieſer Koſten und Gebühren einſchließlich der Forderungen der ſtädtiſchen Waſſerwerke an Waſſergebühren uſw. erfolgt nach den Vorſchriften des anliegenden Ortsſtatuts für Berlin vom 4. September 1874 und 12. Februar 1879 bzw. der Polizeiverordnung vom 14. Juli 1874.

Die Geſchäfte, betreffend die Ermittelung und Feſtſetzung der Kanaliſationsgebühr für die gebührpflichtigen Berliner Grundſtücke werden an der Geſchäftsſtelle der Steuerdeputation des Magiſtrats, Abteilung I — Realſteuerbureau — mitbeſorgt.

Die Beiträge, welche die Eigentümer von Grundſtücken bei Anlagen neuer oder Verlängerung bereits beſtehender Straßen nach den Beſtimmungen des Ortsſtatuts für Berlin vom 7./19. März 1877 zu den Koſten der erſten Entwäſſerung zu leiſten haben ſowie die Beiträge der Unternehmer neuer Straßenanlagen zu den Koſten dieſer Art werden von der ſtädtiſchen Baudeputation, Abteilung II, eingezogen und der Deputation für die ſtädtiſchen Kanaliſations= werke und Rieſelfelder überwieſen.

§ 6.

Die Mitglieder der Deputation ſind befugt, die ſämtlichen der Deputation unterſtellten Anſtalten, wie z. B. die Pumpſtationen, Rieſelgüter uſw., jederzeit zu beſichtigen ſowie die Bauſtellen zu betreten. Sie erhalten zu dieſem Zwecke eine Legitimationskarte. Die etwa anweſenden Beamten ſind verpflichtet, auf Verlangen der Deputationsmitglieder dieſen Auskunft zu geben.

Für die einzelnen Bezirke der Kanaliſationswerke (Radial= ſyſteme) und Gruppen von Rieſelfeldern werden Spezialdeputierte aus der Zahl der Mitglieder der Deputation ernannt.

§ 7.

Die Befugniſſe, Rechte und Pflichten des Direktors der ſtädti= ſchen Kanaliſationswerke regeln ſich nach der anliegenden, vom Magiſtrat erlaſſenen Geſchäftsanweiſung vom 23. Juli 1897 und deren etwaigen vom Magiſtrat anzuordnenden Abänderungen und Ergänzungen.

Die Deputation iſt berechtigt, die Ausführung von Anordnungen und Maßregeln des Direktors zu beanſtanden und befugt, in dringenden Fällen den Direktor ſeiner Tätigkeit zu entheben. In letzterem Falle iſt ſie verpflichtet, ſofort diejenigen Maßregeln zu treffen, die ſie zur Abwendung eines Nachteils für die Verwaltung für notwendig hält, und dem Oberbürgermeiſter von dem Geſchehenen Kenntnis zu geben.

§ 8.

Die ſtädtiſchen Rieſelfelder zerfallen in eine ſüdlich und in eine nördlich von Berlin gelegene Gruppe.

Zum Zwecke der Verteilung der ſtädtiſchen Abwäſſer auf den Rieſelfeldern und der landwirtſchaftlichen Verwaltung derſelben iſt jede Gruppe im Norden wie im Süden von Berlin in verſchiedene Adminiſtrationsbezirke eingeteilt. Jeder Bezirk iſt einem Adminiſtrator unterſtellt. Je einem Adminiſtrator in der nördlichen und ſüdlichen Gruppe iſt die Eigenſchaft als leitender Adminiſtrator beigelegt worden. Für jede Gruppe beſteht ferner ein Obergärtner. Der Geſchäftsverkehr zwiſchen den leitenden Adminiſtratoren und den Gutsadminiſtratoren ſowie den Obergärtnern regelt ſich nach der anliegenden Anweiſung vom 3. Mai 1897.

§ 9.

Jeder Bezirk iſt in ſeinen Grenzen möglichſt nach dem Geſichtspunkte abgeteilt, daß derſelbe für die Abwäſſer aus einem beſtimmten Druckrohr oder einer Gruppe beſtimmter Druckrohre zur Verfügung ſteht. Jeder Bezirk iſt mit einer Gutskaſſe ausgeſtattet und bildet einen einheitlichen landwirtſchaftlichen Verwaltungsbereich.

§ 10.

Dem Adminiſtrator iſt ein Rechnungsführer, die erforderliche Anzahl von Gutsinſpektoren, Rieſelperſonal und landwirtſchaftlichen Hilfskräften uſw. beigegeben. Der Adminiſtrator vertritt den Adminiſtrationsbezirk und die zu demſelben gehörigen Gutsbezirke in kommunaler, politiſcher und wirtſchaftlicher Beziehung im Auftrage der Deputation, inſoweit nicht der leitende Adminiſtrator mit der Vertretung der Deputation beauftragt iſt.

§ 11.

Für jeden Adminiſtrationsbezirk wird alljährlich ein Spezialetat aufgeſtellt, welcher einen Teil des Etats für die ſtädtiſchen
Kanaliſationswerke und Rieſelfelder bildet.

Die Geſchäfte der Gutskaſſe führt der Rechnungsführer unter
Aufſicht des Adminiſtrators nach den Vorſchriften der vom Magiſtrat erlaſſenen „Geſchäftsordnung für die Gutskaſſen der Rieſelgüter vom 5. Juli 1897".

§ 12.

Die Obergärtner bewirtſchaften die gärtneriſchen Anlagen, die
Baumanlagen und Baumſchulen der Rieſelfelder. Denſelben iſt
die erforderliche Anzahl von Gärtnern, Baumwärtern uſw. bei-
geordnet.

Berlin, den 13. Juni 1898.

Magiſtrat hieſiger Königl. Haupt- und Reſidenzſtadt.

gez. Zelle.

6. Mag.-Beſchl. = Nr. 1129 Fin. 08. —

Der Entwurf zum Kanaliſationsetat für 1909 wird nach den
Vereinbarungen der Referenten mit folgenden Maßgaben feſtgeſetzt:
1. Die Kanaliſationsdeputation führt fortan die Bezeichnung
   „Deputation für die Kanaliſationswerke und Güter Berlins".

Berlin, den 5. Februar 1909.

gez. Kirſchner.   Steiniger.

7. Abſchrift von Nr. 57 G. B. I/13 i. act. Mag.-Koll. 27 a.

Magiſtrat beſchließt (auf Grund des Ortsſtatuts vom 10. 3. 92)
die Zuordnung einer zweiten Magiſtratsaſſeſſorenſtelle bei der
Kanaliſationsdeputation als Mitglied.

Berlin, 31. Januar 1913.

gez. Wermuth.   Reicke.

8. Geschäftsanweisung für den Direktor der städtischen Kanalisationswerke.

§ 1.

Der Direktor der städtischen Kanalisationswerke bearbeitet unter Aufsicht der Deputation für die städtischen Kanalisations=werke und Rieselfelder und nach Maßgabe dieser Geschäftsanweisung unter eigener Verantwortlichkeit alle Bau= und Betriebsangelegen=heiten der städtischen Kanalisationswerke.

§ 2.

Der Direktor der Kanalisationswerke hat insbesondere die Oberleitung der sämtlichen im Bereiche der Kanalisationsverwal=tung sowohl innerhalb wie außerhalb des Weichbildes von Berlin vorkommenden Bauten, sowie des gesamten Betriebes, des Lei=tungsnetzes, der Pumpstationen und der Druckrohrleitungen. Er hat alle Bauprojekte aufzustellen, zur Genehmigung vorzulegen und für deren sachgemäße Ausführung Sorge zu tragen.

Alle auf den Betrieb bezüglichen Vorschriften bedürfen, sofern sie nicht von ihm selbst ausgehen, seiner besonderen Genehmigung.

Besonders hat er darauf zu achten, daß sowohl auf den Bau=stellen wie im Betrieb kein größeres Personal beschäftigt wird, als durchaus notwendig ist, und daß bei den Ausschreibungen, Ver=tragsabschlüssen, Vergebung der Arbeiten und Lieferungen, Aus=führung der Bauten, Handhabung des Betriebes, genau den er=lassenen Verfügungen des Magistrats oder der Kanalisationsdepu=tation entsprechend verfahren wird.

§ 3.

Die Korrespondenz des Direktors erfolgt unter der Firma: „Direktor der städtischen Kanalisationswerke".

§ 4.

Die nächste Aufsichtsinstanz des Direktors ist die Deputation für die städtischen Kanalisationswerke und Rieselfelder. Den An=ordnungen derselben ist er Folge zu leisten schuldig. Er hat deren Entscheidung in allen Angelegenheiten einzuholen, die eine grund=sätzliche Abweichung von den bisher in der Verwaltung der Kana=lisationswerke maßgebenden Gesichtspunkten bedeuten oder die der Deputation besondere Verpflichtungen auferlegen.

Außerdem hat der Direktor nicht nur jederzeit auf Erfordern der Deputation vollständige Auskunft über alle sein Ressort betreffenden Angelegenheiten zu geben, sondern auch von allen wichtigen Vorkommnissen in demselben den Vorsitzenden der Deputation unaufgefordert in Kenntnis zu setzen. Von besonders wichtigen Vorgängen hat der Direktor auch dem Oberbürgermeister sofort Nachricht zu geben. Ferner ist der Direktor verpflichtet, dem technischen Dezernenten der Deputation (Stadtbaurat) jederzeit auf Erfordern schriftliche oder mündliche Auskunft über den Stand der in Bearbeitung befindlichen Projekte oder der in Ausführung begriffenen Bauten zu geben. In dringenden Fällen ist der Stadtbaurat berechtigt, die Fortsetzung des Baues zu sistieren.

§ 5.

In Krankheits- oder sonstigen Behinderungsfällen des Direktors hat letzterer dem Vorsitzenden der Deputation sofort Anzeige zu erstatten. Soweit für solche Fälle die Vertretung des Direktors nicht bereits vorher allgemein geregelt ist, bestimmt der Vorsitzende der Deputation die Stellvertretung.

Die Beurlaubung des Direktors erfolgt durch den Oberbürgermeister durch Vermittlung des Vorsitzenden der Deputation. Einen Urlaub bis zu 5 Tagen kann der Vorsitzende der Deputation erteilen.

§ 6.

Der Direktor ist befugt, innerhalb der Grenzen und Bestimmungen des Etats und der sonst erlassenen Anordnungen die im Bereiche der Verwaltung des Baues und des Betriebes der städtischen Kanalisationswerke erforderlichen vorübergehenden Arbeitskräfte ohne Pensionsberechtigung auf Zeit und Kündigung nach Bedürfnis einzustellen und dieselben wieder zu entlassen. Bei Annahme oder Entlassung von Arbeitskräften im Betriebe hat der Direktor den Leiter des Betriebes zu hören und sofern er mit dessen Vorschlägen nicht einverstanden ist, die Entscheidung der Deputation einzuholen.

Die Einstellung und Entlassung von Baumeistern, Bauführern, Ingenieuren, Technikern, Zeichnern, Bureaupersonal usw. liegt der Deputation ob, ebenso die Feststellung der Bedingungen. Die

Einstellung von Bauwächtern kann ohne Genehmigung der Deputation durch den Direktor erfolgen, wenn den Bauwächtern ein Tagelohn gewährt wird, die Lohnzahlung vierzehntägig erfolgt und die jederzeitige Entlassung ohne Kündigung vereinbart wird.

Für die Besetzung von Stellen, mit denen eine Pensionsberechtigung nach dem Pensionsreglement für Angestellte der wirtschaftlichen und industriellen Anstalten der Stadt Berlin verbunden ist, hat der Direktor der Deputation Vorschläge zu machen.

§ 7.

Dem Direktor sind alle bei den Bauten und für deren Projektaufstellung in den Bureaus sowie im Betriebe der städtischen Kanalisationswerke beschäftigten Personen untergeordnet, und haben dieselben seinen Anordnungen pünktlich Folge zu leisten.

Dem Direktor steht in dringenden Fällen das Recht der vorläufigen Suspension zu, jedoch ist dem Vorsitzenden der Deputation sofort Mitteilung unter Angabe der Gründe zu machen.

Der Direktor ist berechtigt, den oben gedachten Personen Urlaub bis zur Dauer von 8 Tagen zu erteilen und, falls Stellvertretungskosten nicht entstehen, ihnen für diese Zeit die Kompetenzen zu belassen.

Weitergehende Urlaubsgesuche sind durch den Direktor dem Vorsitzenden der Deputation mit Begutachtung zur Genehmigung vorzulegen.

Im übrigen regelt die Stellvertretung des Personals der Direktor.

§ 8.

Der Direktor hat sich in den Grenzen des Etats und der einschlägigen Gemeindebeschlüsse zu halten und sorgfältig alle Etatsüberschreitungen zu vermeiden. Ergeben sich im Laufe des Etatsjahres oder der vorgesehenen Bauperiode Überschreitungen der genehmigten Beträge als unvermeidlich, so hat der Direktor der Deputation zeitig davon Anzeige zu machen und erforderlichenfalls begründete Anträge auf Bewilligung der notwendigen Mehrforderungen zu stellen.

§ 9.

Nach besonderer Bestimmung der Deputation hat der Direktor deren Genehmigung zum Abschluß von allen schriftlichen Verträgen einzuholen.

Der Direktor hat darüber zu wachen, daß die hinsichtlich der Abnahme, Aufbewahrung und Buchung der Materialien bestehenden Bestimmungen genau befolgt, auch rechtzeitig Versicherungen gegen Feuersgefahr veranlaßt werden.

§ 10.

Die Einnahme und Ausgabeordres an die Hauptkasse der städtischen Werke werden durch die Deputation erlassen.

§ 11.

Der Direktor hat darauf zu achten, daß ein vollständiges Inventarium geführt wird und daß sowohl dieses Inventarium als auch die sämtlichen Materialbestände alljährlich mindestens einmal, und zwar bei Gelegenheit des Rechnungsabschlusses aufgenommen und festgestellt werden.

Es liegt ihm ob, sich von der richtigen Führung der Bücher und von der Richtigkeit der Materialien- und Inventarienbestände Überzeugung zu verschaffen.

§ 12.

Bis zum 1. Oktober jedes Jahres hat der Direktor den Etatsentwurf seiner Verwaltung für das nächstfolgende Verwaltungsjahr mit den erforderlichen Erläuterungen der Deputation zur Beschlußnahme vorzulegen, gleichzeitig auch seine etwaigen Anträge über die in demselben vorzunehmenden Bauten, Erweiterungen und Erneuerungen auf den Pumpstationen und am Leitungsnetz sowie an den Druckrohrleitungen zu stellen.

§ 13.

Abänderungen dieser Geschäftsanweisung bleiben jederzeit vorbehalten.

Berlin, den 23. Juli 1897.

Magistrat hiesiger Königl. Haupt- und Residenzstadt.

gez. Zelle.

9. Dienstanweisung für den Direktor der städtischen Rieselgüter.

§ 1.

Der Direktor bearbeitet unter Aufsicht der Deputation für die städtischen Kanalisationswerke und Rieselfelder und nach Maßgabe dieser Geschäftsanweisung unter eigener Verantwortlichkeit alle landwirtschaftlichen Angelegenheiten der städtischen Rieselgüter. Er nimmt auf Einladung des Vorsitzenden an den Sitzungen der Deputation mit beratender Stimme teil.

§ 2.

Der Direktor hat im besonderen die Aufgabe, den gesamten Grundbesitz der Rieselgüter in seinen richtigen Grenzen zu erhalten, auf einen guten Zustand des lebenden und toten Inventars zu achten und unter weitmöglichster Beachtung des obersten Zweckes der Rieselgüter, die Reinigung der städtischen Abwässer, hohe Erträge aus der Bewirtschaftung des Grund und Bodens zu erzielen, eine gute Verwertung der Produkte zu erreichen und die Unkosten nach Möglichkeit einzuschränken.

Für die möglichste Verbesserung der Landwirtschaft auf den Rieselgütern hat der Direktor unter Berücksichtigung der Fortschritte der Wissenschaft und Technik Sorge zu tragen. Er hat dabei besonders darauf zu achten, daß der Gefahr des Ausbruchs von Viehseuchen möglichst vorgebeugt wird.

§ 3.

Der Schriftwechsel des Direktors erfolgt unter der Firma „Direktor der städtischen Rieselgüter".

§ 4.

Die nächste Aufsichtsinstanz des Direktors ist die Deputation für die städtischen Kanalisationswerke und Rieselfelder. Den Anordnungen derselben ist er Folge zu leisten schuldig. Er hat deren Entscheidung in allen Angelegenheiten einzuholen, die eine grundsätzliche Abweichung von den bisher in der Verwaltung der Rieselgüter maßgebenden Gesichtspunkten bedeuten oder die der Deputation besondere Verpflichtungen auferlegen. Außerdem hat der Direktor nicht nur jederzeit auf Erfordern der Deputation voll-

ständige Auskunft über alle seinen Geschäftskreis betreffenden An=
gelegenheiten zu geben, sondern auch über alle wichtigen Vorkomm=
nisse in demselben dem Vorsitzenden der Deputation sofort Vortrag
zu halten.

§ 5.

In Krankheits=oder sonstigen Behinderungsfällen des Direktors
hat letzterer dem Vorsitzenden der Deputation sofort Anzeige zu
erstatten.   Soweit für solche Fälle die Vertretung des Direktors
nicht bereits vorher allgemein geregelt ist, bestimmt der Vorsitzende
der Deputation die Stellvertretung.

Die Beurlaubung des Direktors erfolgt nach Maßgabe der in
der Urlaubsordnung für die Direktoren der Werke gegebenen Be=
stimmungen.

§ 6.

Bei der Anstellung von landwirtschaftlichen Betriebsbeamten,
Administratoren, Obergärtnern, Inspektoren und Rechnungsfüh=
rern, Gutsschreibern, Förstern, Forstaufsehern usw. hat der Direktor
Vorschläge zu machen oder ist gutachtlich über die Besetzung dieser
Stelle zu hören.

§ 7.

Dem Direktor sind die im § 6 gedachten Beamten und die im
landwirtschaftlichen Betriebe beschäftigten Arbeiter untergeordnet.
Sie haben seinen Anordnungen pünktlich Folge zu leisten.

Der Direktor hat das Recht und die Pflicht, die Kündigung und
Versetzung von Beamten zu beantragen, bei denen sich die Unmög=
lichkeit, mit ihnen die seiner Verantwortlichkeit unterstellten Auf=
gaben zu erfüllen, erweist.

Ihm steht in bringenden Fällen das Recht der vorläufigen
Suspension zu. Jedoch ist dem Vorsitzenden der Deputation sofort
Mitteilung unter Grundangabe zu machen.

Der Direktor ist berechtigt, den im § 6 genannten Personen
Urlaub bis zur Dauer von 8 Tagen zu erteilen und, falls Stell=
vertretungskosten nicht entstehen, ihnen für diese Zeit die Bezüge
zu belassen.   Er ist jedoch verpflichtet, dem Vorsitzenden der Kanali=
sationsdeputation von der Beurlaubung sofort Anzeige zu machen.
Weitergehende Urlaubsgesuche sind durch den Direktor dem Depu=

tationsvorfitzenden mit Begutachtung zur Genehmigung vorzulegen. Im übrigen regelt die Stellvertretung des Personals der Direktor.

§ 8.

Der Direktor hat besonders darauf zu achten, daß bei der Bewirtschaftung der Güter die Etats und die maßgebenden Beschlüsse der Gemeindebehörden innegehalten und Etatsüberschreitungen vermieden werden. Ergeben sich im Laufe des Etatsjahres oder der vorgesehenen Bauperiode Überschreitungen der genehmigten Beträge als unvermeidlich, so hat der Direktor der Deputation gemäß § 25 Nr. 2 der Geschäftsordnung für die Gutskassen der Rieselgüter der Stadt Berlin vom 5. Juli 1897 zeitig davon Anzeige zu machen und erforderlichenfalls begründete Anträge auf Bewilligung der notwendigen Mehrforderungen zu stellen.

§ 9.

Die Einnahme- und Ausgabeorders an die Stadthauptkasse werden nach vorgängiger Prüfung durch den Direktor seitens der Deputation erlassen.

§ 10.

Der Direktor hat darauf zu achten, daß ein vollständiges Inventarium geführt wird und daß sowohl dieses als auch die sämtlichen Bestände alljährlich mindestens einmal, und zwar bei Gelegenheit des Rechnungsabschlusses aufgenommen und festgestellt werden.

Es liegt ihm ob, sich von der richtigen Führung der Bücher und von der Richtigkeit der Bestände Überzeugung zu verschaffen.

§ 11.

Bis zum 1. September jeden Jahres hat der Direktor den Etatsentwurf der sämtlichen Gutsverwaltungen für das nächstfolgende Verwaltungsjahr mit den erforderlichen Erläuterungen der Deputation zur Beschlußfassung vorzulegen, gleichzeitig auch seine etwaigen Anträge über die in demselben vorzunehmenden Erweiterungen, Erneuerungen und Veränderungen zu stellen.

Berlin, den 16. Oktober 1907.

Magistrat hiesiger Königl. Haupt- und Residenzstadt.

Kirschner.

10. Geſchäftsanweiſung für den Betriebsdirigenten der ſtädtiſchen Kanaliſationswerke.

§ 1.

Der nächſte Vorgeſetzte des Betriebsdirigenten iſt der Direktor der ſtädtiſchen Kanaliſationswerke, deſſen Anordnungen er Folge zu geben hat.

§ 2.

Seinerſeits iſt der Betriebsdirigent der Vorgeſetzte des ganzen im Betriebe der Kanaliſationswerke angeſtellten oder beſchäftigten Perſonals einſchließlich desjenigen des Maſchinen- und Keſſelbetriebes.

§ 3.

Zu dem Ober-Maſchinen-Ingenieur ſteht der Betriebsdirigent in einem koordinierten Verhältnis.

Sollten dort, wo die Gebiete ihrer Tätigkeit ineinandergreifen, die von ihnen getroffenen Anordnungen ſich in einem beſonderen Falle widerſprechen und eine Einigung nicht ſofort zuſtande kommen, ſo haben ſich zunächſt die von dem Ober-Maſchinen-Ingenieur vertretenen beſonderen Maſchinenintereſſen den allgemeinen Verwaltungsintereſſen, wie ſie der Betriebsdirigent zu vertreten hat, unterzuordnen. Endgültig regelt dann die betreffende Angelegenheit der Direktor bzw. die Deputation.

§ 4.

Die Aufgabe des Betriebsdirigenten beſteht im allgemeinen
a) in der Überwachung des geſamten Betriebes der Kanaliſationswerke, und
b) in der Bearbeitung der Verwaltungsangelegenheiten des Betriebes, ſoweit er von dem Direktor damit betraut wird.

§ 5.

Im beſonderen hat der Betriebsdirigent den Betrieb der Straßenentwäſſerungs- und Hausanſchlußleitungen, den Betrieb der Pumpſtationen und denjenigen der Maſchinen- und Keſſelanlagen, ſoweit von einem ordnungsmäßigen Betrieb der letzteren der ordnungsmäßige der erſteren abhängt, zu überwachen.

§ 6.

Der Betriebsdirigent kontrolliert die Befolgung der hinsicht=
lich des Betriebes erlassenen Bestimmungen und Vorschriften und
verschafft sich durch häufige Kontrollen die Überzeugung, daß jeder
der Angestellten im Bereiche der ihm zugewiesenen Tätigkeit seine
Pflicht tut.

Über die nach Vorschrift der Deputation für die städtischen
Kanalisationswerke und Rieselfelder auszuübende Kontrolle der
technischen Beamten im Betriebe erstattet er monatlich an den
Direktor Bericht.

§ 7.

Der Betriebsdirigent hat für eine tunlichst einheitliche Hand=
habung des Betriebes in allen Radialsystemen Sorge zu tragen;
Unterschiede in der Art des Betriebes und in der Beschäftigung des
Personals sind auf möglichst geringes Maß zu beschränken und müssen
ihre hinreichende Begründung in eigenartigen Verhältnissen des=
jenigen Radialsystems finden, in dem eine Abweichung stattfindet.

§ 8.

Der Betriebsdirigent bearbeitet die Personalien der sämtlichen
beim Betriebe Angestellten und die Angelegenheiten, betreffend die
Dienstwohnungen. Er bearbeitet ferner die übrigen Verwaltungs=
angelegenheiten im ganzen Umfange des Betriebes und bereitet
die mit den Unternehmern und Lieferanten zu treffenden Ab=
kommen und abzuschließenden Verträge vor.

§ 9.

Der Betriebsdirigent wendet seine besondere Aufmerksamkeit
der baulichen Unterhaltung der sämtlichen Anlagen des Straßen=
leitungsnetzes und der Pumpstationen zu; er beantragt zu dem jähr=
lich aufzustellenden Etat die erforderlichen Mittel und überwacht
die Verwendung derselben innerhalb der durch den Etat gesteckten
Grenzen.

§ 10.

Der Betriebsdirigent erstattet in jedem Jahr einen Bericht über
die Ergebnisse des abgelaufenen Betriebsjahres.

§ 11.

Eine Abänderung oder Vervollständigung dieser Geschäfts=
anweisung kann jederzeit nach Bedürfnis stattfinden.

Berlin, den 26. September 1898.

Deputation für die städtischen Kanalisationswerke und Rieselfelder.

gez. M a r g g r a f f.

11. Geschäftsanweisung für den Obermaschineningenieur der Kanalisationswerke.

§ 1.

Der nächste Vorgesetzte des Obermaschineningenieurs ist der
Direktor der städtischen Kanalisationswerke, dessen Anordnungen
er Folge zu geben hat.

Seinerseits ist der Obermaschineningenieur der Vorgesetzte
der Betriebsinspektoren, soweit es sich um den besonderen Ma=
schinen- und Kesselbetrieb handelt, und des gesamten beim Ma=
schinen= und Kesselbetrieb angestellten Personals.

§ 3.

Zu dem Betriebsdirigenten steht der Obermaschineningenieur
in einem koordinierten Verhältnis.

Sollten dort, wo die Gebiete ihrer Tätigkeit ineinandergreifen,
die von ihnen getroffenen Anordnungen sich in einem besonderen
Fall widersprechen, und eine Einigung nicht sofort zustandekommen,
so haben sich zunächst die von dem Obermaschineningenieur ver=
tretenen besonderen Maschineninteressen den allgemeinen Ver=
waltungsinteressen, wie sie der Betriebsdirigent zu vertreten hat,
unterzuordnen. Endgültig regelt dann die betreffende Angelegen=
heit der Direktor bzw. die Deputation.

§ 4.

Die Aufgabe des Obermaschineningenieurs besteht im all=
gemeinen:

   a) in der Leitung und Überwachung des Betriebes der Maschinen=
      anlagen auf den Pumpstationen der sämtlichen Radialsysteme,

b) in der Ausführung aller maschinentechnischen Arbeiten auch für die anderen Zweige des Betriebes der Kanalisations=werke, wenn und soweit er von dem Direktor dazu beordert wird, und in der Überwachung der bezüglichen Anlagen.

§ 5.

Speziell ist es die Aufgabe des Obermaschineningenieurs, auf den Betrieb der Maschinenanlagen derart einzuwirken, daß mit der größten Sparsamkeit an Betriebsmitteln der möglichst höchste Nutz=effekt der Maschinen= und Kesselanlagen erzielt wird.

§ 6.

In Erfüllung dieser Aufgabe hat derselbe die Pumpstationen möglichst oft zu besuchen, den Gang der Maschinen und Pumpen, ihre Führung und Instandhaltung, die Wartung der Kessel und Armaturen zu kontrollieren.

§ 7.

Der Obermaschineningenieur hat streng darauf zu halten, daß die seinen Wirkungskreis berührenden gesetzlichen bzw. polizeilichen Bestimmungen genau befolgt und innegehalten werden, insbeson=dere diejenigen in bezug auf die Wartung bzw. Revision der Kessel.

§ 8.

Er hat darauf zu achten, daß in allen Teilen der Maschinen=anlagen zu jeder Zeit die größtmöglichste Sauberkeit herrscht, auch darauf, daß das im Maschinenhause beschäftigte Personal stets in reinlicher und ordentlicher Kleidung erscheint.

§ 9.

Ferner ist seinerseits darauf zu achten, daß das Personal der Maschinenanlagen seine dienstlichen Funktionen richtig ausübt. In Fällen von dauernder Nachlässigkeit, Unfähigkeit oder Böswillig=keit der Angestellten hat deren Bestrafung oder Entlassung bei dem Direktor zu beantragen.

§ 10.

Über alle wichtigeren Vorfälle bei dem Betriebe der Maschinen hat der Obermaschineningenieur dem Direktor Bericht zu erstatten. Wird aber eine sofortige Anordnung oder Entscheidung in dringen=

den Fällen notwendig, ſo iſt ſie ohne vorherige Berichterſtattung von
dem Obermaſchineningenieur zu treffen, jedoch iſt nachträglich hierüber dem Direktor alsbald Bericht zu erſtatten.

§ 11.

Bei notwendigen größeren Reparaturen und Abänderungen,
die über den Rahmen der gewöhnlichen Unterhaltungen hinausgehen, ſowie bei erforderlichen größeren Neubeſchaffungen hat der
Obermaſchineningenieur dem Direktor motivierte Anträge darüber
einzureichen, ſowie die erforderlichen Zeichnungen und Koſten-
berechnungen anzufertigen bzw. von dem ihm unterſtellten Hilfs-
perſonal anfertigen zu laſſen.

§ 12.

Wenn der Obermaſchineningenieur durch ſeine Beobachtungen
der Maſchinenanlagen die Überzeugung gewinnt, daß durch gewiſſe
Abänderungen, ſei es an den Anlagen ſelbſt oder in der Betriebsführung, durch Einführung von Verbeſſerungen in Konſtruktionen
oder von Betriebsmaterial, eine Erhöhung der Leiſtungsfähigkeit
oder größere Überſichtlichkeit, Sicherheit und Koſtenermäßigung
des Betriebes der Anlagen erzielt werde, ſo hat er die notwendigen
Vorſchläge bei dem Direktor zu machen und zu begründen. Auch
ſoll er bemüht ſein, ſich über techniſche Neuheiten zu informieren
und zu prüfen, ob deren Einführung für den Betrieb von Vorteil ſei.

§ 13.

Überhaupt iſt der Obermaſchineningenieur gehalten, das Intereſſe der Stadt Berlin in jeder Beziehung zu vertreten und wahrzunehmen.

§ 14.

Zur ſicheren Ermittelung der Leiſtungsfähigkeit der Maſchinen
und Pumpen uſw., ſowie von deren vorſchriftsmäßigem Funktio-
nieren hat der Obermaſchineningenieur für jede Pumpſtation nach
Erfordern Indikatordiagramme zu nehmen, den Kohlenverbrauch
pro Pferdeſtunde daraus zu berechnen und durch eine Kritik des
Diagrammes den ordnungsmäßigen Zuſtand der Maſchinen und
Pumpen oder Abweichungen davon zu konſtatieren und darüber
Buch zu führen.

§ 15.

Auf Grund dieser Ermittelungen sind seitens des Obermaschineningenieurs die etwa erforderlichen Arbeiten, als Nachsehen der Klappen, Ventile, Schieber und Kolben, Nachschleifen der Ventile oder Schieber und sonstige Verdichtungsmaßregeln, überhaupt alle Arbeiten, welche zur Wiederherstellung eines vorschriftsmäßigen Zustandes der Maschinen notwendig sind und keine außergewöhnlichen Kosten verursachen, anzuordnen. Arbeiten, welche besondere Kosten zur Folge haben würden und nicht speziell im Etat vorgesehen sind, müssen vorher schriftlich bei dem Direktor beantragt und motiviert werden (vgl. § 10 und 11).

§ 16.

Die für den Maschinenbetrieb auf den Pumpstationen angelegten Inventarienbücher, Listen, Tabellen, Rapporte und Bücher über die stündlichen Wasserstände in den Zuleitungskanälen, über die Manometerstände an den Dampf= und Windkesseln und den Kondensatoren, die Kontrollbücher der Lufthähne auf den Druckrohrleitungen usw. sind von dem Obermaschineningenieur in bezug auf ihre gute und ordnungsgemäße Führung allvierteljährlich zu revidieren und mit dem bezüglichen Revisionsvermerk zu versehen, etwaige Unregelmäßigkeiten zu untersuchen und ihre Abstellung anzuordnen.

§ 17.

Die graphischen Darstellungen der Betriebsresultate von sämtlichen Pumpstationen hat der Obermaschineningenieur mit Hilfe der ihm unterstellten Hilfskräfte fortlaufend weiterzuführen.

§ 18.

Desgleichen hat derselbe Listen zur Vergleichunng des Verbrauchs an Kohle, Schmier= und Putzmaterialien, Lederklappen usw. für sämtliche Pumpstationen aufzustellen und weiterzuführen.

§ 19.

Der Obermaschineningenieur hat die Ausführung von größeren Reparaturen sowie die Beseitigung von Rohrdefekten der Druckrohrleitungen zu überwachen und darauf zu achten, daß alle in Reserve gehaltenen und hierbei verbrauchten Gegenstände und Materialien aufs neue beschafft werden. Am Anfang jeden Quar

tals hat derſelbe die vorhandenen Reſerbeſtücke und die bezüglichen
Inbentarienliſten zu kontrollieren und dem Direktor über den Be=
fund Bericht zu erſtatten. Desgleichen hat derſelbe allvierteljährlich
im erſten Monat des Quartals ſich über den Zuſtand und die Gang=
barkeit der Fahrkaſten, der Schieber, der Entleerungsleitungen, der
Lufthähne an den Druckrohrleitungen ſowie über das Vorhanden=
ſein und den Zuſtand der Schieberſchlüſſel zu informieren und über
den Befund jedes einzelnen der vorgenannten Anlagen bzw. Gegen=
ſtände Bericht an den Direktor zu erſtatten.

<h3 style="text-align:center">§ 20.</h3>

Alle einlaufenden Rechnungen, welche ſich auf Lieferungen
oder Arbeiten für maſchinentechniſche Anlagen beziehen, ſollen von
dem Obermaſchineningenieur ſuperrevidiert und mit ſeiner Unter=
ſchrift verſehen werden.

<h3 style="text-align:center">§ 21.</h3>

Bei vorkommenden Beſchädigungen der Maſchinenanlagen iſt
die Unterſuchung über die Entſtehungsurſache oder den Urheber
von dem Obermaſchineningenieur vorzunehmen und hat derſelbe
darüber dem Direktor Bericht zu erſtatten. Eine tatſächliche Verant=
wortung über ſolche oder ähnliche Vorfälle, z. B. Unglücksfälle der
Arbeiter, hat jedoch der auf der Pumpſtation dauernd befindliche
Maſchinenmeiſter bzw. Betriebsinſpektor und nicht der Ober=
maſchineningenieur zu tragen, da letzterer nur vorübergehend auf
den Pumpſtationen anweſend ſein kann. Für alle ſeine Anordnun=
gen hat indeſſen der Obermaſchineningenieur die volle Verantwor=
tung zu tragen.

<h3 style="text-align:center">§ 22.</h3>

Der Obermaſchineningenieur hat die etwa erforderlichen In=
ſtruktionen für die Maſchinenmeiſter, die Maſchinenführer und
Keſſelwärter aufzuſtellen, ſoweit ſie noch nicht vorhanden ſind.

<h3 style="text-align:center">§ 23.</h3>

Eine Abänderung oder Vervollſtändigung dieſer Geſchäfts=
anweiſung kann jederzeit nach Bedürfnis ſtattfinden.

Berlin, den 26. September 1898.

Deputation für die ſtädtiſchen Kanaliſationswerke und Rieſelfelder.

gez. M a r g g r a f f.

12. Ministerium des Innern.

Berlin, den 25. April 1882.

Ew. Exzellenz lassen wir anbei den Bericht, welchen die von uns eingesetzte Kommission zur Untersuchung der Beschwerden über die Berieselungsanlagen der Stadt Berlin unter dem 9. Februar d. J. über die Ausführung ihres Auftrages erstattet hat, in 15 Exemplaren ganz ergebenst zugehen.

Den am Schlusse dieses Berichts gemachten Vorschlägen haben wir unsere Zustimmung erteilt und demgemäß beschlossen:

1. Eine Ministerialkommission, bestehend aus je einem Kommissarius unserer Ressorts einzusetzen, welche die Aufgabe hat, die Herstellung und Verwaltung der Berieselungsanlagen der Stadt Berlin in den Kreisen Niederbarnim und Teltow zu überwachen und hierbei nach jeder Richtung hin das öffentliche Interesse zu wahren, also einerseits auf die Beseitigung der aus diesem Unternehmen erwachsenen Gefahren und Nachteile Bedacht zu nehmen und andererseits ihre Vermittelung zur ordnungsmäßigen Ausführung und Vollendung des Unternehmens eintreten zu lassen.

2. Der Stadtgemeinde Berlin zur Pflicht zu machen, die zur Berieselung erforderlichen Flächen in ausreichendem Maße zu beschaffen und zu aptieren.

3. Derselben ferner zur Pflicht zu machen, für die ordnungsmäßige Entwässerung der Rieselfelder nach den vorhandenen Wasserläufen zu sorgen.

4. Jeden Einlaß von ungereinigtem Kanalwasser in die Wasserläufe in den Kreisen Niederbarnim und Teltow ausdrücklich zu verbieten.

Die gedachte Kommission ist gebildet worden aus

dem Wirklichen Geheimen Oberregierungsrat v. Kehler als Kommissarius des Ministeriums des Innern,

dem Geheimen Oberbaurat Wiebe als Kommissarius des Ministeriums der öffentlichen Arbeiten,

dem Regierungsassessor Humperdink als Kommissarius des Ministeriums für Landwirtschaft, Domänen und Forsten,

dem Geheimen Obermedizinalrat Dr. Eulenburg als Kommissarius des Ministeriums der geistlichen Unterrichts- und Medizinalangelegenheiten.

Den Vorsitz führt der Kommissarius des Ministeriums des Innern. Die Tätigkeit der Kommission ist eine kontrollierende und vermittelnde, ändert also nichts in den gesetzlichen Befugnissen und Verpflichtungen der in der Sache zuständigen Verwaltungsbehörden. Behufs Herbeiführung eines zweckmäßigen Zusammenwirkens ist die Kommission angewiesen worden, sich mit den Organen der Provinzial-, Kreis- und Lokalverwaltung in geeigneter Verbindung zu halten. Es wird hierdurch nicht ausgeschlossen, daß die Mitglieder der Kommission, wenn sie an Ort und Stelle Mängel vorfinden, welche der sofortigen Abhilfe bedürfen, kraft des ihnen von uns erteilten Auftrages ermächtigt sind, das zu diesem Zwecke Erforderliche anzuordnen.

<table>
<tr><td>Der Minister des
Innern.
gez. Puttkammer.</td><td>Der Minister der
öffentlichen Arbeiten.
gez. Maybach.</td></tr>
<tr><td>Der Minister für
Landwirtschaft, Domänen
und Forsten.
gez. Lucius.</td><td>Der Minister der
geistlichen, Unterrichts- und
Medizinalangelegenheiten.
gez. von Goßler.</td></tr>
</table>

M. d. J. II. 3091.
M. d. öff. Arb. III. 5788.
M. für Landw. usw. I. 5936/1.
M. d. g. usw. Ang. M. 2364.

An
den Königlichen Oberpräsidenten, Staatsminister,
Herrn Dr. Achenbach
Exzellenz
zu
Potsdam.

———————

Oberpräsidium
der Provinz Brandenburg   Potsdam, den 9. Mai 1882.
      O. P. Nr. 4125.

Abschrift lasse ich dem Magistrat unter Beifügung von 4 Exemplaren des Berichts der Ministerialkommission vom 9. Februar b. J.

zur gefälligen Kenntnißnahme von den getroffenen Anordnungen
und zur entsprechenden Nachachtung ergebenst zugehen.

Der Oberpräsident Staatsminister

gez. A ch e n b a ch.

An
den Magistrat zu Berlin.

13. Abschrift von J.-Nr. 5462 K. W. 91 in actis Generalia 37.
vol. I fol. 167.

Justizministerium.

Berlin, den 30. Oktober 1891.

Auf das an uns gerichtete Gesuch vom 11. Dezember v. J.
um Bewilligung von Stempel= und Gebührenfreiheit für den
Erwerb verschiedener zu Kanalisationszwecken bestimmter Grund=
stücke benachrichtigen wir den Magistrat, daß Seine Majestät der
Kaiser und König auf unseren Antrag mittels des in beglaubigter
Abschrift angeschlossenen Allerhöchsten Erlasses vom 21. Oktober
d. J. Allergnädigst geruht haben, die erbetene Stempel= und Ge=
bührenfreiheit zu gewähren.

Dabei bemerken wir, daß wir einer regelmäßigen Befreiung
von Abgaben, deren Entrichtung das Gesetz vorschreibt, nicht das
Wort zu reden vermögen und daher in künftigen Fällen von einer
Befürwortung ähnlicher Gesuche an Allerhöchster Stelle Abstand
nehmen, vielmehr dem Magistrat überlassen müssen, behufs Er=
langung der Gebühren= und Stempelfreiheit eine das Enteig=
nungsrecht verleihende Allerhöchste Verordnung nachzusuchen.

<table>
<tr><td>Der Justizminister.</td><td>Der Finanzminister.</td></tr>
<tr><td>gez. v o n S ch e l l i n g.</td><td>gez. M i q u e l.</td></tr>
</table>

An
den Magistrat der Königlichen Haupt=
und Residenzstadt.
Berlin.

Justizmin. III. 4403.
Finanzmin. III. 15 104.

14. Abschrift von J.-Nr. 4829 K. W. 92 in actis Generalia 37 vol. I
Blatt 195.

Justizministerium.

Berlin, den 19. September 1892.

Ew. Exzellenz beehren wir uns mit Bezug auf den gefälligen Bericht vom 19. Februar d. J. (O. P. Nr. 1431),

betreffend das Gesuch des Magistrats zu Berlin vom 28. Januar d. J. um Bewilligung von Stempel- und Gebührenfreiheit für den Erwerb verschiedener zu Kanalisationszwecken bestimmter Grundstücke,

ergebenst zu benachrichtigen, daß es in Zukunft der Ausstellung besonderer Atteste in solchen Fällen nicht mehr bedarf, da wir eine Befürwortung derartiger Gesuche des Magistrats zu Berlin nicht mehr eintreten zu lassen gedenken. Falls dem bezeichneten Magistrate künftig das Enteignungsrecht bezüglich der zur Durchführung der Kanalisation oder zu anderen gemeinnützigen Zwecken erforderlichen Grundstücke erteilt werden sollte, kann die bei freihändigem Erwerbe von Grundstücken etwa erforderliche Bescheinigung sich nach § 16 des Enteignungsgesetzes vom 11. Juni 1874 (Gesetzsammlung Seite 221) auf den Inhalt beschränken, daß der der Einigung zwischen den Beteiligten unterliegende Gegenstand der Abtretung zu dem genehmigten Unternehmen erforderlich ist.

Der Justizminister.

In dessen Vertretung

gez. Nebe. Pflugstaedt.

Der Finanzminister.

Im Auftrage

gez. Schomer.

An
den Königlichen Oberpräsidenten
der Provinz Brandenburg
Herrn Staatsminister Dr. von Achenbach,
Exzellenz.
Potsdam.

15. Ordnung[1]), betreffend den Anschluß an die Kanalisation und die Erhebung von Kanalisationsgebühren in der Stadt Berlin vom 22. Mai/1. Juli 1912.

Vor dieser Ordnung hatten folgende Geltung:

bis Ende März 1902 das Ortsstatut vom $\dfrac{\text{4./8. September 1874}}{\text{4. Febr. u. 5. März 1879}}$ veröffentlicht im Communalblatt von 1874, S. 446, und 1879, S. 47,

vom 1. 4. 02—31. 3. 08 die Ordnung vom 20./22. März 1902 Gemeindeblatt 1902, S. 139 — abgedruckt in der 1. Aufl. des Gemeinderechts, Bd. V, S. 1,

vom 1. 4. 08—30. 6. 1912 die Ordnung vom $\dfrac{\text{4. Februar}}{\text{23. März}}$ 1908, Gemeindeblatt 1908, S. 119.

Auf Grund des § 11 der Städteordnung vom 30. Mai 1853 und der §§ 4, 7 und 8 des Kommunalabgabengesetzes vom 14. Juli 1893 wird für den Gemeindebezirk der Stadt Berlin folgende Ordnung erlassen:

A. Allgemein.

§ 1.

Nach der für die Grundstücksentwässerung geltenden Polizeiverordnung ist jedes bebaute Grundstück an einer mit unterirdischer Entwässerungsanlage versehenen Straße an das Straßenrohr (Straßenkanal) anzuschließen.

Durch das Hausableitungsrohr sind abzuführen:

a) das durch den hauswirtschaftlichen Gebrauch verunreinigte Wasser,

b) die menschlichen Abgänge nebst dem erforderlichen Spülwasser,

c) das Regenwasser.

---

[1]) Erlassen auf Grund des Kommunal-Abgabengesetzes vom 14. Juli 1893 § 54 Abs. 1.

Reine sowie unreine Abwässer aus Fabriken, gewerblichen Betrieben und maschinellen Anlagen, das Wasser von Springbrunnen, welche nicht auf öffentlichen Straßen und Plätzen unterhalten werden und das Grundwasser dürfen nur mit Zustimmung des Magistrats in die Entwässerungsleitung des Grundstücks eingeführt werden.

Der Anschluß von den Straßenleitungen bis zum Revisionskasten hinter der Straßenflucht, diesen Kasten mit eingeschlossen, sowie die Anschlußleitungen der Frontregenrohre werden durch die Stadtgemeinde ausgeführt, welche für etwaige Fehler der Anlage Gewähr leistet.

Die Kosten für die Herstellung und etwa notwendige Änderungen der Leitungen auf dem Grundstück sowie für eine Strecke von höchstens 5 m auf der Straße, von der Grundstücksgrenze ab gerechnet, trägt der Eigentümer.

Die übrigen innerhalb des Grundstücks zur Abführung der Abwässer desselben erforderlichen Einrichtungen hat der Eigentümer herzustellen. (Vgl. Gemeindebeschluß vom 25. April 1912.) Siehe S. 40.

§ 2.

An der Entwässerungsanlage des Grundstücks, soweit sie durch die Stadtgemeinde hergestellt ist, dürfen ohne ihre Genehmigung keine Änderungen vorgenommen werden. Der Stadtgemeinde bleibt vorbehalten, diese Änderungen selbst auszuführen.

§ 3.

Den Beauftragten der städtischen Kanalisationsverwaltung muß jederzeit der Zutritt zur Vornahme der Revision der Hausentwässerung gestaltet werden.

§ 4.

Grundstücke, welche nach der für ihre Entwässerung geltenden Polizeiverordnung an die Straßenkanäle anzuschließen sind und mit der vorgeschriebenen Entwässerungsanlage versehen werden, müssen, sofern sie nicht bereits an die städtische Wasserleitung angeschlossen sind oder an sie angeschlossen werden, in einer die dauernde Bewässerung sichernden Weise mittels eigener Bewässerungseinrichtungen mit Wasser versorgt werden.

§ 5.

Für jedes an die Kanalisation angeschlossene Grundstück ist, nachdem der im § 1 dieser Ordnung erwähnte Anschluß betriebsfähig hergestellt ist, eine Gebühr zu entrichten.

Die Gebührenpflicht beginnt mit dem ersten Tage des auf die Herstellung des ersten Hausanschlusses (Hausableitungsrohre) folgenden Monats. Das Grundstück ist als angeschlossen zu betrachten, wenn mindestens ein Hausableitungsrohr betriebsfähig hergestellt ist.

Die Veranlagung der Gebühren erfolgt durch die städtische Steuerdeputation, und zwar abgesehen von den in § 6 Nr. 3 geregelten Fällen für das Rechnungsjahr, d. h. für die Zeit vom 1. April des einen bis 31. März des andern Jahres.

B. Grundstücke mit Nutzungswert.

§ 6.

Die Gebühr für Grundstücke, welche einen Nutzungswert haben, wird nach folgenden Grundsätzen bemessen:

1. Es werden als Gebühr 2 v. H. (zwei vom Hundert) des Nutzungswertes jährlich erhoben.
2. Der Nutzungswert des angeschlossenen Grundstücks einschließlich der Hofräume, Hausgärten oder sonstigen unbeweglichen Bestandteile wird nach dem Ertrage festgestellt, welcher für den gemeingewöhnlichen Gebrauch oder die gemeingewöhnliche Nutzung im letzten dem Veranlagungsjahr unmittelbar vorangegangenen Kalenderjahr aufgekommen oder durch Schätzung ermittelt ist.
3. Wird ein Grundstück an die Kanalisation neu angeschlossen oder ein aufgehobener Anschluß wieder hergestellt, so erfolgt die Veranlagung für je ein Kalendervierteljahr, und zwar nach dem Nutzungswert des Vierteljahres, für welches die Gebühr zu entrichten ist. Diese vierteljährliche Veranlagung wird so lange beibehalten, bis eine Benutzung des Grundstücks während der ganzen Dauer eines Kalenderjahres stattgefunden hat. Der Aufhebung des Kanalisationsanschlusses im Sinne der vorstehenden Bestimmungen ist es gleichzuachten, wenn sämtliche nutzbare Baulichkeiten abgebrochen oder die nicht abgebrochenen nicht benutzt werden, der Anschluß aber für Zwecke der Wiederbebauung erhalten bleibt.

§ 7.

1. Für die im § 6 erwähnten Zeitabschnitte gilt im Falle der Vermietung oder Verpachtung als Ertrag der vereinbarte Mietzins.

2. Diesem wird hinzugerechnet der Geldwert aller vom Mieter zum Vorteile des Vermieters oder eines Dritten für Rechnung des Vermieters übernommenen Nebenleistungen, zu welchen auch die vom Mieter übernommenen Steuern, Feuerkassenbeiträge und Kanalisationsgebühr gerechnet werden.

3. Außer Betracht bleiben dagegen Vergütungen des Mieters, welche nicht für die Überlassung des Gebrauchs oder der Nutzung des Grundstücks bedungen sind. Hierher gehören die Vergütungen für Benutzung von Wasserleitungen, für Flur- und Treppenbeleuchtung, für Müllabfuhr, Schornstein-, Flur- und Treppenreinigung sowie für Pförtnerdienste.

4. Der Vermieter, welcher die vorstehend in Absatz 3 bezeichneten Lasten selbst trägt, kann einen angemessenen Betrag bis zur Höhe von 8 Proz. der bedungenen Bruttojahresmiete zur Feststellung des Nutzungswertes von der Gesamtsumme abziehen.

Die Angemessenheit der Entschädigung für andere Leistungen des Eigentümers, z. B. für Fahrstuhlbenutzung und Zentralheizung unterliegt der Prüfung der Steuerdeputation.

Abzüge für Ausfälle der vereinbarten Miete finden nicht statt.

§ 8.

Der vereinbarte Mietzins (§ 7) ist nicht maßgebend,

1. wenn er hinter dem ortsüblichen Mietwerte um mehr als 25 Proz. zurückbleibt;

2. wenn der vereinbarte Mietzins auch die Gegenleistung für den Gebrauch der mit dem Grundstück vermieteten Wirtschaftsgeräte, Gebrauchsgegenstände, Möbel und sonstigen beweglichen Gegenstände umfaßt;

3. wenn die Höhe des zu entrichtenden Mietzinses von dem Ergebnis eines gewerblichen Unternehmens oder von anderen ungewissen Ereignissen abhängig gemacht ist;

4. wenn Räume als Gast= oder Hotelwirtschaften, Ausspannun=
gen oder Lagerspeicher zur mietweisen Beherbergung wech=
selnder Personen oder Sachen oder zu ähnlichen Zwecken be=
nutzt werden.

§ 9.

Für die im § 6 erwähnten Zeitabschnitte, in welchen

1. auf den vereinbarten Mietzins die Voraussetzungen des § 8
Nr. 1—4 zutreffen, oder

2. ein Grundstück oder Grundstücksteil von dem Steuerpflich=
tigen entweder selbst benutzt oder ohne Entgelt an andere
zur Nutzung oder zum Gebrauch überlassen war,

3. ein Grundstück oder Grundstücksteil gegen Einbehaltung des
Wohnungsgeldzuschusses überlassen war,

gilt als Ertrag der Grundstücke oder Grundstücksteile der ihrer Be=
stimmung, Beschaffenheit und Lage entsprechende ortsübliche Miet=
wert.

§ 10.

Hat der zur Nutzung eines Grundstücks als Mieter, Pächter,
Nießbraucher oder sonst Berechtigte darauf eigene Baulichkeiten
errichtet, so wird

a) soweit der Gebäudeeigentümer diese vermietet oder ver=
pachtet hat, der aufkommende Miet= oder Pachtzins,

b) soweit der Gebäudeeigentümer sie selbst benutzt oder ohne
Entgelt an andere zur Nutzung oder zum Gebrauche über=
lassen hat, der ortsübliche Miet= oder Pachtwert — nach Ab=
zug des auf die Grundfläche der superfiziarischen Baulich=
keiten etwa treffenden Anteils an der Hauptmiete oder
Pacht — dem Nutzertrage des Grundstücks zugerechnet.

§ 11.

Die Feststellung des Mietwertes erfolgt in den Fällen der
§§ 8 bis 10 durch die Steuerdeputation des Magistrats auf Grund
einer Abschätzung durch die dazu bestimmten Sachverständigen.
Diesen müssen alle abzuschätzenden Räume von ihren Inhabern
vorgezeigt werden.

Der ermittelte Wert wird dem Steuerpflichtigen in der für
jedes Rechnungsjahr ergehenden Veranlagungsbenachrichtigung
mitgeteilt.

§ 12.

Für diejenigen Zeitabschnitte, während deren ein Grundstück oder ein selbständiger Teil eines Grundstücks (z. B. eine einzelne Mietwohnung, ein für sich bestehendes Pachtstück) innerhalb der maßgebenden Periode (§ 6) weder vermietet oder verpachtet, noch in der im § 9 zu 2 angegebenen Weise benutzt war, wird ein Ertrag von den unbenutzt gebliebenen Grundstücksteilen nicht in Anrechnung gebracht.

§ 13.

Zum Zwecke der für jedes Rechnungsjahr erfolgenden Veranlagung ist jeder Eigentümer eines gebührenpflichtigen Grundstücks verpflichtet, bis zum 1. Januar jeden Jahres eine Nachweisung des Nutzungswertes aus dem dem Veranlagungsjahr unmittelbar vorangegangenen Kalenderjahre nach den Mietverträgen und den ihm bekannten durch Abschätzung bereits ermittelten Werten zur Abholung bereit zu halten oder auf Verlangen der Steuerdeputation an sie einzureichen.

In den Fällen des § 6 Abf. 3 ist die Nachweisung des Nutzungswertes in dem der Veranlagung zugrunde zu legenden Kalendervierteljahr am Schlusse des Vierteljahres einzureichen oder zur Abholung bereit zu halten.

Die Nachweisung muß die einzelnen Pacht- und Mietzinse und die Namen der Mieter aufführen, auch Angaben über die vom Eigentümer selbst benutzten sowie über die unvermieteten oder unbenutzten Gelasse und Flächen enthalten und, sofern solche früher vermietet oder abgeschätzt waren, die Namen der letzten Mieter, den Zeitpunkt der Räumung und den letzten Jahreszins oder den letzten ermittelten Wert ersichtlich machen. Die hierfür erforderlichen Vordrucke werden dem Gebührenpflichtigen seitens der Steuerdeputation übersandt.

Die Mietverträge sind auf Erfordern der Steuerdeputation zur Einsicht vorzulegen, auch ist jede von der Steuerdeputation oder ihren Organen zur Feststellung des Nutzertrages für notwendig erachtete Auskunft zu erteilen.

Die Steuerdeputation ist bei der Veranlagung an die Angaben des Gebührenpflichtigen nicht gebunden. Wird aber die erteilte Auskunft beanstandet, so sind dem Gebührenpflichtigen vor der Veran-

lagung die Gründe der Beanstandung mit dem Anheimstellen mit=
zuteilen, hierüber binnen einer angemessenen Frist eine weitere
Erklärung abzugeben.

C. Grundstücke ohne Nutzungswert.

§ 14.

Für diejenigen Grundstücke, welche einen Nutzungswert (§ 6)
nicht haben, wird die Kanalisationsgebühr nach dem Wasserverbrauch
der Grundstücke während des zuletzt verflossenen Kalenderjahres
bemessen.

Die Höhe der Gebühr wird in diesem Falle folgendermaßen
festgesetzt:

1. Es wird die Menge des von einem Grundstück während des
   verflossenen Kalenderjahres der Kanalisation zugeführten
   Wassers ermittelt.
2. Es wird von dem Magistrat alljährlich der Betrag der Un=
   kosten für das Fortschaffen, Reinigen und Beseitigen eines
   Kubikmeters Abwässer für die städtische Kanalisation im vor=
   hergehenden Etatsjahre in vollen Pfennigbeträgen nach oben
   abgerundet festgestellt und veröffentlicht.
3. Die Multiplikation der zu 1 und 2 ermittelten Zahlen ergibt
   die Kanalisationsgebühr.

§ 15.

Wenn auf einem Grundstück mehrere Gebäude vorhanden
sind, von denen das eine einen Nutzungswert, das andere einen
solchen nicht hat, so finden § 6 Nr. 2 und § 14 sinngemäße Anwen=
dung.

Bei Gebäuden, in denen nicht alle Räume einen Nutzungswert
haben, findet die Berechnung der Gebühr ganz nach dem Wasser=
verbrauch (§ 14) statt.

§ 16.

Die Bestimmung im § 6 Nr. 3 findet auf die im § 14 Absatz 1
und § 15 bezeichneten Grundstücke sinngemäße Anwendung.

D. Schlußbestimmungen.

§ 17.

Im Falle der Veräußerung ist der bisherige Eigentümer ver=
pflichtet, für die Zeit vom Beginn des laufenden Kalenderjahres

bis zum Tage des Eigentumsüberganges die im § 13 erwähnte Nachweisung des Nutzungswertes der Steuerdeputation binnen 2 Wochen einzureichen.

§ 18.

Jeder Eigentümer eines Grundstücks hat der Steuerdeputation anzuzeigen:

1. wenn in den Eigentumsverhältnissen ein Wechsel eintritt,
2. wenn Gebäude neu entstehen oder gänzlich beseitigt werden,
3. wenn besteuerte Hausgrundstücke durch Veränderung in ihrer Substanz, namentlich durch das Aufsetzen oder Abnehmen eines Stockwerks oder durch das Abbrechen eines Gebäude= teiles, durch Vergrößerung oder Abtrennung dazugehöriger Hofräume und Gärten an Nutzungswert gewinnen oder verlieren,
4. wenn einer der in §§ 8 und 9 vorgesehenen Fälle eintritt, in denen Abschätzung stattzufinden hat.

Diese Anzeigen sind binnen 4 Wochen nach dem Eintritt der Veränderungen schriftlich zu erstatten.

§ 19.

Die nach dieser Ordnung den Eigen'ümern der gebühren= pflichtigen Grundstücke obliegenden, insbesondere die in §§ 11, 13, 14, 17 und 18 vorgesehenen Verbindlichkeit n, liegen ob in gleicher Weise ihren gesetzlichen Vertretern (Vormündern, Pflegern, Vor= ständen von Korporationen, Aktiengesellschaften usw.), sowie den von den Eigentümern mit der Verwaltung der Grundstücke beauf= tragten Personen und bei Zwangsverwaltungen von Grundstücken den vom Gericht bestellten Verwaltern.

Jeder nicht in Berlin wohnende Eigentümer hat der Steuer= deputation einen hier wohnhaften Stellvertreter für die seinen Grundbesitz betreffenden Angelegenheiten schriftlich zu bezeichnen.

Den Vertretern kann die Veranlagungsbenachrichtigung rechtsverbindlich zugestellt werden.

§ 20.

Wenn die Eigentümer oder ihre Vertreter den ihnen nach §§ 11, 13, 14 und 17 obliegenden Verpflichtungen zur Nachweisung des Nutzertrages nicht nachkommen, ist die Steuerdeputation berechtigt,

auch ohne diese Nachweisungen den Nutzertrag zu schätzen und hier=
nach die Gebühr zu veranlagen.

§ 21.

Auf die Nachforderungen und Verjährungen der Gebühr fin=
den die Bestimmungen der §§ 87 und 88 des Kommunalabgaben=
gesetzes Anwendung.

§ 22.

Wenn bei einem Grundstück der Anschluß an die Kanalisation
aufgehoben wird, so ruht die Gebührenpflicht vom ersten Tage des=
jenigen Monats, welcher der Aufhebung folgt, bis zum ersten Tage
des auf den Wiederanschluß folgenden Monats. (S. auch § 6 Ziff. 3.)

§ 23.

Die Fälligkeit der nach dieser Ordnung zu entrichtenden Gebühr
tritt ein mit der Zustellung der Veranlagung für die bis dahin ver=
flossenen Vierteljahre sofort, für die ferneren mit dem letzten Tage
desjenigen Vierteljahres, für welches sie zu entrichten ist.

Die Gebühr wird bei der Berechnung des Jahresbetrages auf
einen durch 20 teilbaren Pfennigbetrag nach oben abgerundet.

Im Falle der Zwangsversteigerung eines Grundstückes ist die
Gebühr bis zum Tage des Zuschlages zu veranlagen und von dem
gerichtlichen Zwangsverwalter zu entrichten.

§ 24.

Zur Zahlung der Gebühr ist der Eigentümer des Grundstücks
verpflichtet. Mehrere Miteigentümer haften als Gesamtschuldner.

Das Kgl. Kammergericht in Berlin, 18. Zivilsenat, hat durch
Urteil vom 12. Januar 1910 — 18 U. 4455. 09 — in Sachen der
Friedrichsberger Bank e. G. m. unbeschr. Haftpflicht zu Berlin,
gegen die Stadtgemeinde Berlin für Recht erkannt: Die Kanali=
sationsgebühr ist keine gemeine Last im Sinne des Art. 1 des Aus=
führungsgesetzes (23. 9. 1899) zum Zwangsversteigerungsgesetze
vom 24. 3. 1897. Mithin kommt ihr auch nicht das in § 10 Nr. 3
ZwVG. angeführte Vorrecht zu. — Blätter für Rechtspflege 1910
S. 54 — Vgl. dagegen Urteil des Kgl. Landgerichts III in Berlin
zu Charlottenburg $\frac{43.\ \text{C.}\ 481\ 10}{9.\ \text{S.}\ 229.\ 10}$ 17. 12. 1910 in Sachen der Stadt=
gemeinde Dt.=Wilmersdorf gegen Siegfried Fleischer in Charlotten=

burg, in welchem — im bewußten Gegensatz zu dem vorstehenden Urteil des Kammergerichts — die Kanalisationsgebühren als bevorrechtigte öffentliche Lasten eines Grundstücks im Sinne des § 10 Nr. 3 Zw.Verst.Ges. u. Art. 1 Nr. 2 des preuß. Ausführungsgesetzes zum Zw.Verst.Ges. anerkannt wurden.

<h3 style="text-align:center">§ 25.</h3>

Hat das Eigentum in dem Vierteljahr, für welches die Gebühren zu entrichten sind, gewechselt, so haftet jeder Eigentümer für diese Gebühren als Gesamtschuldner.

<h3 style="text-align:center">§ 26.</h3>

Die auf Grund dieser Ordnung zu erhebende Gebühr unterliegt der Beitreibung im Verwaltungszwangsverfahren.

<h3 style="text-align:center">§ 27.</h3>

Gegen die Heranziehung zu der Kanalisationsgebühr steht dem Zahlungspflichtigen der Einspruch zu. Das Rechtsmittel ist binnen einer Frist von vier Wochen bei dem Magistrat einzulegen. Der Lauf der Frist beginnt mit dem ersten Tage nach erfolgter Benachrichtigung von der Höhe des zu entrichtenden Betrages.

Über den Einspruch beschließt der Magistrat. Gegen den Beschluß steht dem Pflichtigen binnen einer mit dem ersten Tage nach erfolgter Zustellung beginnenden Frist von 2 Wochen die Klage im Verwaltungsstreitverfahren offen. Zuständig ist der Bezirksausschuß zu Berlin. Gegen die Entscheidung desselben ist nur das Rechtsmittel der Revision zulässig.

Durch Einspruch und Klage wird die Verpflichtung zur Zahlung nicht aufgeschoben.

<h3 style="text-align:center">§ 28.</h3>

Das Ortsstatut vom 4. Februar/23. März 1908 wird aufgehoben.

<h3 style="text-align:center">§ 29.</h3>

Diese Ordnung tritt mit dem Tage der staatlichen Genehmigung in Kraft.

Berlin, den 22. Mai 1912.

Magistrat hiesiger Königl. Haupt- und Residenzstadt.

(L. S.)   Kirschner.

Vorstehende Ordnung wird auf Grund des § 77 des Kommu=
nalabgabengesetzes vom 14. Juli 1893 infolge Ermächtigung der
Herren Minister der öffentlichen Arbeiten, des Innern und der
Finanzen zunächst bis zum 31. März 1917 genehmigt.

Potsdam, den 1. Juli 1912.

(L. S.)

Der Oberpräsident.

J. V.: Graf Roedern.

O. P. 12 313.

16. Gemeindebeschluß.

Die Einleitung von unreinen Abwässern von Grundstücken
mit Nutzungswert aus maschinellen und gewerblichen Betrieben,
insbesondere Fabriken, Brauereien, Hotels, Warenhäusern, Bade=
anstalten, Bahnhofsanlagen, Anlagen der Reichspost usw., in die
Kanalisationsleitungen wird, wenn die Menge dieser Abwässer auf
einem Grundstücke zuzüglich der nach § 1 zu a und b der Kanali=
sationsgebührenordnung aufgeführten Abwässer in einem Jahre
10 000 cbm übersteigt, nur dann gestattet, wenn der Eigentümer sich
verpflichtet, für die Bewilligung der Einleitung ein Entgelt
zu zahlen, welches beträgt:

bei einer jährlichen Wassermenge von mehr als 10 000 bis ein=
schließlich 15 000 cbm 50 M.,

von mehr als 15 000 bis einschließlich 20 000 cbm 100 M.,

und so fort um je 50 M. für je 5000 cbm steigend.

Das Entgelt ist jährlich nachträglich in einer Summe nach
Aufforderung durch die Deputation für die Kanalisationswerke und
Güter Berlins zahlbar.

Hat die Inanspruchnahme der Kanalisation durch Abwässer=
mengen, welche dem Absatz 1 entsprechen, noch nicht ein volles Jahr
bestanden, so wird das Entgelt entsprechend der abgeführten Wasser=
menge vierteljährlich berechnet, indem die vorstehend für das Jahr
festgesetzten Abwässermengen und Entgeltsbeträge für je ein
Vierteljahr umgerechnet werden.

Die Menge der der Kanalisation zugeführten Abwässer wird
auf folgende Weise ermittelt. Die der städtischen Wasserleitung
entnommene Wassermenge wird durch den Wassermesser der städti=

schen Wasserwerke festgestellt. Die Menge des aus eigenen Wasser=
anlagen entnommenen Wassers wird durch Schätzung ermittelt.
Die zur Schätzung dienlichen Unterlagen hat der Eigentümer auf
Erfordern zu geben; jedoch bleibt ihm überlassen, auch diese Wasser=
mengen durch Meßvorrichtung, welche der Magistrat für zuver=
lässig erachtet und überwacht, nachzuweisen. Bei Feststellung der
Abwässermengen bleibt das den Kanalisationsleitungen nachweis=
lich nicht zugeführte Wasser außer Ansatz.

Das aus maschinellen oder gewerblichen Betrieben ab=
fließende reine Wasser (Kondensations=, Kühl=, Fahrstuhlwasser
usw.), sowie das Wasser aus Springbrunnen darf nur mit besonde=
rer Genehmigung des Magistrats den Leitungen der Kanalisation
zugeführt werden und ist auf Verlangen des Magistrats durch beson=
dere unterirdische Leitungen (Notausläſſe oder Reinwasserausläſſe)
offenen Wasserläufen zuzuführen. Wird die Einleitung in die
Schmutzwasserleitung gestattet, so ist die Reinwassermenge der
Schmutzwassermenge hinzuzurechnen und ein Entgelt nach Maß=
gabe des Abschnitts I zu entrichten. Muß die Ableitung durch be=
sondere Leitungen (Längs= und Stichleitungen) erfolgen, so werden
diese vom Magistrat auf Kosten des Eigentümers desjenigen
Grundstücks, aus dem das reine Wasser abzuleiten ist, hergestellt.

Vor der Ausführung hat der Eigentümer einen Vorschuß in
Höhe des vom Magistrat veranschlagten Kostenbetrages für die
Herstellung innerhalb einer Woche nach erfolgter Aufforderung ein=
zuzahlen. Eine Prüfung der Rechnung über die Ausführung steht
dem Eigentümer nur in rechnerischer Hinsicht zu. Nach Ausführung
geht die Leitung ohne weiteres in das Eigentum der Stadtgemeinde
über, die dann die Unterhaltung, Reinigung usw. übernimmt.

Außer den einmaligen Herstellungskosten der gesonderten Lei=
tungen hat jeder Eigentümer eines Grundstücks, von welchem reine
Wässer unter Benutzung städtischer Leitungen gesondert abgeführt
werden, ein Entgelt jährlich zu zahlen, und zwar für das Kubik=
meter reines Wasser ¹⁄₁₀ Pf. Die Wassermenge wird am Schluß
des Rechnungsjahres durch Schätzung ermittelt. Der Eigentümer
ist verpflichtet, die zur Schätzung erforderlichen Unterlagen mit=
zuteilen. Die Zahlung des nach dieser Schätzung für das abge=
laufene Rechnungsjahr zu entrichtenden Entgelts hat binnen vier
Wochen nach erfolgter Aufforderung zu erfolgen. D i e F e s t =

setzung des Entgelts geschieht durch die Deputation für die Kanalisationswerke und Güter Berlins. Der Magistrat ist berechtigt, in einzelnen Fällen, in denen städtische Anlagen nur in geringem Umfange durch die Sonderleitung beansprucht werden, das Entgelt nach billigem Ermessen zu ermäßigen.

Berlin, den 25. April 1912.

Magistrat hiesiger Königl. Haupt= und Residenzstadt.
Kirschner.

17. Anschlußverträge mit Nachbargemeinden.

1. Vertrag zwischen den Stadtgemeinden Berlin und Charlottenburg wegen Anschlusses verschiedener Gebietsteile des Charlottenburger Weichbildes an die allgemeine Kanalisation von Berlin.

§ 1.

Der Magistrat von Berlin gestattet, daß die auf dem beigehefteten Plane rot angelegte Fläche des Weichbildes von Charlottenburg an die allgemeine Kanalisation von Berlin angeschlossen werde, und zwar in der Art, daß nicht bloß die Entwässerungen der Straßen und Plätze, sondern auch der einzelnen Grundstücke dieser Fläche den Berliner Kanalisationsleitungen zugeführt werden.

§ 2.

Zur Bedingung wird hierbei gestellt, daß vor Beginn der Bauausführung für den im § 1 gedachten Gebietsteil diejenigen die Anlage und den Betrieb betreffenden technischen und administrativen Bestimmungen, welche in Berlin für den Anschluß von Straßen, Plätzen und Grundstücken maßgebend sind, seitens der städtischen wie seitens der polizeilichen Behörden getroffen und erzwingbar gemacht werden. Werden diese Bestimmungen für Berlin geändert, so sind sie auch für den im § 1 gedachten Gebietsteil zu ändern.

Fernere Bedingung ist, daß die in der Anlage enthaltenen Festsetzungen der örtlichen Straßenbau=Polizeiverwaltung, Abteilung II, für die Kanalisation zu Berlin und der Polizeidirektion zu Charlottenburg zustande kommen und für die Zukunft nicht ohne beiderseitiges Einvernehmen abgeändert werden.

§ 3.

Die Straßenleitungen auf dem anzuschließenden Gebiete mit allem Zubehör — Notausläſſen, Reviſionsbrunnen, Gullies uſw. — dürfen nur durch den Magiſtrat zu Berlin ausgeführt werden. Ebenſo ſind nachträgliche Änderungen oder etwa vorkommende Reparaturen an dieſen Leitungen zu behandeln.

§ 4.

Die Grundſtücksanſchlüſſe erfolgen ebenfalls in demſelben Umfange, wie dies in Berlin zu geſchehen hat, durch den Magiſtrat von Berlin.

§ 5.

Dem Magiſtrat von Berlin ſteht auch der alleinige Betrieb der Straßenleitungen zu, jedoch hat das zum Spülen der Leitungen erforderliche Waſſer der Magiſtrat von Charlottenburg in der Art aus der Charlottenburger Waſſerleitung unentgeltlich vorzuhalten, daß der Magiſtrat von Berlin das zu jenem Zwecke nach ſeinem Ermeſſen notwendige Quantum jederzeit entnehmen kann. Nur das zur Spülung der Leitung in der Kurfürſtenſtraße erforderliche Waſſer hat der Magiſtrat von Berlin ohne beſondere Entſchädigung vorzuhalten. Die Reinigung der Straßengullies erfolgt durch den Magiſtrat zu Charlottenburg.

§ 6.

Die Ausführung der Straßenleitungen erfolgt ſukzeſſive nach Zeit und Straßenzügen den Angaben des Magiſtrats von Char- lottenburg gemäß; ſpäteſtens nach einem Jahre von Abſchluß dieſes Vertrages bzw. wenn ſolche erforderlich ſein ſollte, von der Ge- nehmigung ab gerechnet, muß der Magiſtrat mit dieſen Angaben beginnen. Den Angaben des Magiſtrats iſt ſeitens des Magiſtrats zu Berlin zu entſprechen, ſoweit nicht etwa techniſche oder andere Unmöglichkeiten bzw. Schwierigkeiten dies verhindern.

Im übrigen erfolgt die Bauausführung, und zwar auch hin- ſichtlich der Verlegung der Grundſtücks-Anſchlußleitungen, unter Beobachtung der in Berlin befolgten Grundſätze nach freiem Er- meſſen der ausführenden Behörde und unter Ausſchluß jeglicher Mitbeteiligung des Magiſtrats zu Charlottenburg in techniſcher Hinſicht.

§ 7.

Der Magistrat zu Charlottenburg zahlt an den Magistrat zu Berlin für jedes laufende Meter der Grundstücks-Straßenfronten, welche durch die verlegten Leitungen angeschlossen werden können:

a) eine einmalige Summe von 50 M., in Buchstaben:

„Fünfzig Mark",

b) einen jährlichen Betrag von 6 M., in Buchstaben:

„Sechs Mark".

Die zu zahlenden Summen sind durch Schiedsspruch vom 16. 3. 1912 abgeändert und betragen vom 20. 11. 1906 ab

zu a) 66 M., zu b) jährlich 8 M.

Die Zahlungen werden vier Wochen nach dem Tage fällig, an welchem der Magistrat von Berlin dem Magistrat zu Charlottenburg die Anzeige gemacht hat, daß und welche Grundstücke angeschlossen werden können.

Die Zahlungen zu b erfolgen in vierteljährlichen Vorausbezahlungen bis spätestens zum fünfzehnten Tage eines jeden Vierteljahres.

Beide Teile behalten sich vor, von zehn zu zehn Jahren nach dem Zeitpunkt, an welchem der Magistrat von Charlottenburg mit seinen Angaben beginnen muß, — § 6 — eine Abänderung der vorstehend zu a und b genannten Zahlen zu fordern, und zwar zu a, soweit die im § 3 gedachten Bauten nicht vollendet sind. Mangels gütlicher Einigung wird diese Abänderung durch ein Schiedsgericht (bei a allein für die noch nicht vollendeten Bauten des § 3) nach Verhältnis der Herstellungs- bzw. Betriebskosten unter Zugrundelegung des Projektes und des Kostenanschlages (zu a) beziehungsweise der zugrunde liegenden Kostenberechnung (zu b) festgestellt.

§ 8.

Die Kosten der nachträglichen Veränderung an den Leitungen, welche etwa der Magistrat zu Charlottenburg wünscht, sowie die Kosten für die Verlegung der Grundstücks-Anschlußleitungen werden, und zwar letztere nach den jedesmal für Berlin maßgebenden Preisen im übrigen nach den nur einer kalkulatorischen Revision unterliegenden Rechnungen des Magistrats zu Berlin wiedererstattet.

Für die Unterhaltung und Reparatur der Straßenleitungen — § 3 — ist außer den vorgedachten Zahlungen nichts zu erstatten.

Dagegen übernimmt der Magistrat von Charlottenburg dem Magistrat von Berlin gegenüber die Verpflichtung, das Pflaster, welches zum Zwecke der Verlegung der Leitungen (§§ 3 und 4) aufgenommen werden mußte, und welches der Magistrat von Berlin nach Verfüllung der Baugruben wieder herzustellen hat, nach dieser ersten Wiederherstellung zu unterhalten.

§ 9.

Beiden Teilen steht eine, u n d   z w a r   z w ö l f m o n a t - l i c h e   K ü n d i g u n g   d i e s e s   V e r t r a g e s   n u r   d a n n   z u , wenn der Gegenteil den in diesem Vertrage eingegangenen Verpflichtungen nicht nachkommt. Darüber, ob die vorstehende Bedingung eingetreten ist, steht vorkommendenfalls die Entscheidung allein einem Schiedsgericht zu.

Außerdem erreicht dieser Vertrag seine Endschaft, wenn durch Gesetz oder im Wege der Verwaltung auf einen oder den anderen oder auf beide vertragschließende Teile ein Zwang ausgeübt wird, welcher entweder den weiteren Bestand dieses Vertrages unmöglich macht, oder gegenüber dem jetzigen Zustande für die Ausführung oder den Betrieb der Kanalisation mit Berieselung erhebliche Schwierigkeiten enthält. Auch über den Eintritt der in diesem Absatz festgesetzten Bedingung steht die Entscheidung allein einem Schiedsgericht zu.

Ferner behält der Magistrat zu Berlin sich eine zwölfmonatliche Kündigung vor, sobald in Zukunft eine der in der Anlage verzeichneten, mit der für Charlottenburg zuständigen Polizeibehörde zu treffenden Festsetzungen seitens der gedachten Polizeibehörde nicht mehr beobachtet wird (§ 2), unterwirft sich aber auch über den Eintritt dieser Bedingung der Entscheidung eines Schiedsgerichts.

Endlich darf der Magistrat von Berlin den Vertrag mit zwölfmonatlicher Frist kündigen, wenn die örtliche Straßenbau-Polizeiverwaltung, Abteilung II, für Berlin gegen den Willen der dortigen Gemeindebehörde einer anderen Verwaltungsstelle als dem Oberbürgermeister übertragen werden sollte.

§ 10.

Über die Zusammensetzung des Schiedsgerichts (§§ 7 und 9) wird folgendes vereinbart:

    a) Der Teil, welcher eine Entscheidung des Schiedsgerichts herbeiführen will (Kläger), hat dem Gegenteil (Beklagten)

einen Schiedsrichter zu nennen, unter gleichzeitiger Auffor=
derung, innerhalb zweier Wochen dem Kläger den zweiten
Schiedsrichter zu nennen. Nach fruchtlosem Ablaufe dieser
Frist ernennt Kläger auch den zweiten Schiedsrichter.

b) Beide Schiedsrichter haben innerhalb zweier Wochen nach
Aufforderung seitens des Klägers einen Obmann zu wählen
und dem Kläger anzuzeigen. Nach fruchtlosem Ablaufe
dieser Frist ernennt ihn auf Anrufen des Klägers das zu=
ständige Gericht, oder, wenn dieses die Ernennung ablehnt,
der Oberpräsident der Provinz Brandenburg bzw. von
Berlin.

c) Wenn vor ergangener Entscheidung einer der von den Par=
teien zu ernennenden Schiedsrichter stirbt, oder aus einem
anderen Grunde wegfällt, oder die Übernahme oder die
Ausführung des Schiedsrichteramtes verweigert, so hat die
Partei, welche ihn ursprünglich zu ernennen hatte, innerhalb
zweier Wochen nach der an sie von der Gegenpartei ergan=
genen Aufforderung, der letzteren einen anderen Schieds=
richter zu nennen. Nach fruchtlosem Ablaufe dieser Frist
ernennt ihn die Gegenpartei.

d) Wenn vor ergangener Entscheidung der Obmann (§ 10 b)
stirbt, oder aus einem anderen Grunde wegfällt oder die
Übernahme oder die Ausführung des Obmannsamtes ver=
weigert, so finden zwecks Beschaffung eines Ersatzes die im
§ 10 b enthaltenen Festsetzungen sinngemäße Anwendung.

e) Im übrigen behält es bei den §§ 851—871 der Zivilprozeß=
ordnung für das Deutsche Reich sein Bewenden.

§ 11.

Den Stempel dieses Vertrages trägt der Magistrat zu Char=
lottenburg.

Berlin, den 14. November 1885.

(L. S.)

Magistrat hiesiger Königl. Haupt= und Residenzstadt.

gez. von Forckenbeck.   gez. Marggraff.

Charlottenburg, den 20. November 1885.

(L. S.)

Der Magistrat.

gez. Fritsche.   gez. (Unterschrift.)

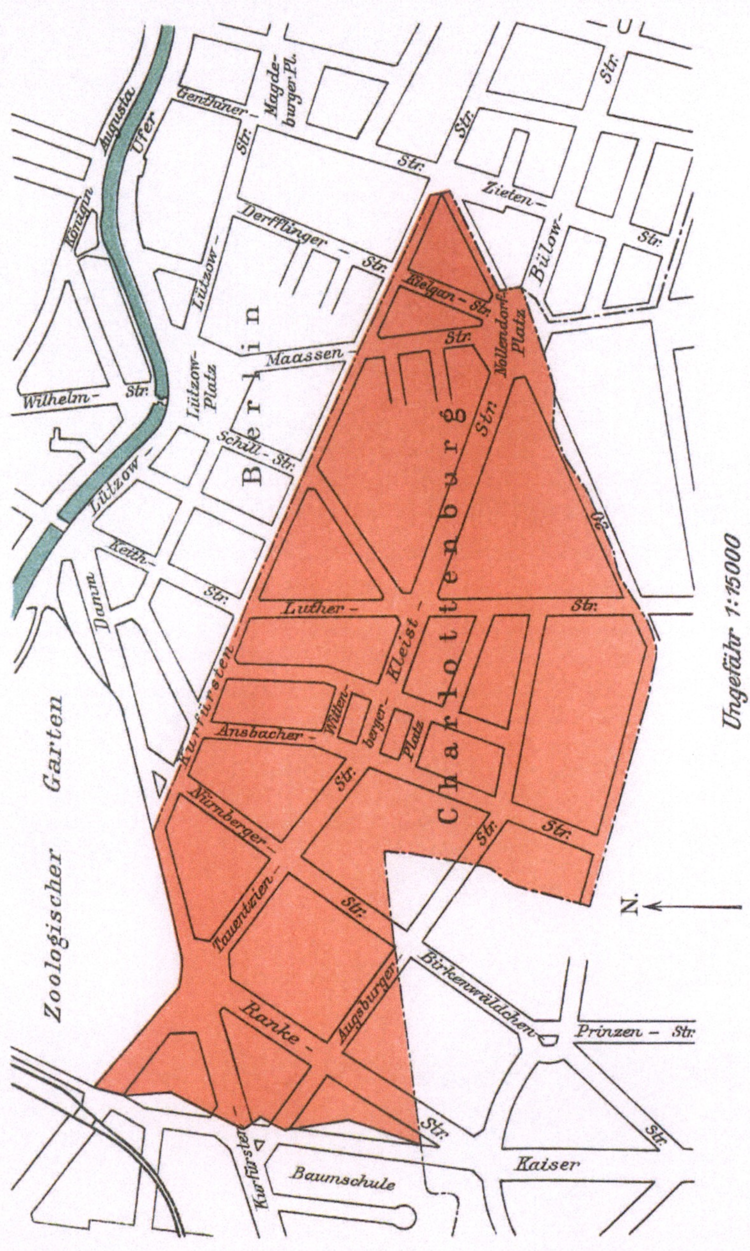

Königin Augusta Ufer
Genthiner - Str.
Magdeburger-Pl.
Str.
Zieten -
Bülow -
Str.
Str.
Derfflinger - Str.
Lützow -
Belgow - Str.
Nollendorf-Platz
Maassen -
Str.
Berlin
Wilhelm - Str.
Lützow - Platz
Schill - Str.
Charlottenburg
Str.
Lützow -
Str.
Keith -
Str.
Damm
Luther -
Str.
Kurfürsten -
Kleist -
Str.
Zoologischer Garten
Wittenberger - Platz
Ansbacher -
Str.
Str.
Nürnberger -
Str.
Str.
Tauentzien -
Str.
Birkenwäldchen -
Prinzen - Str.
N.
Ungefähr 1:15000
Ranke -
Augsburger -
Str.
Kurfürsten -
Baumschule
Kaiser
Str.

Feſtſetzungen über das Geſchäftsverfahren zwiſchen dem Oberbürger=
meiſter von Berlin, Herrn von Forckenbeck, als Inhaber der
örtlichen Straßenbaupolizei für Berlin, Abteilung II (Kanaliſation)
und dem Polizeidirektor von Charlottenburg, Herrn von Saldern.

Die Unterzeichneten ſind darüber einverſtanden, daß diejenigen
Anlagen, welche die Entwäſſerung des in dem Vertrage vom 14./20.
November 1885 gedachten Charlottenburger Gebietes mittels An=
ſchluſſes an die Berliner allgemeine Kanaliſation bezwecken, ſei es,
daß ſie ſich auf öffentlichen Straßen und Plätzen, ſei es, daß ſie ſich
in Privatgrundſtücken befinden, in untrennbarem Zuſammenhange
mit dem Syſteme der Berliner allgemeinen Kanaliſation, an welches
der Anſchluß erfolgen ſoll, ſtehen, und daß daher bei der ſich hiernach
ergebenden Zuſtändigkeit der von den beiden Unterzeichneten ver=
tretenen Polizeibehörden, ſoweit es ſich um die Entwäſſerung des
anzuſchließenden Charlottenburger Gebietes durch die allgemeine
Kanaliſation handelt, nachſtehende, den gemeinſamen Geſchäfts=
verkehr beider Polizeibehöiden regelnde Feſtſetzungen zu treffen ſind.

§ 1.

Die Polizeidirektion erläßt auf Antrag des Magiſtrats zu
Charlottenburg den Aufruf der von jenem ihr zu bezeichnenden
Straßenſtrecken, mit der Aufforderung, daß die Eigentümer die
Projekte bei ihr in drei Exemplaren einzureichen haben und über=
ſendet die bei ihr eingegangenen Projekte der örtlchen Straßenbau=
Polizeiverwaltung, Abteilung II (Kanaliſation), für Berlin.

§ 2.

Letztere Behörde prüft die Projekte, verhandelt direkt mit den
Eigentümern über etwaige Abänderungen, verſieht zuläſſigenfalls
ihrerſeits die drei Exemplare des Projektes mit dem Vermerk der
Genehmigung und überſchickt zwei Exemplare ſowie zwei Ausferti=
gungen der Bedingungen an die Polizeidirektion zu Charlotten=
burg. Dieſe prüft die Projekte ihrerſeits und händigt das eine, zu=
ſätzlich mit ihrem Genehmigungsvermerk verſehen, dem Eigen=
tümer aus, gibt auch der örtlichen Straßenbau=Polizeiverwaltung,
Abteilung II, für Berlin hiervon Nachricht. Über beabſichtigte
Änderungen oder Zuſätze hat die Polizeidirektion zu Charlotten=
burg vor der Aushändigung das Einvernehmen der örtlichen
Straßenbau=Polizeiverwaltung, Abteilung II, herbeizuführen.

§ 3.

Der Polizeidirektion zu Charlottenburg ist vom Eigentümer die Bauausführung anzuzeigen, worauf nach ergangener Benachrichtigung hiervon die örtliche Straßenbau-Polizeiverwaltung, Abteilung II (Kanalisation), für Berlin die Revision vornimmt, auch das Inbetriebnahmeattest der Anlage ausstellt und in zwei Exemplaren, das eine zur Mitvollziehung und Aushändigung an den Eigentümer, an die Polizeidirektion zu Charlottenburg übersendet, welche von der Aushändigung an die örtliche Straßenbau-Polizeiverwaltung Mitteilung macht.

§ 4.

Auf die Behandlung von Nachtragsprojekten, sei es, daß deren Einreichung infolge von Neu- oder Umbauten oder infolge von Änderungen und Zusätzen der Entwässerungsanlage notwendig werden, finden die §§ 1, 2 und 3 sinngemäße Anwendung.

§ 5.

Sämtliche Projekte für Neu- und Umbauten auf Grundstücken des anzuschließenden Gebietes sind, sofern die Grundstücke, auf denen sie vorgenommen werden sollen, schon aufgerufen sind, der örtlichen Straßenbau-Polizeiverwaltung, Abteilung II (Kanalisation), für Berlin zur Außerung zu überschicken.

§ 6.

Dieselbe überwacht ferner in periodischen Zeiträumen, entsprechend den hierfür in Berlin bestehenden Einrichtungen, die Entwässerungsanlagen im Innern der Grundstücke darauf, ob dieselben noch dem Projekte entsprechen. Ihre, in dem anzuschließenden Gebiet als Revisions- und Kontrollbeamten tätigen Organe sind mit Legitimationskarten auch der Charlottenburger Polizeidirektion zu versehen.

§ 7.

Jede mit der Wirkung einer polizeilichen Zwangsverfügung versehene Zuschrift an die Eigentümer schickt die örtliche Straßenbau-Polizeiverwaltung für die Kanalisation im Entwurf an die Polizeidirektion zu Charlottenburg mit dem Ersuchen, den Entwurf zu vollziehen und auszuhändigen, auch von letzterem Nachricht an die örtliche Straßenbau=Polizeiverwaltung, Abteilung II (Kanalisation), für Berlin gelangen zu lassen.

§ 8.

Die Polizeidirektion zu Charlottenburg erläßt keine die Ent= wässerung des anzuschließenden Gebietes, soweit dasselbe schon aufgerufen ist, betreffende Verfügung, ohne zuvor sich mit der ört= lichen Straßenbau=Polizeiverwaltung, Abteilung II (Kanali= sation), für Berlin ins Einvernehmen gesetzt zu haben. Ausge= nommen sind Verfügungen, deren Erlaß keinen Aufschub gestattet, indessen ist in solchen Fällen der örtlichen Straßenbau=Polizeiver= waltung, Abteilung II, gleichzeitig Mitteilung zu machen.

§ 9.

Klagen und Beschwerden gegen polizeiliche Anordnungen, welche die hier behandelten Angelegenheiten betreffen, läßt die Polizeidirektion zu Charlottenburg an die örtliche Straßenbau= Polizeiverwaltung, Abteilung II (Kanalisation), für Berlin zur Bearbeitung gelangen bzw. bearbeitet dieselben nur nach vorauf= gegangenem Einvernehmen mit jener Behörde, auf deren Wunsch Klagen durch einen von ihr zu ernennenden Bevollmächtigten vor den Gerichten vertreten werden.

Berlin, den 14. November 1885.

Der Oberbürgermeister.

gez. v o n F o r c k e n b e c k.

Charlottenburg, den 21. November 1885.

Der Königliche Polizeidirektor.

gez. v o n S a l b e r n.

Abschrift aus den Akten Charlottenburg,
Nr. 1 vol. I. fol. 172 a.

2. I. Nachtragsvertrag.

Zwischen den Stadtgemeinden Berlin und Charlottenburg ist in Ergänzung des Vertrages vom 14./20. November 1885 über den Anschluß verschiedener Gebietsteile des Charlottenburger Weichbildes an die allgemeine Kanalisation von Berlin der fol= gende Nachtragsvertrag geschlossen worden:

§ 1.

Zwischen den Gemeinden Charlottenburg und Schöneberg hat in der Gegend zwischen der Nürnberger Straße und der Straße 30 a IV, sowie zwischen der Kreuzung der Straße 30 a IV mit der Augsburger Straße und dem süblichen Endpunkte der Straße 30 a IV eine anderweite Regulierung der jene Gemeinden trennenden Weichbildgrenze stattgefunden, infolge welcher dem Gemeindebezirk Charlottenburg das im angehefteten Lageplan rot eingezeichnete, mit den Buchstaben a b c d a umschlossene Gebiet zugelegt worden ist.

§ 2.

Der Magistrat von Berlin gestattet den Anschluß dieses neuen Gebietsteiles von Charlottenburg auf der Grundlage und unter den Bedingungen des im Eingange gedachten Vertrages vom 14./20. November 1885, jedoch mit der Maßgabe, daß der Magistrat von Charlottenburg vor Ausführung der Kanalisation die durch die größere Dimensionierung der Vorflutleitungen entstehenden Mehrkosten im Betrage von 1350 M. erstattet.

§ 3.

Die Kosten für den Stempel dieses Vertrages trägt der Magistrat von Charlottenburg.

Berlin, den 3. Januar 1894.

Magistrat hiesiger Königl. Haupt- und Residenzstadt.

(L. S.)

gez. Zelle.   gez. Marggraff.

Charlottenburg, den 22. Oktober 1893.

Der Magistrat.

(L. S.)

gez. Fritsche.   Hirsekorn.

Abschrift aus den Akten der örtlichen Straßenbau-Polizeiverwaltung, Abteilung II (Kanalisation), betreffend den Anschluß eines Teiles von Charlottenburg an die Berliner Kanalisation Vol. II Blatt Nr. 79.

Zwischen den Stadtgemeinden Berlin und Charlottenburg ist in Ergänzung des Vertrages vom 14./20. November 1885 über den Anschluß verschiedener Gebietsteile des Charlottenburger

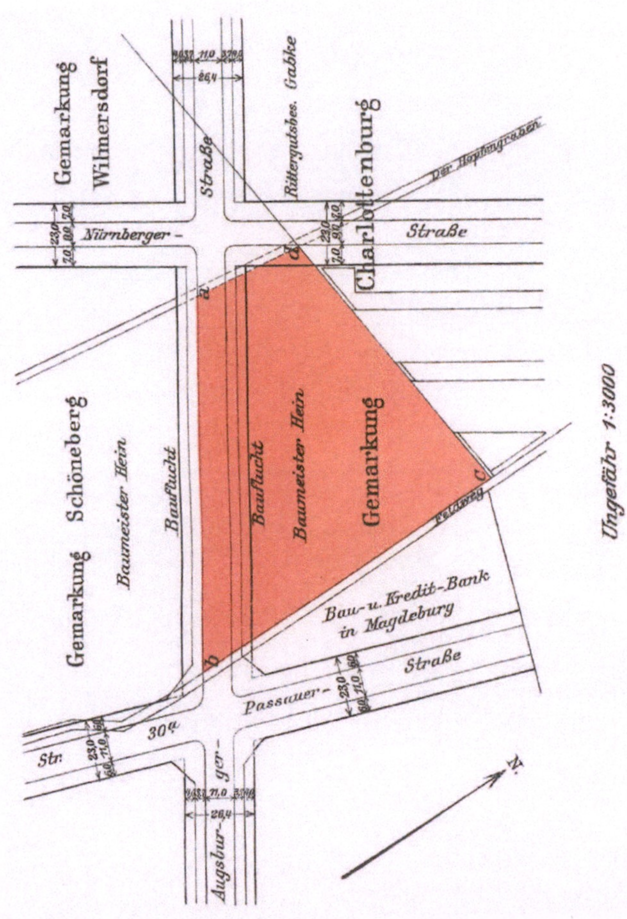

Gemarkung Wilmersdorf
Gemarkung Schöneberg
Charlottenburg
Rittergutsbes. Grabke
Der Hopfengraben
Nürnberger -
Straße
Straße
Baumeister Hein
Bauflucht
Bauflucht
Baumeister Hein
Gemarkung
Baumeister Hein
Bau- u. Kredit-Bank in Magdeburg
Feldweg
Passauer -
Straße
Str.
30q
Augsburger -
Ungefähr 1:3000
26,4
23,0
23,0
23,0
26,4
a
b
c

Weichbildes an die allgemeine Kanalisation von Berlin unterm 22. Oktober 1893/3. Januar 1894 ein Nachtragsvertrag geschlossen worden, durch welchen der Magistrat von Berlin auch den Anschluß desjenigen Gebietsteiles von Charlottenburg, welcher in dem dem Nachtragsvertrage angehefteten Lageplane rot eingezeichnet ist und mit den Buchstaben a, b, c, d, a umschlossen wird, gestattet.

Die Unterzeichneten sind damit einverstanden, daß die Festsetzungen über das Geschäftsverfahren zwischen dem Oberbürgermeister von Berlin und dem Polizeidirektor von Charlottenburg, welche bezüglich der an die Berliner Kanalisation anzuschließenden Gebietsteile von Charlottenburg unterm 14./20. November 1885 vereinbart worden sind, auch auf den obengenannten neu anzuschließenden Gebietsteil ausgedehnt werden.

Berlin, den 3. Januar 1894.

Der Oberbürgermeister.

gez. Zelle.

Charlottenburg, den 20. März 1894.

Der Königliche Polizeidirektor.
Geheimer Regierungsrat.
gez. v. Salbern.

---

3. II. Nachtragsvertrag zu dem zwischen den Stadtgemeinden Berlin und Charlottenburg wegen Anschlusses verschiedener Gebietsteile des Charlottenburger Weichbildes an die allgemeine Kanalisation von Berlin abgeschlossenen Vertrage vom 14./20. November 1885.

§ 1.

Der auf dem anliegenden Lageplane in grüner Farbe dargestellte a, b, c, a umschriebene, durch Beschluß des Bezirks-Ausschusses zu Potsdam vom 9. März 1899 von dem Gemeindebezirk Charlottenburg abgetrennte und mit dem Gemeindebezirk Deutsch-Wilmersdorf vereinigte Gebietsteil gilt als mit dem 1. Dezbr. 1899 aus dem Geltungsbereiche des Eingangs gedachten Vertrages vom 14./20. November 1885 ausgeschieden.

§ 2.

Der auf demselben Lageplan in roter Farbe dargestellte, c, d, e, f, g, c umschriebene, durch Beschluß des Bezirksausschusses zu

Potsdam vom 9. März 1899 von dem Gemeindebezirk Deutsch=
Wilmersdorf abgetrennte und mit dem Gemeindebezirk Charlotten=
burg vereinigte Gebietsteil tritt in den Geltungsbereich des vorbe=
zeichneten Vertrages vom 14./20. November 1885 ein.

§ 3.

Die Stadtgemeinde Charlottenburg verpflichtet sich, diejenigen
besonderen Kosten, welche dadurch entstehen, daß an den Ecke Augs=
burger= und Nürnbergerstraße bereits vorhandenen Leitungen Ab=
änderungen vorzunehmen sind, außerhalb der vertragsmäßigen
Leistungen zu erstatten bzw. zu tragen.

§ 4.

Die Stempelkosten zu diesem Vertrage trägt die Stadtge=
meinde Charlottenburg.

Berlin, den 25. Februar 1901.

Magistrat hiesiger Königl. Haupt= und Residenzstadt.

(L. S.)

gez. Kirschner.   gez. Marggraff.

Charlottenburg, den 15. Dezember 1900.

Der Magistrat.

(L. S.)

gez. Schustehrus.   (Unterschrift.)

Zwischen den Stadtgemeinden Berlin und Charlottenburg
ist in Ergänzung des Vertrages vom 14./20. November 1885 über
den Anschluß verschiedener Gebietsteile des Charlottenburger Weich=
bildes an die allgemeine Kanalisation von Berlin unterm 15. De=
zember 1900/25. Februar 1901 ein Nachtragsvertrag geschlossen
worden, durch welchen der Magistrat von Berlin auch den Anschluß
desjenigen Gebietsteiles von Charlottenburg, welcher in dem, dem
Nachtragsvertrage angehefteten Lageplan rot eingezeichnet ist und
mit den Buchstaben c, d, e, f, g, c umschlossen wird, gestattet.

Die Unterzeichneten sind damit einverstanden, daß die Fest=
setzungen über das Geschäftsverfahren zwischen dem Oberbürger=
meister von Berlin und dem Polizei=Präsidenten von Charlotten=
burg, welche bezüglich der an die Berliner Kanalisation anzu=

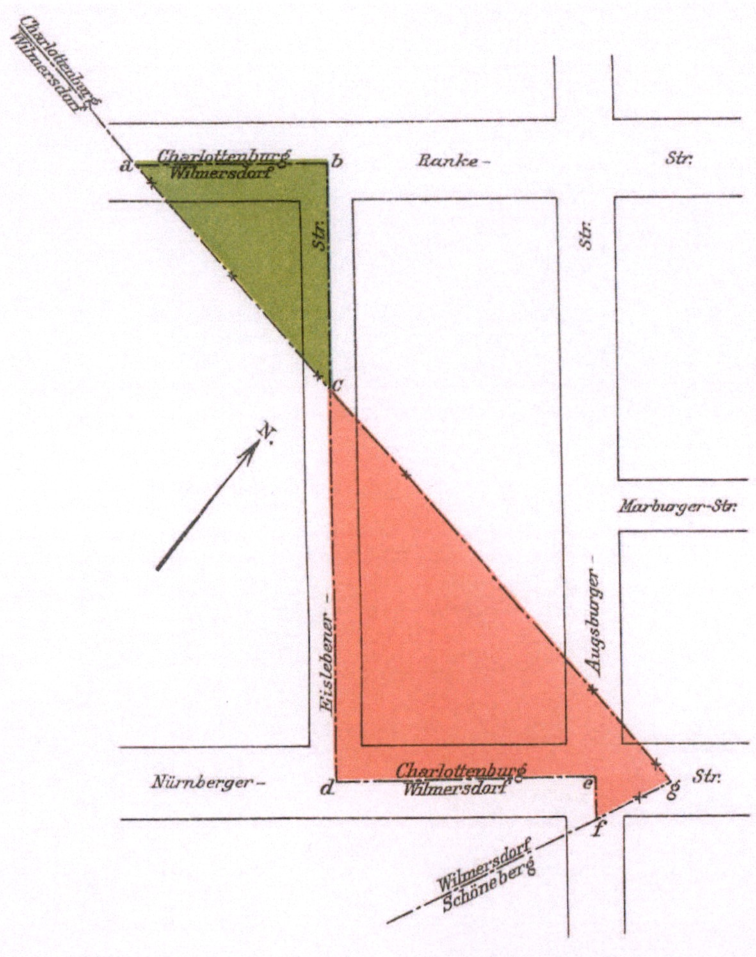
Charlottenburg
Wilmersdorf
Charlottenburg
Wilmersdorf
a
b
Ranke-
Str.
Str.
Str.
N.
c
Marburger-Str.
Eislebener -
Augsburger -
Nürnberger -
Charlottenburg
Wilmersdorf
d
e
g
Str.
f
Wilmersdorf
Schöneberg
Ungefähr 1:3500

schließenden Gebietsteile von Charlottenburg unterm 14./20. November 1885 vereinbart worden sind, auch auf den oben genannten, neu anzuschließenden Gebietsteil ausgedehnt werden.

Berlin, den 25. Februar 1901.

Der Oberbürgermeister.

gez. Kirschner.

Charlottenburg, den 12. März 1901.

Der Königliche Polizei-Präsident.

(L. S.)

gez. Steifensand.

4. Vertrag zwischen den Stadtgemeinden Berlin und Charlottenburg wegen Anschlusses verschiedener Gebietsteile des Charlottenburger Weichbildes, welche begrenzt werden
im Osten durch die Weichbildgrenze,
im Süden durch die Spree,
im Westen und Norden durch den Verbindungskanal an die allgemeine Kanalisation von Berlin.

§ 1.

Der Magistrat von Berlin gestattet, daß die auf dem beigehefteten Plane rot angelegte Fläche des Weichbildes von Charlottenburg an die allgemeine Kanalisation von Berlin angeschlossen werde, und zwar in der Art, daß nicht bloß die Entwässerungen der Straßen und Plätze, sondern auch der einzelnen Grundstücke dieser Fläche den Berliner Kanalisationsleitungen zugeführt werden.

§ 2.

Zur Bedingung wird hierbei gestellt, daß vor Beginn der Bauausführung für den im § 1 gedachten Gebietsteil diejenigen die Anlage und den Betrieb betreffenden technischen und administrativen Bestimmungen, welche in Berlin für den Anschluß von Straßen, Plätzen und Grundstücken maßgebend sind, seitens der städtischen wie seitens der polizeilichen Behörden getroffen und erzwingbar gemacht werden. Werden diese Bestimmungen für Berlin geändert, so sind sie auch für den im § 1 gedachten Gebietsteil zu ändern.

Die dem Vertrage vom 14./20. November 1885 angehängten Festsetzungen zwischen der örtlichen Straßenbau-Polizei-Verwal-

tung Abteilung II für die Kanalifation zu Berlin und der Polizei=
Direktion zu Charlottenburg finden auch auf diesen Vertrag
finngemäße Anwendung.

§ 3 wie Vertrag 1.

§ 4 wie zu 1.

§ 5.

Dem Magiftrat von Berlin steht auch der alleinige Betrieb der
Straßenleitungen zu, jedoch hat das zum Spülen der Leitungen
erforderliche Waffer der Magiftrat von Charlottenburg in der Art
aus der Charlottenburger Wafferleitung unentgeltlich vorzuhalten,
daß der Magiftrat von Berlin das zu jenem Zwecke nach seinem Er=
meffen notwendige Quantum jederzeit entnehmen kann. Nur das
zur Spülung der Leitungen erforderliche Waffer in der Beuffelstraße
von der Kaiferin=Augufta=Allee bis zur Thurmstraße und in der
Thurmstraße von der Beuffelstraße bis zu dem Punkt, an welchem
die Thurmstraße von der Weichbildgrenze durchschnitten wird, hat
der Magiftrat von Berlin ohne besondere Entschädigung vorzu=
halten. Die Reinigung der Straßengullies erfolgt durch den Ma=
giftrat zu Charlottenburg.

§§ 6—11 wie oben S. zu §7: Wegen Abänderung der Beitragsfätze
schwebt ein Schiedsgerichts=Verfahren.

Berlin, den 26. Januar 1894.

Magiftrat hiefiger Königl. Haupt= und Refidenzftadt.

(L. S.)

gez. Zelle.   gez. Marggraff.

Charlottenburg, den 30. Januar 1894.

Der Magiftrat.

(L. S.)

gez. Fritfche.   Bredtfchneider.

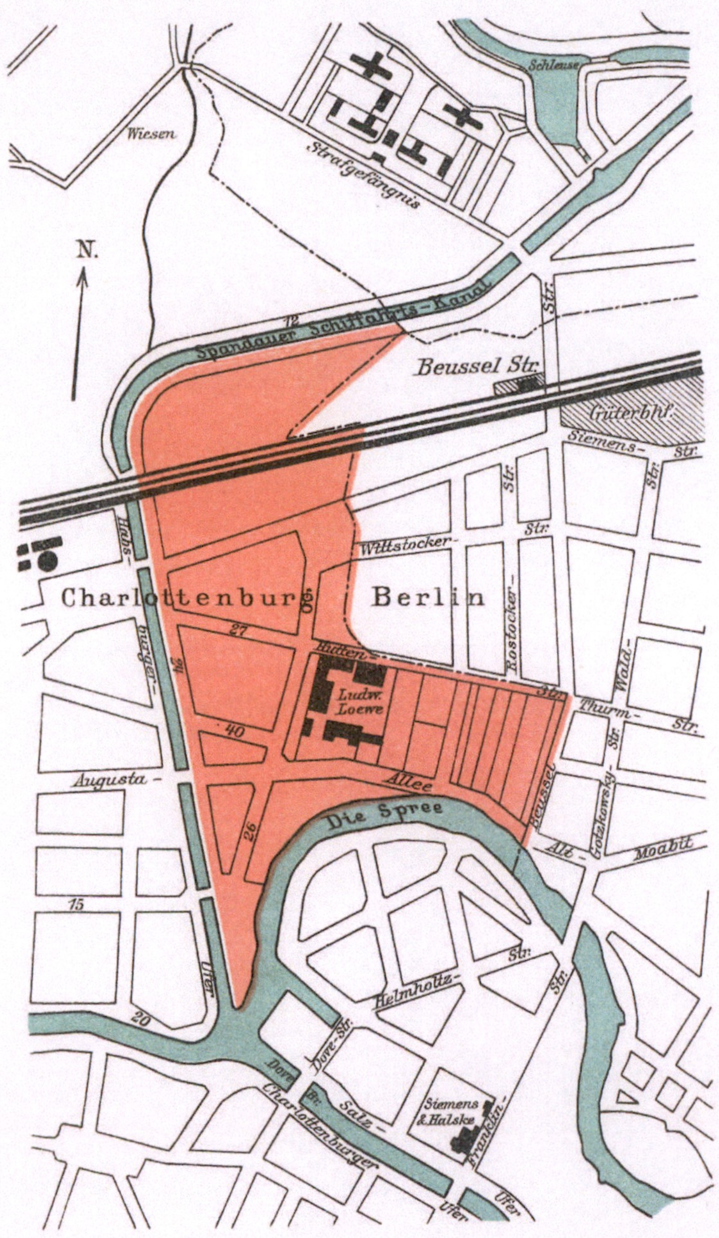

Ungefähr 1:20000

Abſchrift aus den Akten der örtlichen Straßenbau=Polizei=Verwal=
tung, Abteilung II (Kanaliſation), betreffend den Anſchluß eines
Teils von Charlottenburg an die Kanaliſation von Berlin vol. II
Blatt 91.

**Feſtſetzungen über das Geſchäftsverfahren zwiſchen dem Ober=
bürgermeiſter von Berlin, als Inhaber der örtlichen Straßenbau=
polizei für Berlin, Abteilung II (Kanaliſation), und dem Polizei=
direktor von Charlottenburg.**

Zwiſchen den Stadtgemeinden Berlin und Charlottenburg iſt
in Ergänzung des Vertrages vom 14./20. Nobember 1885 über den
Anſchluß verſchiedener Gebietsteile des Charlottenburger Weich=
bildes an die allgemeine Kanaliſation von Berlin unter dem
26./30. Januar 1894 ein Nachtragsvertrag geſchloſſen worden, durch
welchen der Magiſtrat von Berlin auch den Anſchluß desjenigen
Gebietsteiles von Charlottenburg, welcher in dem dem Nachtrags=
vertrage angehefteten Lageplane rot eingezeichnet iſt, geſtattet.

Die Unterzeichneten ſind damit einverſtanden, daß die Feſt=
ſetzungen über das Geſchäftsverfahren zwiſchen dem Oberbürger=
meiſter von Berlin und dem Polizei=Direktor von Charlottenburg,
welche bezüglich der an die Berliner Kanaliſation anzuſchließenden
Gebietsteile von Charlottenburg unter dem 14./20. Nobember 1885
bereinbart worden ſind, auch auf den oben genannten neu anzu=
ſchließenden Gebietsteil ausgedehnt werden.

Berlin, den 1. März 1894.

Der Oberbürgermeiſter

gez. Zelle.

Charlottenburg, den 20. März 1894.

Königlicher Polizei=Direktor

Geheimer Regierungsrat

gez. v. Saldern.

Anm.: Der in der erſten Auflage des Berliner Gemeinderechts
S. 33 ff. abgedruckte Vertrag mit Schöneberg iſt erloſchen. Nach einem
zwiſchen Berlin und Schöneberg unterm 25. 11./21. 12. 1908 geſchloſſenen
Vertrag hat die Stadt Schöneberg ſich das Recht auf Abtrennung ihres
Ortsteils von der Berliner Kanaliſation vorbehalten. Die Abtrennung
iſt daraufhin im Juni 1912 erfolgt.

5. Vertrag zwischen der Stadtgemeinde Berlin und der Gemeinde Lichtenberg wegen Anschlusses verschiedener Gebietsteile der Gemarkung Lichtenberg an die allgemeine Kanalisation von Berlin.

§ 1.

Der Magistrat von Berlin gestattet der Gemeinde Lichtenberg den Anschluß an die allgemeine Kanalisation von Berlin für folgende Teile des Gemeindebezirkes Lichtenberg:

a) für den auf der Westseite der Verbindungsbahn belegenen Teil des Gemeindebezirkes,

b) für den auf der Ostseite der Verbindungsbahn belegenen Teil des Gemeindebezirkes, welcher ebenso wie der zu a genannte Teil auf dem beigehefteten Plane rot angelegt ist,

und zwar in der Art, daß nicht bloß die Entwässerungen der Straßen und Plätze, sondern auch der einzelnen Grundstücke dieser Flächen den Berliner Kanalisationsleitungen zugeführt werden.

§ 2.

Zur Bedingung wird gestellt, daß vor Beginn der Bauausführung für die im § 1 gedachten Gebietsteile diejenigen die Anlage und den Betrieb betreffenden technischen und administrativen Bestimmungen, welche in Berlin für den Anschluß von Straßen, Plätzen und Grundstücken maßgebend sind, seitens der für Lichtenberg zuständigen Behörden getroffen und erzwingbar gemacht werden. Werden diese Bestimmungen für Berlin geändert, so sind sie auch für die im § 1 gedachten Gebietsteile zu ändern.

Fernere Bedingung ist, daß die in der Anlage enthaltenen Festsetzungen der örtlichen Straßenbau-Polizei-Verwaltung, Abteil. II, für die Kanalisation zu Berlin und der für Lichtenberg zuständigen Polizei-Verwaltung zu Stande kommen und für die Zukunft nicht ohne beiderseitiges Einvernehmen abgeändert werden. Endlich ist Bedingung, daß das anzuschließende Gebiet entweder von der Gemeinde Lichtenberg an die Berliner Wasserleitung angeschlossen oder mit einer anderen Wasserleitung versehen wird, und daß dieser Zustand während der Dauer des gegenwärtigen Vertrages verbleibt.

§ 3.

Die Straßenleitungen auf dem anzuschließenden Gebiete mit allem Zubehör — Revisionsbrunnen, Gullies usw. — dürfen nur durch den Magistrat zu Berlin ausgeführt werden.

Ebenso sind nachträgliche Änderungen oder etwa vorkommende Reparaturen an diesen Leitungen zu behandeln.

§ 4.

Die Grundstücksanschlüsse erfolgen ebenfalls in demselben Umfange, wie dies in Berlin zu geschehen hat, durch den Magistrat von Berlin.

§ 5.

Demselben steht auch der alleinige Betrieb der Straßenleitungen zu, jedoch hat das zum Spülen der Leitungen erforderliche Wasser der Gemeindevorstand von Lichtenberg in der Art aus der Wasserleitung (§ 2 am Ende) unentgeltlich vorzuhalten, daß der Magistrat von Berlin das zu jenem Zwecke nach seinem Ermessen notwendige Quantum jederzeit entnehmen kann, die Reinigung der Straßengullies erfolgt durch den Gemeindevorstand von Lichtenberg.

§ 6.

Die Ausführung der Straßenleitungen erfolgt sukzessive nach Zeit und Straßenzügen den Angaben des Gemeindevorstandes von Lichtenberg gemäß.

Spätestens nach einem Jahre von der Intriebsetzung des Radial-Systems XII ab gerechnet, muß der Gemeindevorstand mit diesen Anlagen beginnen. Den Angaben des Gemeindevorstandes ist seitens des Magistrats zu Berlin zu entsprechen, soweit nicht etwa technische oder andere Unmöglichkeiten bzw. unüberwindliche Schwierigkeiten dies verhindern.

Die Stadtgemeinde Berlin verpflichtet sich auf Verlangen des Gemeindevorstandes von Lichtenberg, die Anschlußarbeiten und die Herstellung der innerhalb und auch außerhalb des Lichtenberg-Friedrichsberger Gemeindegebiets herzustellenden Leitungen für die bezeichneten Ortsteile sofort nach Abschluß des Vertrages in Angriff zu nehmen, vorausgesetzt, daß der Gemeindevorstand von Lichtenberg die zu kanalisierenden Straßen rechtzeitig vorher angibt und auf

Koften der von ihm vertretenen Gemeinde die rechtliche Möglich=
keit zur Ausführung der Leitungen in den durch die Leitungen be=
rührten Straßen und Straßenteilen, welche auf Lichtenberg=Fried=
richsberger und Boxhagen=Rummelsburger Gebiet liegen, schafft.

Dem Magiftrat zu Berlin wird das Recht vorbehalten, die=
jenigen auf Lichtenberger Gebiet anzulegenden Leitungen, welche
nach dem Projekte Berliner Grundftücken Vorflut gewähren, jeder=
zeit, auch ohne den Wunfch des Lichtenberger Gemeindevorftandes,
auszuführen und betreiben zu dürfen.

Im übrigen erfolgt die Bauausführung und zwar auch hin=
sichtlich der Verlegung der Grundftücksanschlußleitungen unter
Beobachtung der in Berlin befolgten Grundsätze nach freiem Er=
meffen der ausführenden Behörde und unter Ausschluß jeglicher
Mitbeteiligung des Gemeinde=Vorftandes von Lichtenberg in tech=
nischer Hinsicht.

§§ 7[1]) und 8 wie vor S. 44 u. 45.

§ 9.

Wenn die Gemeinde Lichtenberg das an die Berliner Kanali=
fation anzuschließende Gebiet an die Berliner Wafferleitung an=
schließen will, bleibt dies einem besonderen Vertrage vorbehalten.
Wenn sie das anzuschließende Gebiet von Anfang an oder erft später
mit einer anderen Anlage bewässern will, muß dieselbe den für den
Betrieb der Haus= und Straßenentwässerungen an sie zu ftellenden
technischen Anforderungen entsprechen und für die Dauer des
gegenwärtigen Vertrages entsprechend bleiben.

Ob dies der Fall, entscheidet der Magiftrat von Berlin vor=
behaltlich der Berufung auf ein Schiedsgericht.

§ 10.

Beiden Teilen fteht eine und zwar zwölfmonatliche Kündigung
dieses Vertrages nur dann zu, wenn der Gegenteil den in diesem
Vertrage eingegangenen Verpflichtungen nicht nachkommt. Dar=
über, ob die vorftehende Bedingung eingetreten ift, fteht vorkom=
mendenfalls die Entscheidung allein einem Schiedsgericht zu.

---

1) Die Beitragssätze sind auf 66 ℳ und 8 ℳ erhöht worden.

Außerdem erreicht dieser Vertrag seine Endschaft, wenn durch Gesetz oder im Wege der Verwaltung auf einen oder den anderen oder auf beide vertragschließende Teile ein Zwang ausgeübt wird, welcher entweder den weiteren Bestand dieses Vertrages unmöglich macht, oder gegenüber dem jetzigen Zustande für die Ausführung oder den Betrieb der Kanalisation mit Berieselung erhebliche Schwierigkeiten enthält. Auch über den Eintritt der in diesem Absatze festgesetzten Bedingung steht die Entscheidung allein einem Schiedsgericht zu.

Ferner behält der Magistrat von Berlin sich eine zwölfmonatliche Kündigung vor, sobald die von der Gemeinde Lichtenberg gewählte andere als die Berliner Bewässerungsanlage nicht mehr den für den Betrieb der Haus- und Straßenentwässerungen an sie zu stellenden technischen Anforderungen entspricht und die vom Magistrat von Berlin für erforderlich erachteten Abänderungen seitens der Gemeinde Lichtenberg in einer Frist von sechs Monaten nicht getroffen werden sollten.

Ebenso behält der Magistrat von Berlin sich eine zwölfmonatliche Kündigung vor, sobald in Zukunft eine der in der Anlage verzeichneten, mit der für Lichtenberg zuständigen Polizeibehörde zu treffenden Festsetzung seitens der gedachten Polizeibehörde nicht mehr beobachtet wird (§ 2), unterwirft sich aber auch über den Eintritt dieser Bedingung der Entscheidung eines Schiedsgerichts.

Endlich darf der Magistrat von Berlin den Vertrag mit zwölfmonatlicher Frist kündigen, wenn die örtliche Straßenbau-Polizei-Verwaltung, Abteilung II, für Berlin gegen den Willen der dortigen Gemeindebehörde einer anderen Verwaltungsstelle als dem Oberbürgermeister übertragen werden sollte.

§ 11 wie § 10 wie vor S. 45 u. 46.

§ 12.

Sollte der gegenwärtige Vertrag aufgehoben werden, oder die Gemeinde Lichtenberg auf dem anzuschließenden Gebietsteil ein anderes Entwässerungssystem einführen, so dürfen auf Verlangen des Magistrats zu Berlin die auf Lichtenberger Gebiet ausgeführten und zur Entwässerung Berliner Grundstücke dienenden Leitungen auch ferner liegen bleiben und betrieben werden.

Die sich dann ergebenden Rechtsverhältnisse zwischen den beiden Gemeinden werden mangels gütlicher Einigung durch ein Schieds= gericht festgestellt, über dessen Zusammensetzung die im § 11 dieses Vertrages getroffenen Vereinbarungen maßgebend bleiben sollen.

§ 13.

Den Stempel dieses Vertrages trägt der Gemeindevorstand von Lichtenberg.

Berlin, den 8. Juni 1894.

(L. S.)

Magistrat hiesiger Königl. Haupt= und Residenzstadt.

gez. Zelle.   Marggraff.

Lichtenberg, den 29. Juni 1894.

(L. S.)

Der Gemeindevorstand.

gez. Roeder.   Schubert.   Kohn.

Festsetzungen über das Geschäftsverfahren zwischen dem Ober= bürgermeister von Berlin, Herrn Zelle, als Inhaber der örtlichen Straßenbau=Polizeiverwaltung, Abteilung II (Kanalisation), und dem Amtsvorsteher Herrn Roeder als Inhaber der Ortspolizei= verwaltung für Lichtenberg.

Die Unterzeichneten sind darüber einverstanden, daß diejenigen Anlagen, welche die Entwässerung des in dem Vertrage vom 8. Juni 1894 gedachten Lichtenberger Gebiets mittels Anschlusses an die Berliner allgemeine Kanalisation bezwecken, sei es, daß sie sich auf öffentlichen Straßen und Plätzen, sei es, daß sie sich in Privatgrund= stücken befinden, in untrennbarem Zusammenhange mit dem System der Berliner allgemeinen Kanalisation, an welches der Anschluß erfolgen soll, stehen, und daß daher bei der sich hiernach ergebenden Zuständigkeit der von den beiden Unterzeichneten vertretenen Po= lizeibehörden, soweit es sich um die Entwässerung des anzuschlie= ßenden Lichtenberger Gebiets durch die allgemeine Kanalisation handelt, nachstehende, den gemeinsamen Geschäftsverkehr beider Polizeibehörden regelnde Festsetzungen zu treffen sind.

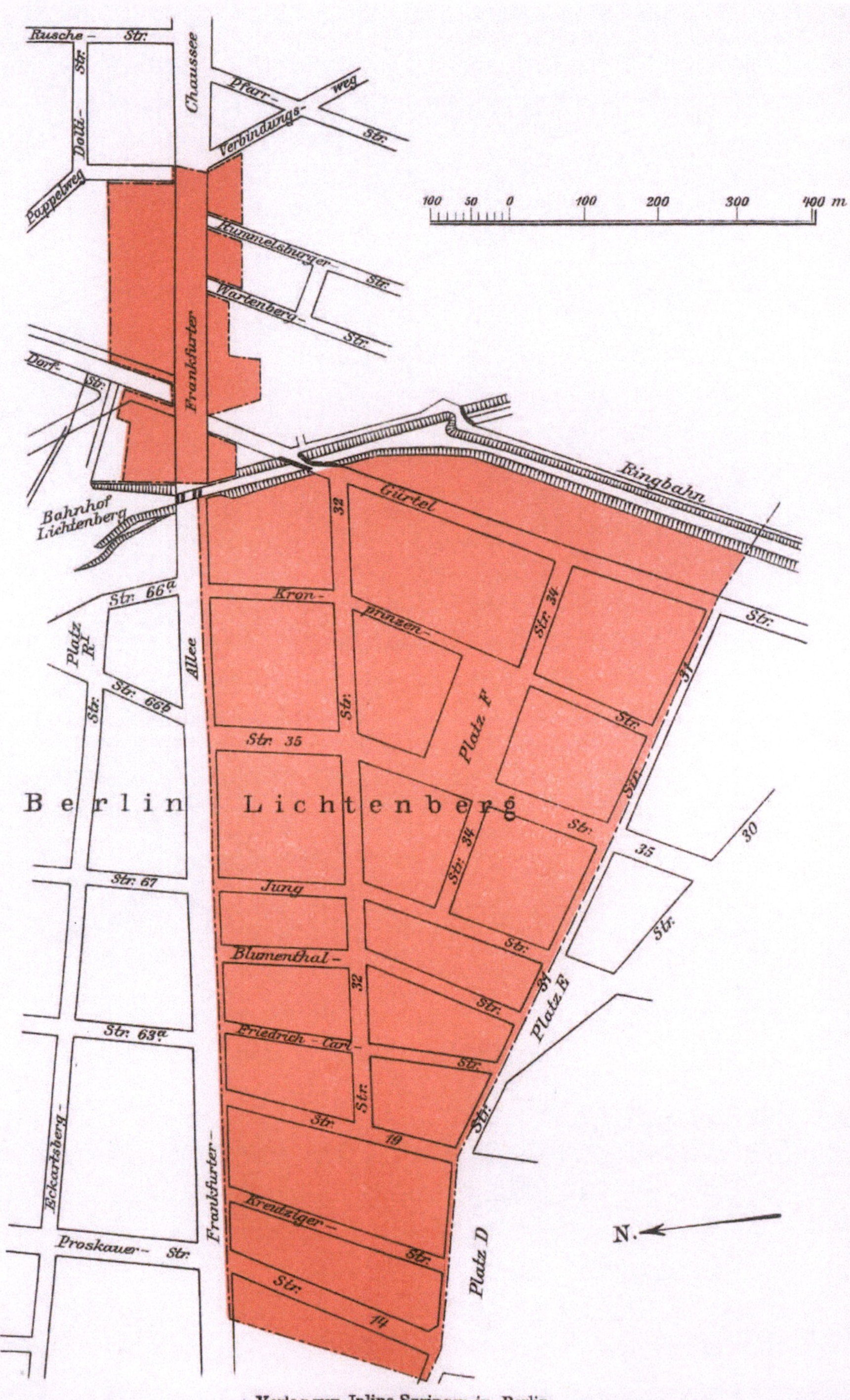
Rusche - Str.
Dolli-
Pappelweg
Chaussee
Pfarr-
weg
Verbindungs-
Str.
Frankfurter
Hummelsburger - Str.
Wartenberg - Str.
Dorf - Str.
100 50 0 100 200 300 400 m
Ringbahn
Bahnhof Lichtenberg
Gürtel
32
Str. 66ª
Kron-
prinzen-
Str. 34
Str.
Platz Rl.
Str. 66ᵇ
Str.
Str.
Allee
Str. 35
Platz F
Str.
Berlin Lichtenberg
Str. 34
Str.
35
30
Str. 67
Jung
Str.
Blumenthal-
32
Str.
Str.
Friedrich - Carl-
34
Platz E
Str.
Eckartsberg -
Str.
Str. 63ª
Str.
19
Str.
Proskauer - Str.
Frankfurter-
Kreutziger-
Platz D
Str.
Str.
14
N.

§ 1.

Der Polizei-Verwalter von Lichtenberg erläßt auf Antrag des Gemeinde-Vorſtandes daſelbſt den Aufruf der von jenem ihm zu bezeichnenden Straßenſtrecken mit der Aufforderung, daß die Eigentümer die Projekte bei ihm in drei Exemplaren einzureichen haben, und überſendet die bei ihm eingegangenen Projekte der örtlichen Straßenbau-Polizei-Verordnung, Abt. II (Kanaliſation), für Berlin.

§ 2.

Letztere Behörde prüft die Projekte, verhandelt direkt mit den Eigentümern über etwaige Abänderungen, verſieht zuläſſigenfalls ihrerſeits die drei Exemplare des Projekts mit dem Vermerk der Genehmigung und überſchickt zwei Exemplare ſowie zwei Ausfertigungen an den Polizei-Verwalter von Lichtenberg. Dieſer prüft die Projekte ſeinerſeits und händigt das eine, zuſätzlich mit ſeinem Genehmigungsvermerk verſehen, dem Eigentümer aus, gibt auch der örtlichen Straßenbau-Polizei-Verwaltung, Abteilung II, für Berlin hiervon Nachricht. Über beabſichtigte Änderungen oder Zuſätze hat der Polizei-Verwalter von Lichtenberg vor der Aushändigung das Einvernehmen der örtlichen Straßenbau-Polizei-Verwaltung, Abteilung II, herbeizuführen.

§ 3.

Dem Polizei-Verwalter von Lichtenberg iſt vom Eigentümer die Bauausführung anzuzeigen, worauf nach ergangener Benachrichtigung hiervon die örtliche Straßenbau-Polizei-Verwaltung, Abteilung II (Kanaliſation), für Berlin die Reviſion vornimmt, auch das Intriebnahme-Atteſt der Anlage ausſtellt und in zwei Exemplaren, das eine zur Mitvollziehung und Aushändigung an den Eigentümer, an den Polizei-Verwalter von Lichtenberg überſendet, welcher von der Aushändigung an die örtliche Straßenbau-Polizei-Verwaltung Mitteilung macht.

§ 4.

Auf die Behandlung von Nachtragsprojekten, ſei es, daß deren Einreichung infolge von Neu- oder Umbauten oder infolge von Änderungen und Zuſätzen der Entwäſſerungsanlage notwendig werden, finden die §§ 1, 2 und 3 ſinngemäße Anwendung.

§ 5.

Sämtliche Projekte für Neu= und Umbauten auf Grundstücken des anzuschließenden Gebietes sind, sofern die Grundstücke, auf denen sie vorgenommen werden sollen, schon aufgerufen sind, der örtlichen Straßenbau=Polizei=Verwaltung, Abteilung II (Kanali=fation), für Berlin zur Äußerung zu überschicken.

§ 6.

Dieselbe überwacht ferner in periodischen Zwischenräumen, entsprechend den hierfür in Berlin bestehenden Einrichtungen, die Entwässerungsanlagen im Innern der Grundstücke darauf, ob die=selben noch dem Projekte entsprechen. Ihre in dem anzuschließen=den Gebiet als Revisions= und Kontrollbeamten tätigen Organe sind mit Legitimationskarten auch des Polizei=Verwalters von Lichtenberg zu versehen.

§ 7.

Jede mit der Wirkung einer polizeilichen Zwangsverfügung versehene Zuschrift an die Eigentümer schickt die örtliche Straßen=bau=Polizei=Verwaltung für die Kanalisation im Entwurfe an den Polizei=Verwalter von Lichtenberg mit dem Ersuchen, den Entwurf zu vollziehen und auszuhändigen, auch von letzterem Nachricht an die örtliche Straßenbau=Polizei=Verwaltung, Abteilung II (Kana=lifation), für Berlin gelangen zu lassen.

§ 8.

Der Polizei=Verwalter von Lichtenberg erläßt keine die Ent=wässerung des anzuschließenden Gebietes, soweit dasselbe schon auf=gerufen ist, betreffende Verfügung, ohne zuvor sich mit der örtlichen Straßenbau=Polizei=Verwaltung, Abteilung II (Kanalisation), für Berlin ins Einvernehmen gesetzt zu haben. Ausgenommen sind Verfügungen, deren Erlaß keinen Aufschub gestattet; indessen ist in solchen Fällen der örtlichen Straßenbau=Polizei=Verwaltung, Abteilung II, gleichzeitig Mitteilung zu machen.

§ 9.

Klagen und Beschwerden gegen polizeiliche Anordnungen, welche die hier behandelten Angelegenheiten betreffen, läßt der Po=lizei=Verwalter von Lichtenberg an die örtliche Straßenbau=Polizei=

Verwaltung, Abteilung II (Kanalisation), für Berlin zur Bear=
beitung gelangen, bzw. bearbeitet dieselbe nur nach voraufgegan=
genem Einvernehmen mit jener Behörde, auf deren Wunsch Klagen
durch einen von ihr zu ernennenden Bevollmächtigten vor den Ge=
richten vertreten werden.

Berlin, den 8. Juni 1894.

Der Oberbürgermeister.

(L. S.)

gez. Zelle.

Lichtenberg, den 29. Juni 1894.

Der Amtsvorsteher.

(L. S.)

gez. Roeber.

**6. Vertrag zwischen der Stadtgemeinde Berlin und der Gemeinde
Boxhagen-Rummelsburg wegen Anschlusses eines Gebietsteiles
der Gemarkung Boxhagen-Rummelsburg[1] an die allgemeine
Kanalisation von Berlin.**

§ 1.

Der Magistrat von Berlin gestattet der Gemeinde Boxhagen=
Rummelsburg den Anschluß an die allgemeine Kanalisation von
Berlin für den auf anliegendem Plane dargestellten, mit roter
Farbe angelegten, auf der Westseite der Verbindungsbahn be=
legenen Teil des Gemeindebezirks Boxhagen-Rummelsburg, und
zwar in der Art, daß nicht bloß die Entwässerungen der Straßen
und Plätze, sondern auch der einzelnen Grundstücke dieser Flächen
den Berliner Kanalisationsleitungen zugeführt werden.

§ 2.

Zur Bedingung wird gestellt, daß vor Beginn der Bauaus=
führung für den im § 1 gedachten Gebietsteil diejenigen die Anlage
und den Betrieb betreffenden technischen und administrativen Be=

---

[1] Durch Gesetz vom 9. 4. 1912 — Preuß. Ges. S. 1912, S. 41 —
ist die Landgemeinde Boxhagen-Rummelsburg zum 1. 4. 1912 der Stadtgemeinde und dem Stadtkreise Lichtenberg einverleibt worden.

ftimmungen, welche in Berlin für den Anschluß von Straßen, Plätzen
und Grundstücken maßgebend sind, seitens der für Boxhagen-Rummelsburg zuständigen Behörden getroffen und erzwingbar gemacht
werden. Werden diese Bestimmungen für Berlin geändert, so sind
sie auch für den im § 1 gedachten Gebietsteil zu ändern.

Fernere Bedingung ist, daß die in der Anlage enthaltenen
Festsetzungen der örtlichen Straßenbau-Polizei-Verwaltung, Abteilung II, für die Kanalisation zu Berlin und der für Boxhagen-
Rummelsburg zuständigen Polizei-Verwaltung zustande kommen
und für die Zukunft nicht ohne beiderseitiges Einvernehmen abgeändert werden.

Endlich ist Bedingung, daß das anzuschließende Gebiet entweder von der Gemeinde Boxhagen-Rummelsburg an die Berliner
Wasserleitung angeschlossen oder mit einer anderen Wasserleitung
versehen wird, und daß dieser Zustand während der Dauer des
gegenwärtigen Vertrages verbleibt.

<h2 style="text-align:center">§ 3.</h2>

Die Straßenleitungen auf dem anzuschließenden Gebiete mit
allem Zubehör — Revisionsbrunnen, Gullies usw. — dürfen nur
durch den Magistrat zu Berlin ausgeführt werden.

Ebenso sind nachträgliche Änderungen oder etwa vorkommende
Reparaturen an diesen Leitungen zu behandeln.

<h3 style="text-align:center">§§ 4 u. 5 wie oben S. 43.</h3>

<h2 style="text-align:center">§ 6.</h2>

Die Ausführung der Straßenleitungen erfolgt sukzessive nach
Zeit und Straßenzügen den Angaben des Gemeindevorstandes von
Boxhagen-Rummelsburg gemäß.

Spätestens nach einem Jahre, vom Abschlusse dieses Vertrages,
bzw. wenn solche erforderlich sein sollte, von der Genehmigung ab
gerechnet, muß der Gemeindevorstand mit diesen Angaben beginnen.
Den Angaben des Gemeindevorstandes ist seitens des Magistrats zu
Berlin zu entsprechen, soweit nicht etwa technische oder andere Unmöglichkeiten bzw. unüberwindliche Schwierigkeiten dies verhindern.

Die Stadtgemeinde Berlin verpflichtet sich, auf Verlangen des
Gemeindevorstandes von Boxhagen-Rummelsburg die Anschlußar-

beiten und die Herstellung der innerhalb und auch außerhalb des Boxhagen-Rummelsburger Gemeindegebietes **herzustellenden Leitungen für den bezeichneten Ortsteil sofort nach Abschluß des Vertrages in Angriff zu nehmen**, in der Voraussetzung, daß der Gemeindevorstand von Boxhagen-Rummelsburg die zu kanalisierenden Straßen rechtzeitig vorher angibt und **auf Kosten der von ihm vertretenen Gemeinde die rechtliche Möglichkeit zur Ausführung der Leitungen in den durch die Leitungen berührten Straßen und Straßenteilen**, welche auf Boxhagen-Rummelsburger Gebiet liegen, **schafft**, und in der ferneren Voraussetzung, daß die Vorflutstrecken auf Berliner Gebiet bereits freiliegen oder ohne erhebliche Schwierigkeiten freigelegt werden können.

Im übrigen erfolgt die Bauausführung, und zwar auch hinsichtlich der Verlegung der Grundstücksanschlußleitungen, unter Beobachtung der in Berlin befolgten Grundsätze nach freiem Ermessen der ausführenden Behörde und unter Ausschluß jeglicher Mitbeteiligung des Gemeindevorstandes von Boxhagen-Rummelsburg in technischer Hinsicht.

§ 7.

Der Gemeindevorstand von Boxhagen-Rummelsburg zahlt an den Magistrat von Berlin für jedes laufende Meter der Grundstücksstraßenfronten, welche durch die verlegten Leitungen angeschlossen werden können, gleichviel, ob diese Leitungen auf Boxhagen-Rummelsburger oder benachbartem Gebiet liegen:

a) eine einmalige Summe von 50 M,

b) einen jährlichen Betrag von 6 M[1]).

Die Zahlungen zu a werden vier Wochen nach dem Tage fällig, an welchem der Magistrat von Berlin dem Gemeindevorstand von Boxhagen-Rummelsburg die Anzeige gemacht hat, daß und welche Grundstücke angeschlossen werden können.

Die Zahlungen zu b erfolgen in vierteljährlichen Vorausbezahlungen bis spätestens zum fünfzehnten Tage eines jeden Vierteljahres. Die erste Zahlung für die Zeit vom Tage des Empfanges

---

1) Diese Sätze sind auf 66 M bzw. 8 M erhöht worden.

der erwähnten Anzeige bis zum Ende des laufenden Vierteljahres ist ebenfalls wie die Zahlungen zu a vier Wochen nach erhaltener Anzeige fällig.

Für die Grundstücksstraßenfronten, an denen die Straßenkanäle bereits gebaut sind, werden die Absatz 1 dieses Paragraphen bezeichneten beiden Zahlungen mit dem Tage fällig, an dem der Gemeindevorstand von Boxhagen-Rummelsburg den polizeilichen Aufruf dieser Straßenstrecken beantragt (vgl. § 1 der in der Anlage enthaltenen Festsetzungen).

Sobald für eine der Gemeinden Charlottenburg, Schöneberg und Lichtenberg hinsichtlich der Gebietsteile, denen auf Grund der Verträge vom 14./20. November 1885, bzw. 26./30. Januar 1894, ferner 5./15. August 1886 und 8./29. Juni 1894 der Anschluß an die Kanalisation von Berlin gestattet worden ist, die in diesen Verträgen in gleicher Höhe ausbedungenen Beträge oder einer derselben erhöht werden, treten die erhöhten Beträge oder der erhöhte Betrag mit demselben Zeitpunkte auch für die Gemeinde Boxhagen-Rummelsburg in Kraft.

Die Erhöhung des Betrages zu a tritt nur insoweit ein, als die im § 3 gedachten Bauten noch nicht vollendet sind.

§ 8 wie oben S. 44.

§ 9.

Wenn die Gemeinde Boxhagen-Rummelsburg das an die Berliner Kanalisation anzuschließende Gebiet an die Berliner Wasserleitung anschließen will, bleibt dies einem besonderen Vertrage vorbehalten.

Wenn sie das anzuschließende Gebiet von Anfang an oder erst später mit einer anderen Anlage bewässern will, muß dieselbe den für den Betrieb der Haus- und Straßenentwässerungen an sie zu stellenden technischen Anforderungen entsprechen und für die Dauer des gegenwärtigen Vertrages entsprechend bleiben.

Ob dies der Fall, entscheidet der Magistrat von Berlin vorbehaltlich der Berufung auf ein Schiedsgericht.

§ 10

Beiden Teilen steht eine und zwar zwölfmonatliche Kündigung dieses Vertrages nur dann zu, wenn der Gegenteil den in diesem Vertrage eingegangenen Verpflichtungen nicht nachkommt. Darüber, ob die vorstehende Bedingung eingetreten ist, steht vorkommenden= falls die Entscheidung allein einem Schiedsgericht zu.

Außerdem erreicht dieser Vertrag seine Endschaft, wenn durch Gesetz oder im Wege der Verwaltung auf einen oder den anderen oder auf beide vertragschließende Teile ein Zwang ausgeübt wird, welcher entweder den weiteren Bestand dieses Vertrages unmöglich macht, oder gegenüber dem jetzigen Zustande für die Ausführung oder den Betrieb der Kanalisation mit Berieselung erhebliche Schwierigkeiten enthält. Auch über den Eintritt der in diesem Ab= satze festgesetzten Bedingung steht die Entscheidung allein einem Schiedsgericht zu.

Ferner behält der Magistrat von Berlin sich eine zwölfmonat= liche Kündigung vor, sobald die von der Gemeinde Boxhagen= Rummelsburg gewählte andere als die Berliner Bewässerungs= anlage nicht mehr den für den Betrieb der Haus= und Straßenent= wässerungen an sie zu stellenden technischen Anforderungen ent= spricht und die vom Magistrat Berlin für erforderlich erachteten Abänderungen seitens der Gemeinde Boxhagen=Rummelsburg in einer Frist von sechs Monaten nicht getroffen werden sollten.

Ebenso behält der Magistrat von Berlin sich eine zwölfmonat= liche Kündigung vor, sobald in Zukunft eine der in der Anlage ver= zeichneten, mit der für Boxhagen=Rummelsburg zuständigen Poli= zeibehörde zu treffenden Festsetzungen seitens der gedachten Polizeibe= hörde nicht mehr beobachtet wird (§ 2), unterwirft sich aber auch über den Eintritt dieser Bedingung der Entscheidung eines Schiedsgerichts.

Endlich darf der Magistrat von Berlin den Vertrag mit zwölfmonatlicher Frist kündigen, wenn die örtliche Straßenbau=Polizei=Verwaltung, Abteilung II, für Berlin gegen den Willen der dortigen Gemeindebehörde einer anderen Verwal= tungsstelle als dem ersten Bürgermeister übertragen werden sollte.

§ 11.

Über die Zusammensetzung des Schiedsgerichts (§§ 7, 9 u. 10) wird folgendes vereinbart: usw. wie oben S 45 u. 46.

§ 12.

Die Bestimmung zu 9a und 9b des Vertrages vom 25. Februar 1889, der zufolge der Stadtgemeinde Berlin das Recht zusteht, im Gemeindegebiete von Boxhagen-Rummelsburg in allen vorhandenen oder noch anzulegenden Straßen diejenigen Druckrohre und Entwässerungsleitungen unbehindert auszuführen und zu betreiben, welche sie für das Radial-System XII der Berliner Kanalisation für erforderlich erachtet, bleibt unabhängig von diesem Anschlußvertrage bestehen.

Sollte der gegenwärtige Vertrag aufgehoben werden, so dürfen auf Verlangen des Magistrats zu Berlin auch diejenigen auf Boxhagen-Rummelsburger Gebiet ausgeführten Leitungen, welche lediglich zur Entwässerung von Grundstücken und Gebietsteilen dieser Gemeinde bestimmt waren, für das Radial-System XII der Berliner Kanalisation bestehen bleiben und betrieben werden.

Die sich dann ergebenden Rechtsverhältnisse zwischen den beiden Gemeinden werden mangels gütlicher Einigung durch ein Schiedsgericht festgestellt, über dessen Zusammensetzung die im § 11 dieses Vertrages getroffenen Vereinbarungen maßgebend bleiben sollen.

§ 13.

Den Stempel dieses Vertrages trägt der Gemeindevorstand von Boxhagen-Rummelsburg.

Berlin, den 18. Mai 1899.

(L. S.)

Magistrat hiesiger Königl. Haupt- und Residenzstadt.

gez. Kirschner.   Marggraff.

Boxhagen-Rummelsburg, den 22. Mai 1899.

(L. S.)

Der Gemeindevorstand.

gez. Schlicht.   Lange, Schöffe.

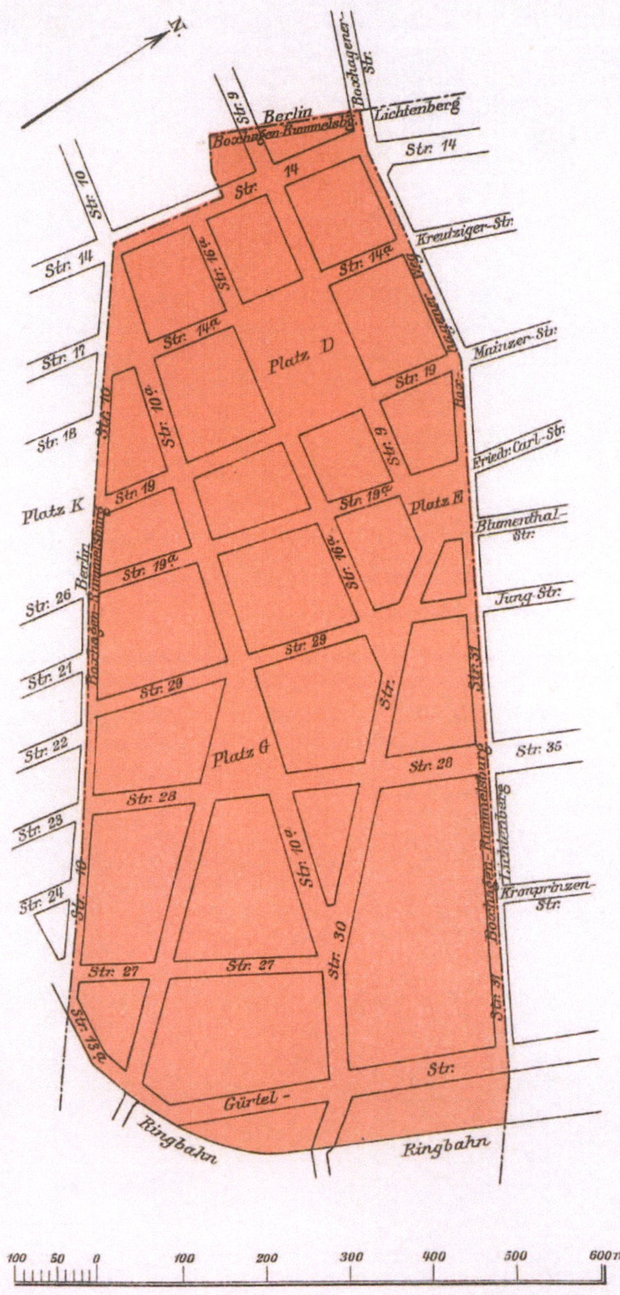
N.
Str. 9
Bocxhagener Str.
Berlin
Bocxhagen-Rummelsb.
Lichtenberg
Str. 14
Str. 10
Str. 14
Kreutziger-Str.
Str. 16ª
Str. 14ª
Str. 14ª
Mainzer Str.
Platz D
Str. 17
Str. 19
Str. 10ª
Str. 10ª
Str. 9
Friedr. Carl-Str.
Str. 18
Str. 10ª
Str. 19
Platz K
Str. 19ª
Platz E
Blumenthal-Str.
Berlin
Bocxhagen-Rummelsburg
Str. 26
Jung-Str.
Str. 19ª
Str. 16ª
Str. 21
Str. 29
Str. 31
Str. 29
Str. 22
Str.
Platz G
Str. 28
Str. 35
Str. 28
Str. 23
Bocxhagen-Rummelsburg
Lichtenberg
Str. 10ª
Str. 10ª
Str. 24
Str. 10
Kronprinzen-Str.
Str. 30
Str. 27
Str. 27
Str. 31
Str. 15ª
Str.
Gürtel-
Ringbahn
Ringbahn
100 50 0   100   200   300   400   500   600 m

Kreis-Ausſchuß
des Kreiſes Nieder-Barnim.

J.-Nr. A. 7837.

Berlin, den 17. Juni 1899.

Der zwiſchen der Stadtgemeinde Berlin und der Gemeinde Boxhagen-Rummelsburg wegen des Anſchluſſes des auf der Weſtſeite der Verbindungsbahn belegenen Teils dieſer Gemeinde an die allgemeine Kanaliſation von Berlin unterm $\frac{18.\ \text{Mai } 1899}{22.\ \text{Mai } 1899}$ abgeſchloſſene Vertrag wird bezüglich der darin ſeitens der Gemeinde Boxhagen-Rummelsburg eingegangenen Verpflichtungen hierdurch von Aufſichts wegen genehmigt.

Der Kreis-Ausſchuß
des Kreiſes Nieder-Barnim.

(L. S.)

(Unterſchrift.)

Genehmigung.

Feſtſetzungen über das Geſchäftsverfahren zwiſchen dem erſten Bürgermeiſter von Berlin, als Inhaber der örtlichen StraßenbauPolizeiverwaltung, Abteilung II (Kanaliſation), und dem Amtsvorſteher Herrn A. Schlicht, als Inhaber der OrtspolizeiVerwaltung für Boxhagen-Rummelsburg.

Die Unterzeichneten ſind darüber einverſtanden, daß diejenigen Anlagen, welche die Entwäſſerung des in dem Vertrage vom 18./22. Mai 1899 gedachten Boxhagen-Rummelsburger Gebiets mittels Anſchluſſes an die Berliner allgemeine Kanaliſation bezwecken, ſei es, daß ſie ſich auf öffentlichen Straßen und Plätzen, ſei es, daß ſie ſich in Privatgrundſtücken befinden, in untrennbarem Zuſammenhange mit dem Syſtem der Berliner allgemeinen Kanaliſation, an welches der Anſchluß erfolgen ſoll, ſtehen, und daß daher bei der ſich hiernach ergebenden Zuſtändigkeit der von den beiden Unterzeichneten vertretenen Polizeibehörden, ſoweit es ſich um die Entwäſſerung des anzuſchließenden Boxhagen-Rummelsburger Gebiets durch die allgemeine Kanaliſation handelt, nachſtehende, den gemeinſamen Geſchäftsverkehr beider Polizeibehörden regelnde Feſtſetzungen zu treffen ſind.

§ 1.

Der Polizei-Verwalter von Boxhagen-Rummelsburg erläßt auf Antrag des Gemeinde-Vorstandes daselbst den Aufruf der von jenem ihm zu bezeichnenden Straßenstrecken mit der Aufforderung, daß die Eigentümer die Projekte bei ihm in drei Exemplaren einzureichen haben, und übersendet die bei ihm eingegangenen Projekte der örtlichen Straßenbau-Polizei-Verwaltung, Abteilung II (Kanalifation), für Berlin.

§ 2.

Letztere Behörde prüft die Projekte, verhandelt direkt mit den Eigentümern über etwaige Abänderungen, versieht zuläffigenfalls ihrerseits die drei Exemplare des Projektes mit dem Vermerk der Genehmigung und überschickt zwei Exemplare sowie zwei Ausfertigungen an den Polizei-Verwalter von Boxhagen-Rummelsburg. Dieser prüft die Projekte seinerseits und händigt das eine, zusätzlich mit seinem Genehmigungsvermerk versehen, dem Eigentümer aus, gibt auch der örtlichen Straßenbau-Polizei-Verwaltung, Abtl. II, für Berlin hiervon Nachricht. Über beabsichtigte Änderungen oder Zusätze hat der Polizei-Verwalter von Boxhagen-Rummelsburg vor der Aushändigung das Einvernehmen der örtlichen Straßenbau-Polizei-Verwaltung, Abteilung II, herbeizuführen.

§ 3.

Dem Polizei-Verwalter von Boxhagen-Rummelsburg ist vom Eigentümer die Bauausführung anzuzeigen, worauf nach ergangener Benachrichtigung hiervon die örtliche Straßenbau-Polizei-Verwaltung, Abteilung II (Kanalifation), für Berlin die Revision vornimmt, auch das Inbetriebnahmeatteft der Anlage ausstellt und in zwei Exemplaren, das eine zur Mitvollziehung und Aushändigung an den Eigentümer, an den Polizei-Verwalter von Boxhagen-Rummelsburg übersendet, welcher von der Aushändigung an die örtliche Straßenbau-Polizei-Verwaltung Mitteilung macht.

§ 4.

Auf die Behandlung von Nachtrags-Projekten, sei es, daß deren Einreichung infolge von Neu- oder Umbauten oder infolge von Änderungen und Zusätzen der Entwässerungsanlage notwendig werden, finden die §§ 1, 2 und 3 sinngemäß Anwendung.

§ 5.

Sämtliche Projekte für Neu- und Umbauten auf Grundstücken des anzuschließenden Gebietes sind, sofern die Grundstücke, auf denen sie vorgenommen werden sollen, schon aufgerufen worden sind, der örtlichen Straßenbau-Polizei-Verwaltung, Abteilung II (Kanalisation), für Berlin zur Äußerung zu überschicken.

§ 6.

Dieselbe überwacht ferner in periodischen Zwischenräumen, entsprechend den hierfür in Berlin bestehenden Einrichtungen, die Entwässerungsanlagen im Innern der Grundstücke darauf, ob dieselben noch dem Projekte entsprechen. Ihre in dem anzuschließenden Gebiet als Revisions- und Kontrollbeamten tätigen Organe sind mit Legitimationskarten auch des Polizei-Verwalters von Boxhagen-Rummelsburg zu versehen.

§ 7.

Jede mit der Wirkung einer polizeilichen Zwangsverfügung versehene Zuschrift an die Eigentümer schickt die örtliche Straßenbau-Polizei-Verwaltung für die Kanalisation im Entwurfe an den Polizei-Verwalter von Boxhagen-Rummelsburg mit dem Ersuchen, den Entwurf zu vollziehen und auszuhändigen, auch von letzterem Nachricht an die örtliche Straßenbau-Polizei-Verwaltung, Abteilung II (Kanalisation), für Berlin gelangen zu lassen.

§ 8.

Der Polizei-Verwalter von Boxhagen-Rummelsburg erläßt keine die Entwässerung des anzuschließenden Gebietes, soweit dasselbe schon aufgerufen ist, betreffende Verfügung, ohne zuvor sich mit der örtlichen Straßenbau-Polizei-Verwaltung, Abteilung II (Kanalisation), für Berlin ins Einvernehmen gesetzt zu haben. Ausgenommen sind Verfügungen, deren Erlaß keinen Aufschub gestattet, indessen ist in solchen Fällen der örtlichen Straßenbau-Polizei-Verwaltung, Abteilung II, gleichzeitig Mitteilung zu machen.

§ 9.

Klagen und Beschwerden gegen polizeiliche Anordnungen, welche die hier behandelten Angelegenheiten betreffen, läßt der Polizei-Verwalter von Boxhagen-Rummelsburg an die örtliche

Straßenbau=Polizei=Verwaltung, Abteilung II (Kanalifation), für Berlin zur Bearbeitung gelangen, bzw. bearbeitet diefelben nur nach voraufgegangenem Einvernehmen mit jener Behörde, auf deren Wunfch Klagen durch einen von ihr zu ernennenden Bevollmächtigten vor den Gerichten vertreten werden.

Berlin, den 14. September 1899.

Der erfte Bürgermeifter.

(L. S.)

J. B.: gez. H a a ck.

Boxhagen=Rummelsburg, den 21. September 1899.

Der Amtsvorfteher.

(L. S.)

gez. S ch l i ch t.

---

7. Vertrag zwifchen der Stadtgemeinde Berlin und der Gemeinde Stralau wegen Aufnahme der Abwäffer aus einem Gebietsteile der Gemarkung Stralau in die allgemeine Kanalifation von Berlin.

§ 1.

Der Magiftrat von Berlin geftattet der Gemeinde Stralau die Ableitung der Abwäffer — beftehend in den unreinen Haus= und Fabrikabwäffern, ausfchließlich des Niederfchlagswaffers und der reinen Fabrikabwäffer — in die Kanalifation von Berlin für den in dem beigehefteten Plan rot umränderten Teil des Gemeindebezirks von Stralau.

§ 2.

Die im § 1 bezeichneten Abwäffer werden auf einer auf Stralauer Gebiet gelegenen Pumpftation gefammelt und von dort mittels einer eifernen Druckrohrleitung dem Radial=Syftem XII der Kanalifation von Berlin zugeführt.

Diefe Druckrohrleitung tritt an der Ecke des Markgrafen=Dammes und der Stralauer Allee in das Weichbild von Berlin ein, fetzt fich in der Stralauer Allee fort und mündet vor dem Grundftücke Stralauer Allee 26 in den Einfteigebrunnen des auf der Nordfeite diefer Straße gelegenen Straßenkanals, welcher nach der Pump= ftation des XII. Radial=Syftems führt.

§ 3.

Im übrigen gelten für die Herstellung der Anlage einerseits und die Ableitung der Abwässer andererseits folgende Bedingungen:

1. Das Projekt über die Druckrohrleitung auf Berliner Gebiet und deren Einmündung in den Einsteigebrunnen des Straßenkanals vor dem Grundstücke Stralauer Allee 26 unterliegt der Prüfung und Genehmigung der Deputation für die städtischen Kanalisationswerke und Rieselfelder von Berlin.

2. Die Ausführung der Druckrohrleitung auf Berliner Gebiet, sowie die Ausführung etwaiger Änderungen und Reparaturen an dieser Druckrohrleitung erfolgt durch den Magistrat von Berlin unter Ausschluß jeglicher Mitbeteiligung der Gemeinde Stralau.

3. Der Gehalt der Abwässer an freien Säuren oder an freien Alkalien darf 1/10 pCt. nicht überschreiten.

4. Der Magistrat von Berlin ist berechtigt, jederzeit die chemische Untersuchung der Abwässer auf Kosten der Gemeinde Stralau zu verlangen oder selbst auf Kosten der Gemeinde Stralau vornehmen zu lassen. Einspruch gegen das Resultat dieser Untersuchungen steht der Gemeinde Stralau nicht zu.

§ 4.

Der im § 1 bezeichnete Gemeindegebietsteil von Stralau bzw. die in ihm gelegenen Grundstücke, soweit sie zum Anschlusse an die Kanalisation von Stralau gelangen, müssen an die Berliner Wasserleitung angeschlossen oder mit einer anderen Bewässerungsanlage versehen sein, welche den für den Betrieb der Haus- und Straßen-Entwässerung an sie zu stellenden technischen Anforderungen entspricht und für die Dauer dieses Vertrages entsprechend bleibt.

Ob dies der Fall, entscheidet der Magistrat von Berlin.

§ 5.

Die Kosten für den Bau des Druckrohrs innerhalb des Weichbildes von Berlin und die etwa erforderlichen Veränderungen und Reparaturen an dieser Druckrohrleitung erstattet der Gemeinde-Vorstand von Stralau dem Magistrat von Berlin nach den für Berlin maßgebenden Preifen auf Grund befonderer, nur einer kalkulatorifchen Nachprüfung feitens des Gemeinde-Vorftandes von Stralau unterliegenden Rechnung binnen 4 Wochen nach deren Empfang.

§ 6.

Für die Mitbenuzung der Straßenleitung von der Mündungs-ftelle der Druckrohrleitung bis zur Pumpftation des XII. Radial-Syftems zahlt der Gemeinde-Vorftand von Stralau an den Magiftrat von Berlin vom Tage der Jnbetriebfezung des Druckrohrs ab eine feftftehende Gebühr von jährlich 500 ℳ.

Diefe Gebühr ift jährlich im voraus zu entrichten.

§ 7.

Sobald die Mitbenuzung der Straßenleitung (§ 6) bei dem weiteren Ausbau des Radial-Syftems XII nach dem freien Ermeffen des Magiftrats von Berlin nicht mehr ftatthaft ift, wird von der Mün-bung der Druckrohrleitung (§ 2) bis zur Pumpftation des XII. Radial-Syftems für die Ableitung der Stralauer Abwäffer eine be-fondere Straßenleitung gebaut. Die Ausführung diefer Arbeiten fowie etwaiger Änderungen und Reparaturen an derfelben erfolgt durch den Magiftrat von Berlin unter Ausfchluß jeglicher Mitbe-teiligung der Gemeinde Stralau.

Die Koften für diefe Bauausführungen erftattet der Gemeinde-Vorftand von Stralau nach Vorfchrift des § 5 diefes Vertrages.

Die im § 6 ausbedungene Gebühr kommt mit dem Tage, an dem der Gemeinde-Vorftand von Stralau die Koften für die Ausführung diefer Straßenleitung an den Magiftrat von Berlin zahlt, in Wegfall.

§ 8.

a) Für die weitere Mitbenuzung der Berliner Kanalifations-werke und die Unterbringung der Abwäffer auf den Riefel-feldern hat die Gemeinde Stralau an die Stadtgemeinde Berlin außer der feftftehenden Gebühr (§ 6), bzw. den Koften für die Bauausführungen (§ 7) eine laufende veränderliche Gebühr zu entrichten, welche bemeffen wird nach den für die Kanalifationswerke und Riefelfelder des Radial-Syftems XII außer den Straßenleitungen aufgewendeten Anlagekoften und den laufenden Verwaltungs=und Betriebskosten einerseits und der Abwässermenge, welche aus dem Gemeindegebietsteil von Stralau in die Kanalisation von Berlin aufgenommen wird, andererseits, zu einem Einheitssatze, welcher auf das Kubikmeter der Abwässer des Radial=Systems XII entfällt.

b) Dieser Einheitssatz wird für jedes Etatsjahr nach Maßgabe der bis zum Schlusse des Etatsvorjahres aufgewendeten Anlagekosten und der während des Etatsvorjahres aufge= wendeten laufenden Verwaltungs=und Betriebskosten einer= seits und der während des Etatsjahres geförderten Ab= wässer des Radial=Systems XII andererseits festgestellt.

c) Die Gebühr selbst wird vierteljährlich zu diesem Einheitssatz nach Maßgabe der während desselben Vierteljahres aus dem Gemeindegebietsteil von Stralau in die Kanalisation von Berlin aufgenommenen Abwässermenge berechnet.

d) Auf der Stralauer Pumpstation sind Vorrichtungen anzu= bringen, die es gestatten, die Pumpenleistungen zu messen. Auch sind Listen, Bücher, Rapporte usw. zu führen, in welche die geförderten Abwässermengen ordnungsmäßig eingetragen werden. Aus diesen Rapporten usw. sind dem Magistrat von Berlin alle Vierteljahre beglaubigte Auszüge vorzulegen, auf Grund deren die Gebühr festgesetzt wird.

Der Magistrat von Berlin, bzw. der von ihm Beauftragte ist berechtigt, jederzeit die zur Messung der Pumpenleistungen dienenden Vorrichtungen an den Maschinen und die Bücher usw., die hierüber zu führen sind, zu kontrollieren.

Der Magistrat ist ferner berechtigt, auf Berliner Gebiet einen Apparat zur Bestimmung der Abwässermengen an dem Druckrohr auf Kosten der Gemeinde Stralau anzu= bringen, zu bedienen und zu unterhalten. Ergibt dieser Apparat höhere Zahlen als die Messungen und Buchungen auf der Pumpstation, so gelten die ersteren.

e) Die Gebühr ist für jedes Vierteljahr innerhalb 14 Tagen nach dem Tage fällig, an dem dem Gemeindevorstande von Stralau die Berechnung des Betrages zugegangen ist.

f) Die Berechnung unterliegt nur kalkulatorischer Nachprüfung seitens des Gemeindevorstandes von Stralau.

§ 9.

Wenn die Stadtgemeinde Berlin den Betrieb des XII. Radial=
Systems aus irgendeinem Grunde vorübergehend einstellen sollte,
so muß sich die Gemeinde Stralau die Sperrung ihres Druckrohrs
ohne Anspruch auf Entschädigung oder auf Ermäßigung der von
ihr zu entrichtenden Gebühren (vgl. §§ 6 und 8) gefallen lassen.

§ 10.

Die Gemeinde=Verwaltung von Stralau verpflichtet sich, die
Festsetzung der Baufluchtlinie in der Verlängerung der Stralauer
Dorfstraße auf das Energischste zu betreiben und innerhalb längstens
eines Jahres nach endgültiger Entscheidung im Verwaltungsstreit=
verfahren über die Einwendungen gegen den laut Bekanntmachung
vom 13. September 1899 ausgelegten Fluchtlinienplan diese neue
Straße bis zur Grenze des städtischen Grundstücks auf der sogen.
Stralauer Spitze freizulegen, zu regulieren und zu pflastern.

§ 11.

Die Stadtgemeinde Berlin behält sich das Recht vor, den
Vertrag jederzeit nach sechsmonatlicher Kündigung aufzuheben,
wenn eine Änderung der Berliner Kanalisationsanlagen oder der
Anlagen auf Stralauer Gebiet eintritt, sowie, wenn irgendwelche
anderen Umstände, deren Eintreffen jetzt nicht vorausgesehen wer=
den kann, nach dem pflichtmäßigen Ermessen des Magistrats
die Zurücknahme erforderlich machen, und endlich, wenn die Ge=
meinde Stralau den Vertrag gröblich verletzt, oder die in diesem
Vertrage getroffenen Bestimmungen nicht innehält.

Desgleichen wird der Gemeinde Stralau das Recht vorbe=
halten, von diesem Vertrage jederzeit nach sechsmonatlicher Kün=
digung zurückzutreten.

§ 12.

Sollte dieser Vertrag aufgehoben werden, so ist die Stadtge=
meinde Berlin berechtigt, den auf Berliner Gebiet gelegenen Teil der
Druckrohrleitung auf Kosten der Gemeinde Stralau zu beseitigen;
dagegen geht der Straßenkanal von der Mündungsstelle dieser Druck=
rohrleitung bis zur Pumpstation, wenn ein solcher gebaut werden
sollte (vgl. § 8), unentgeltlich in das Eigentum der Stadt Berlin über.

Additional material from *Kanalisation, Herrschaft Lanke, Wasserwerke, Zentrale Buch*

ISBN 978-3-662-01796-8 (978-3-662-01796-8_OSFO2.pdf),

is available at http://extras.springer.com

§ 13.

Die Stempel dieses Vertrages trägt die Gemeinde Stralau.

Berlin, den 11. Juli 1900.

(L. S.)

Magistrat hiesiger Königl. Haupt= und Residenzstadt.

gez. K i r s c h n e r.   M a r g g r a f f.

Stralau, den 28. Juli 1900.

Vollzogen auf Grund des Beschlusses der Gemeinde=Vertretung
vom 27. Juli 1900.

Der Gemeinde=Vorstand.

(L. S.)

gez. K r a c h t.   L e h m a n n.

Genehmigt.

Berlin, den 1. August 1900.

Der Kreisausschuß des Kreises Nieder=Barnim.

(L. S.)

J. V.: gez. v o n V e l t h e i m,

A. 10 531.   Kreisdeputierter.

**8. Vertrag zwischen der Stadtgemeinde Berlin und der Gemeinde
Stralau wegen Anschlusses eines Gebietsteils der Gemarkung
Stralau an die allgemeine Kanalisation zu Berlin.**

§ 1.

Der Magistrat von Berlin gestattet der Gemeinde Stralau den
Anschluß an die allgemeine Kanalisation von Berlin für den auf
der Westseite der Stadtringbahn belegenen Teil des Gemeindebe=
zirks, welcher auf dem beigehefteten Plane rot angelegt ist, und
zwar in der Art, daß nicht bloß die Entwässerungen der Straßen
und Plätze, sondern auch der einzelnen Grundstücke dieser Fläche
den Berliner Kanalisationsleitungen zugeführt werden.

§ 2.

Zur Bedingung wird gestellt, daß vor Beginn der Bauausfüh=
rung für den im § 1 gedachten Gebietsteil diejenigen die Anlage und
den Betrieb betreffenden technischen und administrativen Bestim=
mungen, welche in Berlin für den Anschluß von Straßen, Plätzen
und Grundstücken maßgebend sind, seitens der für Stralau zustän=
digen Behörden getroffen und erzwingbar gemacht werden. Wer=
den diese Bestimmungen für Berlin geändert, so sind sie auch für
den im § 1 gedachten Gebietsteil zu ändern.

Fernere Bedingung ist, daß die in der Anlage enthaltenen Fest=
setzungen der örtlichen Straßenbau=Polizei=Verordnung, Abtlg. II,
(Kanalisation), zu Berlin und der für Stralau zuständigen Po=
lizei=Verwaltung zustande kommen und für die Zukunft nicht ohne
beiderseitiges Einvernehmen abgeändert werden.

Endlich ist Bedingung, daß das anzuschließende Gebiet von der
Gemeinde Stralau an die Berliner Wasserleitung angeschlossen
wird, und daß dieser Zustand während der Dauer des gegenwär=
tigen Vertrages verbleibt.

§ 3.

Die Straßenleitungen auf dem anzuschließenden Gebiete mit
allem Zubehör — Revisionsbrunnen, Gullies usw. — dürfen nur
durch den Magistrat zu Berlin ausgeführt werden.

Ebenso sind nachträgliche Änderungen oder etwa vorkommende
Reparaturen an diesen Leitungen zu behandeln.

§ 4.

Die Grundstücksanschlüsse erfolgen ebenfalls in demselben
Umfange, wie dies in Berlin zu geschehen hat, durch den Magistrat
von Berlin.

§ 5.

Demselben steht auch der alleinige Betrieb der Straßenleitungen
zu, jedoch hat das zum Spülen der Stralauer Leitungen erforderliche
Wasser der Gemeinde=Vorstand von Stralau in der Art aus der
Wasserleitung (§ 2 am Ende) unentgeltlich vorzuhalten, daß der
Magistrat von Berlin das zu jenem Zwecke nach seinem Ermessen
notwendige Quantum jederzeit entnehmen kann; die Reinigung der
Straßengullies erfolgt durch den Gemeindevorstand von Stralau.

§ 6.

Die Ausführung der Straßenleitungen erfolgt sukzessive nach Zeit und Straßenzügen den Angaben des Gemeindevorstandes von Stralau gemäß. Die Stadtgemeinde Berlin verpflichtet sich, auf Verlangen des Gemeindevorstandes von Stralau die Anschlußarbeiten und die Herstellung der innerhalb und auch außerhalb des Stralauer Gemeindegebietes herzustellenden Leitungen für den bezeichneten Ortsteil sofort nach Abschluß des Vertrages in Angriff zu nehmen, vorausgesetzt, daß der Gemeindevorstand von Stralau die zu kanalisierenden Straßen rechtzeitig vorher angibt und auf Kosten der von ihm vertretenen Gemeinde die rechtliche Möglichkeit zur Ausführung der Leitungen in den durch die Leitungen berührten Straßen und Straßenteilen, welche auf Stralauer Gebiet liegen, schafft. Dem Magistrat zu Berlin wird das Recht vorbehalten, diejenigen auf Stralauer Gebiet anzulegenden Leitungen, welche nach dem Projekte Berliner Grundstücken Vorflut gewähren, jederzeit auch ohne den Wunsch des Stralauer Gemeindevorstandes auszuführen und betreiben zu dürfen.

Im übrigen erfolgt die Bauausführung und zwar auch hinsichtlich der Verlegung der Grundstücksanschlußleitungen unter Beobachtung der in Berlin befolgten Grundsätze nach freiem Ermessen der ausführenden Behörde und unter Ausschluß jeglicher Mitbeteiligung des Gemeindevorstandes von Stralau in technischer Hinsicht.

§ 7.

Der Gemeindevorstand von Stralau zahlt an den Magistrat von Berlin für jedes laufende Meter der Grundstücksstraßenfronten, welche durch die verlegten Leitungen angeschlossen werden können,

a) eine einmalige Summe von 50 Mark,

b) einen jährlichen Betrag von 6 Mark[1]).

Die Zahlungen zu a werden vier Wochen nach dem Tage fällig, an welchem der Magistrat von Berlin dem Gemeindevorstand von Stralau die Anzeige gemacht hat, daß und welche Grundstücke angeschlossen werden können.

---

[1]) Die zu zahlenden Summen sind seit dem 20. 11. 1906 auf einmalig 66 M. und jährlich 8 M. festgesetzt worden.

Die Zahlungen zu b erfolgen in vierteljährlichen Vorausbezahlungen bis spätestens zum fünfzehnten Tage eines jeden Vierteljahres. Die erstere Zahlung für die Zeit vom Tage des Empfanges der erwähnten Anzeige bis zum Ende des laufenden Vierteljahres ist ebenfalls wie die Zahlungen zu a vier Wochen nach erhaltener Anzeige fällig.

Für die Grundstücksstraßenfronten, an denen die Straßenkanäle bereits gebaut sind, werden die Absatz 1 dieses Paragraphen bezeichneten beiden Zahlungen mit dem Tage fällig, an dem der Gemeindevorstand von Stralau den polizeilichen Aufruf dieser Straßenstrecken beantragt (vgl. § 1 der in der Anlage enthaltenen Festsetzungen).

Sobald für eine der Gemeinden Charlottenburg, Schöneberg und Lichtenberg hinsichtlich der Gebietsteile, denen auf Grund der Verträge vom 14./20. November 1885 bzw. 26./30. Januar 1894, ferner 5./16. August 1886 und 8./29. Juni 1894 der Anschluß an die Kanalisation von Berlin gestattet worden ist, die in diesen Verträgen in gleicher Höhe ausbedungenen Beträge oder einer derselben erhöht werden, treten die erhöhten Beträge oder der erhöhte Betrag mit demselben Zeitpunkte auch für die Gemeinde Stralau in Kraft.

Die Erhöhung des Betrages zu a tritt nur insoweit ein, als die im § 2 gedachten Bauten noch nicht vollendet sind.

§ 8.

Die Kosten der nachträglichen Veränderung an den Leitungen, welche etwa der Gemeindevorstand von Stralau wünscht, sowie die Kosten für die Verlegung der Grundstücksanschlußleitungen werden, und zwar letztere nach den jedesmal für Berlin maßgebenden Preisen, im übrigen nach den nur einer kalkulatorischen Revision unterliegenden Rechnungen des Magistrats von Berlin, seitens der Gemeinde wieder erstattet. Für die Unterhaltung und Reparatur der Straßenleitungen — § 3 — ist außer den vorgedachten Zahlungen nichts zu erstatten. Dagegen übernimmt der Gemeindevorstand von Stralau dem Magistrat von Berlin gegenüber die Verpflichtung, das Pflaster, welches zum Zwecke der Verlegung der Leitungen (§ 3 und 4) aufgenommen werden mußte, und welches der Magistrat von Berlin nach Verfüllung der Baugruben wieder herzustellen hat, nach dieser ersten Wiederherstellung zu unterhalten.

§ 9.

Das an die Berliner Kanalisation von Stralau anzuschließende Gebiet ist an die Berliner Wasserleitung anzuschließen, welches Verhältnis durch einen besonderen Vertrag geregelt ist.

§ 10.

Beiden Teilen steht eine und zwar zwölfmonatliche Kündigung dieses Vertrages nur dann zu, wenn der Gegenteil den in diesem Vertrage eingegangenen Verpflichtungen nicht nachkommt. Darüber, ob die vorstehende Bedingung eingetreten ist, steht vorkommendenfalls die Entscheidung allein einem Schiedsgericht zu. Außerdem erreicht dieser Vertrag seine Endschaft, wenn durch Gesetz oder im Wege der Verwaltung auf einen oder den anderen, oder auf beide vertragschließenden Teile ein Zwang ausgeübt wird, welcher entweder den weiteren Bestand dieses Vertrages unmöglich macht, oder gegenüber dem jetzigen Zustande für die Ausführung oder den Betrieb der Kanalisation mit Berieselung erhebliche Schwierigkeiten enthält.

Auch über den Eintritt der in diesem Absatze festgesetzten Bedingung steht die Entscheidung allein einem Schiedsgericht zu.

Ferner behält sich der Magistrat von Berlin eine zwölfmonatliche Kündigung vor, sobald in Zukunft eine der in der Anlage verzeichneten, mit der für Stralau zuständigen Polizeibehörde zu treffenden Festsetzungen seitens der gedachten Polizeibehörde nicht mehr beobachtet wird (§ 2), unterwirft sich aber auch über den Eintritt dieser Bedingung der Entscheidung eines Schiedsgerichts.

Endlich darf der Magistrat von Berlin den Vertrag mit zwölfmonatlicher Frist kündigen, wenn die örtliche Straßenbau-Polizei-Verwaltung, Abteilung II (Kanalisation), zu Berlin gegen den Willen der dortigen Gemeindebehörde einer anderen Verwaltungsstelle als dem Oberbürgermeister übertragen werden sollte.

§ 11.

Über die Zusammensetzung des Schiedsgerichts (§§ 7, 9 u. 10) wird folgendes vereinbart:

a) der Teil, welcher eine Entscheidung des Schiedsgerichts herbeiführen will (Kläger), hat dem Gegenteil (Beklagten) einen Schiedsrichter zu nennen unter gleichzeitiger Aufforderung

(innerhalb zweier Wochen), dem Kläger den zweiten Schieds=
richter zu nennen. Nach fruchtlosem Ablaufe dieser Frist
ernennt Kläger auch den zweiten Schiedsrichter.

b) Beide Schiedsrichter haben innerhalb zweier Wochen nach
Aufforderung seitens des Klägers einen Obmann zu wählen
und dem Kläger anzuzeigen. Nach fruchtlosem Ablaufe dieser
Frist ernennt ihn auf Anrufen des Klägers das zuständige
Gericht, oder, wenn dieses die Ernennung ablehnt, der Ober=
präsident der Provinz Brandenburg bzw. von Berlin.

c) Wenn vor ergangener Entscheidung einer der von den Par=
teien zu ernennenden Schiedsrichter stirbt, oder aus einem
anderen Grunde wegfällt, oder die Übernahme oder die Aus=
führung des Schiedsrichteramtes verweigert, so hat die Par=
tei, welche ihn ursprünglich zu ernennen hatte, ohne Aufforde=
rung oder innerhalb zweier Wochen nach der an sie von der
Gegenpartei ergangenen Aufforderung der letzteren einen
anderen Schiedsrichter zu nennen.

Nach fruchtlosem Ablaufe dieser Frist ernennt ihn die
Gegenpartei.

d) Wenn vor ergangener Entscheidung der Obmann (§ 11 b)
stirbt, oder aus einem anderen Grunde wegfällt, oder die
Übernahme oder die Ausführung des Obmannamtes ver=
weigert, so finden zwecks Beschaffung eines Ersatzes die im
§ 11 b enthaltenen Festsetzungen sinngemäße Anwendung.

e) Im übrigen behält es bei den §§ 1025—1047) der Zivil=
prozeßordnung für das Deutsche Reich sein Bewenden.

§ 12.

Sollte der gegenwärtige Vertrag aufgehoben werden, so dürfen
auf Verlangen des Magistrats zu Berlin die auf Stralauer Gebiet
ausgeführten und zur Entwässerung Berliner Grundstücke dienen=
den Leitungen auch ferner liegen bleiben und betrieben werden.
Die sich dann ergebenden Rechtsverhältnisse zwischen den beiden
Gemeinden werden mangels gütlicher Einigung durch ein Schieds=
gericht festgestellt, über dessen Zusammensetzung die im § 11 dieses
Vertrages getroffenen Vereinbarungen maßgebend bleiben sollen.

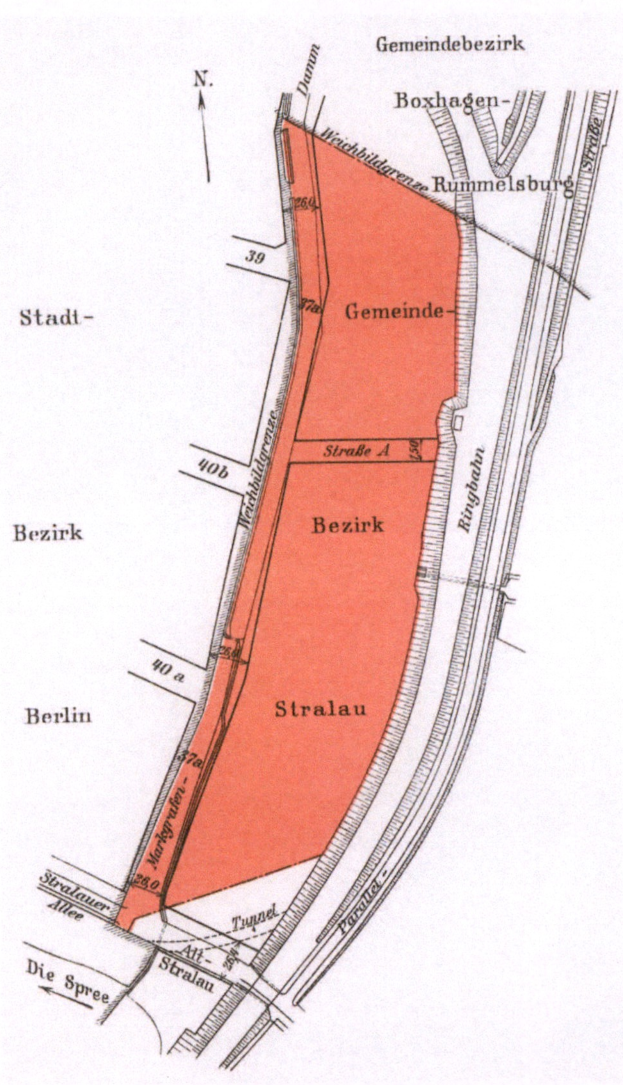

Ungefähr 1 : 5000

Verlag von Julius Springer in Berlin.

§ 13.

Den Stempel dieſes Vertrages trägt der Gemeindevorſtand von Stralau.

Berlin, den 8. September 1903.

Magiſtrat hieſiger Königl. Haupt- und Reſidenzſtadt.

(L. S.)

gez. Kirſchner.   gez. v. Friedberg.

Stralau, den 20. Auguſt 1903.

Vollzogen auf Grund des Beſchluſſes der Gemeindevertretung vom 9. Juni 1913.

Der Gemeindevorſtand.

(L. S.)

gez. Kracht.   Bahrfeld.

Feſtſetzungen über das Geſchäftsverfahren zwiſchen dem Oberbürgermeiſter von Berlin, Herrn Kirſchner, als Inhaber der örtlichen Straßenbau-Polizeiverwaltung, Abteilung II (Kanaliſation) und dem Amtsvorſteher Herrn Kracht als Inhaber der Ortspolizeiverwaltung für Stralau.

Die Unterzeichneten ſind darüber einverſtanden, daß diejenigen Anlagen, welche die Entwäſſerung des in dem Vertrage vom 20. Auguſt/8. September 1903 gedachten Stralauer Gebiets mittels Anſchluſſes an die Berliner allgemeine Kanaliſation bezwecken, ſei es, daß ſie ſich auf öffentlichen Straßen und Plätzen, ſei es, daß ſie ſich in Privatgrundſtücken befinden, in untrennborem Zuſammenhange mit dem Syſtem der Berliner allgemeinen Kanaliſation, an welches der Anſchluß erfolgen ſoll, ſtehen, und daß daher bei der ſich hiernach ergebenden Zuſtändigkeit der von den beiden Unterzeichneten vertretenen Polizeibehörden, ſoweit es ſich um die Entwäſſerung des anzuſchließenden Stralauer Gebietes durch die allgemeine Kanaliſation handelt, nachſtehende, den gemeinſamen Geſchäftsverkehr beider Polizeibehörden regelnde Feſtſetzungen zu treffen ſind.

§ 1.

Der Polizeiverwalter von Stralau erläßt auf Antrag des Ge=
meindevorstandes daselbst den Aufruf der von jenen ihm zu bezeich=
nenden Straßenstrecken mit der Aufforderung, daß die Eigentümerin
die Projekte bei ihm in drei Exemplaren einzureichen habe und
übersendet die bei ihm eingegangenen Projekte der örtlichen Stra=
ßenbau=Polizeiverwaltung, Abteilung II (Kanalifation) für Berlin.

§ 2.

Letztere Behörde prüft die Projekte, verhandelt direkt mit den
Eigentümern über etwaige Abänderungen, verfieht zuläffigenfalls
ihrerfeits die drei Exemplare des Projekts mit dem Vermerk der
Genehmigung und überschickt zwei Exemplare sowie zwei Ausferti=
gungen an den Polizeiverwalter von Stralau. Diefer prüft die
Projekte feinerfeits und händigt das eine, zufätzlich mit feinem Ge=
nehmigungsvermerk verfehen, dem Eigentümer aus, gibt auch der
örtlichen Straßenbau=Polizeiverwaltung, Abteilung II, für Berlin
hiervon Nachricht. Über beabfichtigte Änderungen oder Zufätze hat
der Polizeiverwalter von Stralau vor der Aushändigung das Ein=
vernehmen den örtlichen Straßenbau=Polizei=Verwaltung, Abtei=
lung II, herbeizuführen.

§ 3.

Dem Polizeiverwalter von Stralau ist vom Eigentümer die
Bauausführung anzuzeigen, worauf nach ergangener Benachrich=
tigung hiervon die örtliche Straßenbau=Polizei=Verwaltung, Ab=
teilung II (Kanalifation), für Berlin die Revifion vornimmt, auch
das Inbetriebnahmeatteft der Anlage ausstellt und in zwei Exem=
plaren, das eine zur Mitvollziehung und Aushändigung an den
Eigentümer, an den Polizeiverwalter von Stralau übersendet,
welcher von der Aushändigung an die örtliche Straßenbau=Polizei=
Verwaltung Mitteilung macht.

§ 4.

Auf die Behandlung von Nachtragsprojekten, fei es, daß deren
Einreichung infolge von Neu= oder Umbauten oder infolge von
Änderungen und Zufätzen der Entwässerungsanlage notwendig
wird, finden die §§ 1, 2 und 3 finngemäße Anwendung.

§ 5.

Sämtliche Projekte für Neu= und Umbauten auf Grundſtücken des anzuſchließenden Gebiets ſind, ſofern die Grundſtücke, auf denen ſie vorgenommen werden ſollen, ſchon aufgerufen ſind, der örtlichen Straßenbau=Polizei=Verwaltung, Abteilung II (Kanaliſation), für Berlin zur Äußerung zu überſchicken.

§ 6.

Dieſelbe überwacht ferner in periodiſchen Zwiſchenräumen entſprechend den hierfür in Berlin beſtehenden Einrichtungen die Entwäſſerungsanlagen im Innern der Grundſtücke darauf, ob die= ſelben noch dem Projekte entſprechen. Ihre in dem anzuſchließen= den Gebiet als Reviſions= und Kontrollbeamten tätigen Organe ſind mit Legitimationskarten auch des Polizeiverwalters von Stralau zu verſehen.

§ 7.

Jede mit der Wirkung einer polizeilichen Zwangsverfügung verſehene Zuſchrift an die Eigentümer ſchickt die örtliche Straßen= bau=Polizeiverwaltung für die Kanaliſation im Entwurf an den Polizeiverwalter von Stralau mit dem Erſuchen, den Entwurf zu vollziehen und auszuhändigen, auch von letzterem Nachricht an die örtliche Straßenbau=Polizeiverwaltung, Abteilung II (Kanaliſa= tion), für Berlin gelangen zu laſſen.

§ 8.

Der Polizeiverwalter von Stralau erläßt keine die Entwäſſe= rung des anzuſchließenden Gebietes, ſoweit dasſelbe ſchon aufge= rufen iſt, betreffende Verfügung, ohne zuvor ſich mit der örtlichen Straßenbau=Polizeiverwaltung, Abteilung II (Kanaliſation), für Berlin ins Einvernehmen geſetzt zu haben.

Ausgenommen ſind Verfügungen, deren Erlaß keinen Auf= ſchub geſtattet, indeſſen iſt in ſolchen Fällen der örtlichen Straßenbau= Polizeiverwaltung, Abteilung II, gleichzeitig Mitteilung zu machen.

§ 9.

Klagen und Beſchwerden gegen polizeiliche Anordnungen, welche die hier behandelten Angelegenheiten betreffen, läßt der

Polizeiverwalter von Stralau an die örtliche Straßenbau-Polizei-
verwaltung, Abteilung II (Kanalisation), für Berlin zur Bearbeitung
gelangen, bzw. bearbeitet dieselben nur nach voraufgegangenem
Einvernehmen mit jener Behörde, auf deren Wunsch Klagen durch
einen von ihr zu ernennenden Bevollmächtigten vor den Gerichten
vertreten werden.

Berlin, den 8. September 1903.

Der Oberbürgermeister.

gez. K i r s c h n e r.

Stralau, den 20. August 1903.

Der Amtsvorsteher.

(L. S.)

gez. K r a c h t.

Der zwischen der Stadtgemeinde Berlin und der Landgemeinde
Stralau wegen des Anschlusses des auf der Westseite der Stadtringbahn belegenen, auf dem dem Vertrage beigehefteten Plane
näher bezeichneten Teiles des Gemeindebezirks an die allgemeine
Kanalisation von Berlin unterm 20. August/8. September 1903
abgeschlossene Vertrag wird bezüglich der darin seitens der Gemeinde Stralau eingegangenen Verpflichtungen von Aufsichts
wegen genehmigt.

Berlin, den 7. Oktober 1903.

Der Kreisausschuß des Kreises Nieder-Barnim.

J. V.:

(L. S.)

(Unterschrift.)

9. Vertrag zwischen der Stadtgemeinde Berlin und der Gemeinde Tempelhof:

I. wegen Einlegung eines dritten Druckrohres der Kanalisation von Berlin in die Berliner Straße (Berlin = Kottbuser Chaussee) innerhalb des Gemeindebezirks Tempelhof von der Weichbildgrenze mit Berlin bis zur Grenze mit der Gemeinde Mariendorf,

II. wegen Aufnahme der Abwässer aus einem Gebietsteile der Gemeinde Tempelhof in eines der Druckrohre der Kanalisation von Berlin.

I.

§ 1.

Die Gemeinde Tempelhof gestattet der Stadtgemeinde Berlin für alle Zeiten die Einlegung eines Druckrohrs der Kanalisation von Berlin von 1 m Durchmesser in die Berliner Straße (Berlin= Kottbuser Chaussee) innerhalb des Gemeindebezirks Tempelhof von der Weichbildgrenze mit Berlin bis zur Grenze mit der Ge= meinde Mariendorf, sowie die Vornahme etwa erforderlich wer= dender Reparaturen an diesem Druckrohr.

§ 2.

Über die Lage des neuen Druckrohrs, den Beginn der Ver= legung und den Arbeitsplan bleiben besondere Vereinbarungen zwischen den vertragschließenden Gemeinden vorbehalten.

§ 3.

Der Rohrgraben muß sorgfältig verfüllt und gut eingestampft werden. Der überflüssig werdende Boden muß abgefahren werden. Die Abfuhr des Bodens erfolgt, wenn der Gemeindevorstand von Tempelhof es fordert, nach einer von diesem anzuweisenden Stelle der Berliner Straße. Diese Stelle darf jedoch von der Ausschach= tungsstelle nicht weiter als 3000 m entfernt sein.

§ 4.

Die Stadtgemeinde Berlin ist verpflichtet, nach Verlegung des Druckrohrs das Straßenpflaster über dem Rohrgraben in seinem jetzigen Zustande wiederherzustellen. Erfolgt unmittelbar im An= schlusse an die Verlegung des Druckrohres die Neupflasterung der Straße, so fällt diese Verpflichtung fort.

§ 5.

Treten infolge Verlegung des Druckrohrs Versackungen über dem Druckrohre ein, so ist die Stadtgemeinde Berlin auf die Dauer von 5 Jahren, von der Verlegung des Druckrohrs ab gerechnet, verpflichtet, den Straßenkörper über dem Druckrohr in einer Breite bis 2 m auf ihre Kosten wiederherzustellen oder die Wiederher=stellungskosten der Gemeinde Tempelhof zu erstatten.

§ 6.

Die Stadtgemeinde Berlin hat die Gemeinde Tempelhof be=züglich aller Ansprüche wegen eingetretener Unfälle, Nachteile und Beschädigungen, welche dem öffentlichen Verkehr infolge unter=lassener oder mangelhafter Sicherheitsmaßregeln bei der Herstellung des Rohrgrabens und Verlegung des Druckrohrs entstehen sollten, zu vertreten und für alle hieraus und aus der etwa stattgehabten Beschränkung oder Störung des Verkehrs auf der Straße und den anliegenden Grundstücken sich ergebenden Ansprüche einzustehen. Die Stadtgemeinde Berlin hat ferner alle durch Verlegung des Druckrohrs notwendig werdenden Änderungen an bereits in und auf dem Straßenkörper vorhandenen Anlagen jeder Art auf ihre Kosten zu bewirken und haftet für alle an diesen Anlagen durch die Verlegung des Druckrohrs etwa eintretenden Beschädigungen oder Störungen.

II.

§ 7.

Die Stadtgemeinde Berlin gestattet der Gemeinde Tempelhof die Ableitung der Abwässer — bestehend in den unreinen Haus=, Wirtschafts= und Fabrikabwässern, ausschließlich des Niederschlags=wassers und der reinen Fabrikabwässer — in eines der in der Ber=liner Straße zu Tempelhof (Berlin=Kottbuser Chaussee) verlegten Druckrohre der Kanalisation von Berlin für den in dem angehefte=ten Plane in roter Farbe dargestellten, mit den Buchstaben a .... v bezeichneten Gebietsteil der Gemeinde Tempelhof.

Die Ableitung dieser Abwässer beginnt nach Fertigstellung des neuen Berliner Druckrohrs, längstens aber binnen Jahresfrist nach Abschluß dieses Vertrages.

§ 8.

Die im § 7 bezeichneten Abwässer werden einer Pumpstation der Gemeinde Tempelhof zugeführt und von dort durch besondere Pumpmaschinen mittels einer eisernen Druckrohrleitung in eines der Druckrohre der Kanalisation von Berlin (§ 7), dessen Auswahl der Stadtgemeinde Berlin freisteht, gedrückt. Das Projekt für die Pumpstation sowie für die Anschlußleitungen unterliegt der Genehmigung der Stadtgemeinde Berlin. Auf Wunsch der Gemeinde Tempelhof erfolgt dieser Anschluß an das Druckrohr an einer oder an zwei Stellen. Erfolgt dieser Anschluß an das im § 1 bezeichnete Druckrohr, so ist die Gemeinde Tempelhof verpflichtet, die Anschlußstelle oder die Anschlußstellen vor der Verlegung dieses Druckrohrs der Stadtgemeinde Berlin anzugeben. Die Kosten für die Herstellung der Zuleitungen zu der vorgedachten Pumpstation, sowie für die Herstellung, den Betrieb und die Unterhaltung der zur Einführung der Abwässer von Tempelhof in eines der Druckrohre der Kanalisation von Berlin erforderlichen Einrichtungen trägt die Gemeinde Tempelhof.

§ 9.

Die Herstellung der Verbindung oder Verbindungen des Tempelhofer Druckrohrs mit dem Berliner Druckrohr (§ 8) erfolgt unter Kontrolle der Organe der Stadtgemeinde Berlin. Von dem Beginn dieser Arbeiten und der Inbetriebsetzung der Einrichtungen sowie den etwaigen baulichen Veränderungen an der Verbindung oder den Verbindungen ist ihr drei Tage vorher schriftliche Anzeige zu erstatten.

Die Stadtgemeinde Berlin ist berechtigt, diesen Anschluß oder diese Anschlüsse der eisernen Druckrohrleitung von Tempelhof an eines der Druckrohre der Kanalisation von Berlin nach eigenem Ermessen auf ein anderes Druckrohr der Kanalisation von Berlin zu verlegen.

Die Kosten einer solchen Verlegung trägt die Gemeinde Tempelhof.

§ 10.

Bei Reparaturen des Druckrohrs der Kanalisation von Berlin sowie aus jedem anderen Grunde, welcher die Stadtgemeinde Berlin selbst am Pumpenbetrieb hindert, muß sich die Gemeinde

Tempelhof die Sperrung ihres Anschlußrohres oder ihrer Anschluß=
rohre ohne Anspruch auf Entschädigung gefallen lassen. Die Ge=
meinde Tempelhof ist in solchen Fällen verpflichtet, für anderweite
Unterbringung ihrer Abwässer durch geeignete Vorrichtungen
selbst Sorge zu tragen.

§ 11.

Der Gehalt der Abwässer von Tempelhof an freien Säuren
oder an freien Alkalien darf ¹/₁₀ Proz. nicht übersteigen.

Die Stadtgemeinde Berlin ist berechtigt, jederzeit die chemische
Untersuchung der Abwässer auf Kosten der Gemeinde Tempelhof
vornehmen zu lassen. Diese Kosten dürfen den Betrag von 100 ℳ
jährlich nicht übersteigen.

§ 12.

Das Anschlußgebiet von Tempelhof (§ 7) bzw. die in ihm ge=
legenen Grundstücke, soweit sie zum Anschlusse an die Kanalisation
von Tempelhof gelangen, müssen an eine öffentliche Wasserleitung
angeschlossen oder mit einer Bewässerungsanlage versehen sein,
welche den für den Betrieb der Hausentwässerung an sie zu stellen=
den technischen Anforderungen entspricht und für die Dauer dieses
Vertrages entsprechend bleibt. Als hinreichend wird die Bewässe=
rungsanlage angesehen, welche dem § 5 der Polizeiverordnung,
betreffend die Beseitigung der Abwässer und Abgangsstoffe usw.,
in Tempelhof vom 14. Februar 1899 entspricht.

Der Magistrat von Berlin ist berechtigt, durch seine Beamten
die Entwässerungsanlagen innerhalb der angeschlossenen Grund=
stücke revidieren zu lassen.

§ 13.

Die Gemeinde Tempelhof hat für die Aufnahme ihrer Abwässer
in das Druckrohr der Kanalisation von Berlin und deren Unter=
bringung auf den Rieselfeldern auf die Dauer von 10 Jahren, vom
Tage der Inbetriebnahme des Anschlusses ab gerechnet, keinerlei
Abgaben oder Vergütigungen an die Stadtgemeinde Berlin zu ent=
richten. Nach Ablauf dieser zehnjährigen Frist hat die Gemeinde
Tempelhof an die Stadtgemeinde Berlin eine laufende Gebühr
n a c h d e m S e l b s t k o s t e n s a t z e v o n 5,29 P f e n n i g für
jedes Kubikmeter der Abwässer, welche aus dem angeschlossenen

Gebietsteile der Gemeinde Tempelhof in das Druckrohr der Kanalisation von Berlin aufgenommen werden, zu entrichten. Diese Gebühr wird vierteljährlich zu diesem Einheitssatze nach Maßgabe der während desselben Vierteljahres aus dem Anschlußgebiet von Tempelhof in das Druckrohr der Kanalisation von Berlin aufgenommenen Abwässer berechnet.

§ 14.

Auf der Pumpstation von Tempelhof sind nach Ablauf der zehnjährigen Frist (§ 13) Vorrichtungen anzubringen, die es gestatten, die Pumpenleistungen zu messen. Auch sind Listen, Bücher, Rapporte usw. zu führen, in welche die geförderten Abwässermengen ordnungsmäßig eingetragen werden. Aus diesen Rapporten usw. sind der Stadtgemeinde Berlin alle Vierteljahre beglaubigte Auszüge vorzulegen, auf Grund deren die Gebühr festgesetzt wird.

Der Magistrat von Berlin ist berechtigt, jederzeit die Einrichtung der Pumpstation zu revidieren und die zur Messung der Pumpenleistungen dienenden Vorrichtungen an den Maschinen und die Bücher usw., die hierfür zu führen sind, zu kontrollieren.

Der Magistrat von Berlin ist ferner berechtigt, an dem Tempelhofer Anschlußrohr bzw. den Tempelhofer Anschlußrohren einen bzw. zwei Apparate zur Bestimmung der Abwässermengen auf Kosten der Gemeinde Tempelhof anzubringen, zu bedienen und zu unterhalten. Ergibt dieser Apparat oder ergeben diese Apparate höhere Zahlen als die Messungen und Buchungen auf der Pumpstation, so gelten die ersteren.

§ 15.

Die Gebühr (§ 13) ist für jedes Vierteljahr innerhalb 14 Tagen nach dem Tage fällig, an dem dem Gemeindevorstande von Tempelhof die Berechnung des Betrages zugegangen ist.

§ 16.

Wenn die hier in Betracht kommenden Anlagekosten für die Berliner Pumpstation, das Druckrohr und die zugehörigen Rieselfelder sowie die allgemeine Verwaltungs- und die Betriebskosten für die Beförderung und Unterbringung eines Kubikmeters Abwässer sich im Laufe der Zeit höher stellen sollten als 5,29 Pf., so hat die Gemeinde Tempelhof von dem auf diese Erhöhung folgenden Rechnungsjahre ab die laufende Gebühr nach dem höheren Satze zu entrichten.

Die Berechnung dieses Satzes unterliegt nur kalkulatorischer Nachprüfung seitens der Gemeinde Tempelhof.

§ 17.

Nach Ablauf der zehnjährigen Frist (§ 13) kann die Gemeinde Tempelhof jederzeit mit einjähriger Kündigungsfrist, die Stadtgemeinde Berlin jederzeit mit fünfjähriger Kündigungsfrist von diesem Vertrage — Teil II — zurücktreten.

§ 18.

Innerhalb der ganzen Vertragsdauer (§§ 13 u. 17) ist die Stadtgemeinde Berlin zum Rücktritt von diesem Vertrage — Teil II — berechtigt, wenn sie selbst aus nicht vorherzusehenden Gründen zur dauernden Einstellung ihres Druckrohrbetriebes gezwungen sein sollte; ferner, wenn die Gemeinde Tempelhof den Vertrag gröblich verletzt oder ihr Kanalisationssystem derartig ändert, daß die Abwässer eine zur Aufnahme in das Druckrohr und zur Verwendung auf den Rieselfeldern ungeeignete Beschaffenheit annehmen.

Der Rücktritt kann in diesen Fällen nur nach sechsmonatlicher Kündigung stattfinden.

§ 19.

Die Entscheidung darüber, ob die Abwässer der Gemeinde Tempelhof die in § 18 beschriebene Beschaffenheit angenommen haben, steht einem Schiedsgericht zu.

Dieses Schiedsgericht wird in folgender Weise zusammengesetzt:

a) Der Teil, welcher eine Entscheidung des Schiedsgerichts herbeiführen will (Kläger), hat dem Gegenteil (Beklagten) einen Schiedsrichter zu nennen unter gleichzeitiger Aufforderung, innerhalb zweier Wochen dem Kläger den zweiten Schiedsrichter zu nennen. Nach fruchtlosem Ablaufe dieser Frist ernennt Kläger auch den zweiten Schiedsrichter.

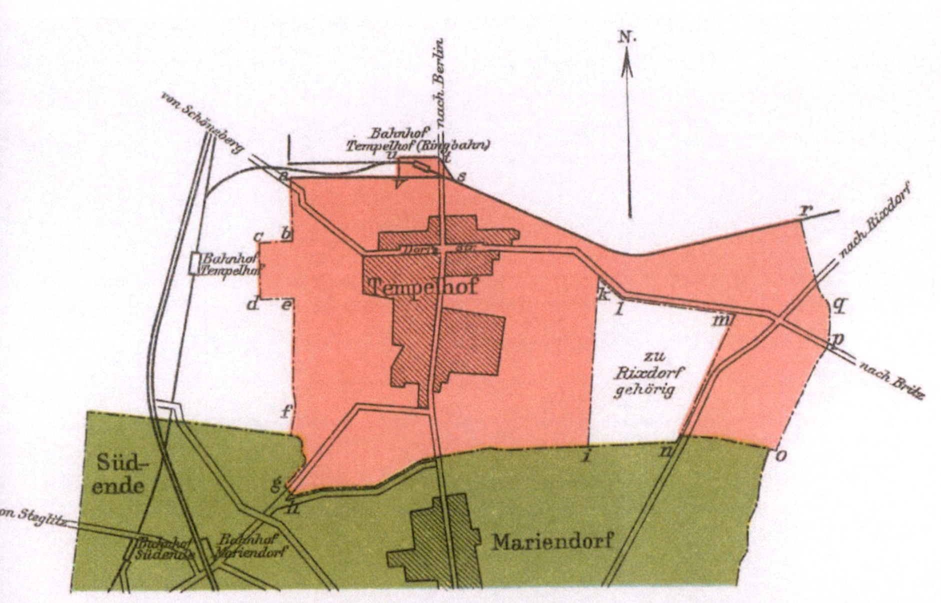
N.
von Schöneberg
nach Berlin
Bahnhof
Tempelhof (Ringbahn)
a
s
r
nach Rixdorf
c
b
Bahnhof
Tempelhof
Dorf
Tempelhof
d
e
k
l
q
m
p
nach Britz
zu
Rixdorf
gehörig
f
i
n
o
Süd-
ende
g
h
von Steglitz
Bahnhof
Südende
Bahnhof
Mariendorf
Mariendorf

Tempelhofer Anschlußgebiet
an das Berliner Druckrohr rd. 460 ha
Mariendorfer Gemeindegebiet rd. 1124 ha

Ungefähr 1:50000

b) Beide Schiedsrichter haben innerhalb zweier Wochen nach Aufforderung seitens des Klägers einen Obmann zu wählen und dem Kläger anzuzeigen. Nach fruchtlosem Ablaufe dieser Frist ernennt ihn auf Anrufen des Klägers das zuständige Gericht, oder, wenn dieses die Ernennung ablehnt, der Oberpräsident der Provinz Brandenburg, bzw. von Berlin.

c) Wenn vor ergangener Entscheidung einer der von den Parteien zu ernennenden Schiedsrichter stirbt, oder aus einem anderen Grunde wegfällt, oder die Übernahme oder die Ausführung des Schiedsrichteramtes verweigert, so hat die Partei, welche ihn ursprünglich zu ernennen hatte, innerhalb zweier Wochen nach der an sie von der Gegenpartei ergangenen Aufforderung der letzteren einen anderen Schiedsrichter zu nennen. Nach fruchtlosem Ablaufe dieser Frist ernennt ihn die Gegenpartei.

d) Wenn vor ergangener Entscheidung der Obmann (§ 19 b) stirbt, oder aus einem anderen Grunde wegfällt, oder die Übernahme oder die Ausführung des Obmannsamtes verweigert, so finden zwecks Beschaffung eines Ersatzes die im § 19 b enthaltenen Festsetzungen sinngemäße Anwendung.

e) Im übrigen behält es bei den §§ 1025—1047 der Zivilprozeßordnung für das Deutsche Reich sein Bewenden.

S c h l u ß b e s t i m m u n g e n.

§ 20.

Wenn die Stadtgemeinde Berlin den Betrieb des Druckrohrs (§ 1) dauernd einstellen sollte, so ist sie berechtigt, das Druckrohr aus dem Straßenkörper ganz oder teilweise zu entfernen.

Macht sie von diesem Rechte Gebrauch, so ist sie verpflichtet, die Straßenbefestigung auf ihre Kosten wiederherzustellen.

Macht sie von diesem Rechte nicht Gebrauch, so ist die Gemeinde Tempelhof berechtigt, das Druckrohr auf ihre Kosten an den Stellen zu beseitigen, wo es sich bei Ausführung von Bauten seitens der Gemeinde Tempelhof im Straßenkörper für diese Bauten als hinderlich erweist.

§ 21.

Die Stempel dieses Vertrages trägt jeder der beiden vertrag=
schließenden Teile zur Hälfte.

Berlin, den 3. Juli 1900.

(L. S.)

Magistrat hiesiger Königl. Haupt= und Residenzstadt.

gez. K i r s ch n e r.   M a r g g r a f f.

Tempelhof, den 5. Juli 1900.

Vollzogen auf Grund des Beschlusses der Gemeindevertretung
vom heutigen Tage.

(L. S.)

Der Gemeindevorstand.

(Unterschrift.)   (Unterschrift.)

Gemeindevorsteher.   Schöffe.

---

10. Nachtragsvertrag.

Zwischen der Stadtgemeinde Berlin und der Gemeinde Tem=
pelhof wird folgender Nachtragsvertrag zum Vertrage vom 3. Juli
1900/5. Juli 1900 geschlossen:

§ 1.

Die Stadtgemeinde Berlin gestattet der Gemeinde Tempelhof
auch die Aufnahme der Abwässer des auf dem anliegenden Plane
mit grüner Farbe bezeichneten sogenannten Tempelhofer Indu=
strieviertels (der ehemaligen Rixdorfer Kossätenmarken). Die Ab=
leitung dieser Abwässer beginnt sogleich nach Herstellung des
Anschlusses.

§ 2.

Die Stadtgemeinde Berlin ist nicht verpflichtet, Fabrikwässer
der Gemeinde Tempelhof in ihre Kanalisationsleitungen aufzu=
nehmen, die etwaige Abführung derartiger Abwässer bleibt viel=
mehr von Fall zu Fall von besonderer Einwilligung der städtischen
Kanalisationsverwaltung abhängig. Diese Bestimmung erstreckt
sich auf das gesamte Gebiet von Tempelhof. Die entgegenstehende
Bestimmung des alten Vertrages tritt außer Kraft.

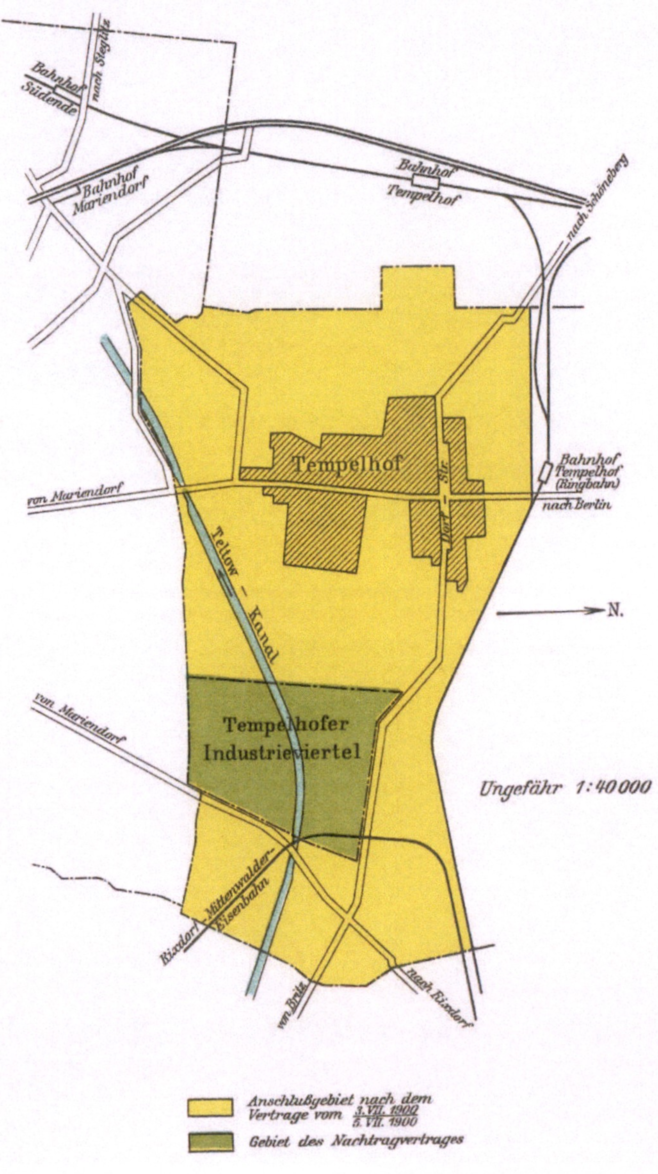
Bahnhof Südende
nach Steglitz
Bahnhof Mariendorf
Bahnhof Tempelhof
nach Schöneberg
Tempelhof
Bahnhof Tempelhof (Ringbahn)
von Mariendorf
nach Berlin
Teltow - Kanal
N.
von Mariendorf
Tempelhofer Industrieviertel
Ungefähr 1:40000
Rixdorf - Mittenwalder-Eisenbahn
von Britz
nach Rixdorf
Anschlußgebiet nach dem Vertrage vom 3. VII. 1900 / 5. VII. 1900
Gebiet des Nachtragvertrages

§ 3.

Die Abführungskosten für die Abwässer des neu anzuschließen=
den Gebietsteiles sind mit 5,29 Pf. pro Kubikmeter nebst 10 Proz.
Zuschlag sogleich nach Herstellung des Anschlusses in viertel= oder
halbjährlichen Raten an die Stadtgemeinde Berlin zu erstatten.

§ 4.

Die Stadtgemeinde Tempelhof gibt die Zusicherung, daß bei
Durchlegung eines etwa in Zukunft nötig werdenden weiteren
Druckrohres durch ihr Gebiet ihrerseits keinerlei Schwierigkeiten
gemacht werden und für die Genehmigung eine Entschädigung
nicht verlangt werden wird.

§ 5.

Die übrigen Bestimmungen des alten Vertrages finden auch
für diesen Nachtragsvertrag sinngemäße Anwendung.

Berlin, den 5. März 1907.

(L. S.)

Magistrat hiesiger Königl. Haupt= und Residenzstadt.

Kirschner.   Wagner.

Tempelhof, den 20. März 1907.

Vollzogen auf Grund des Beschlusses der Gemeindevertretung vom
4. Oktober — 26. November 1906.

(L. S.)

Der Gemeindevorstand.

Unterschrift.   Unterschrift.

Gemeindevorstand.   Schöffe.

---

10 a. Zwischen der Stadtgemeinde Berlin und der Landgemeinde
Berlin=Tempelhof wird folgender Vertrag geschlossen:

§ 1.

Die Stadtgemeinde Berlin gestattet der Gemeinde Berlin=
Tempelhof bis zum 1. Oktober 1917 die Zuleitung der Abwässer
von der westlichen Hälfte des zur Gemarkung Berlin=Tempelhof
gehörigen Tempelhofer Feldes in die Berliner Kanalisation.

§ 2.

Der Anschluß der Tempelhofer Leitung erfolgt an der Ecke der Tempelhofer Chauffee und der Straße 16 an die beiden Druck=rohre der Radialsysteme II und VI.

Die Beschaffung und der Einbau der erforderlichen Anschluß=stücke und Absperrschieber werden von der Stadtgemeinde Berlin auf Kosten der Gemeinde Berlin=Tempelhof vorgenommen.

§ 3.

Als Entschädigung für die Abführung der Abwässer zahlt die Gemeinde Berlin=Tempelhof der Stadtgemeinde Berlin die dieser entstehenden Kosten nebst 10 Proz. Aufschlag; im übrigen finden bezüglich der zu zahlenden Entschädigung die Bestimmungen des § 16 des Vertrages vom 3./5. Juli 1900 sinngemäße Anwendung.

§ 4.

Die Stadtgemeinde Berlin ist verpflichtet, diesen Anschluß sowie die auf Grund der Verträge vom 3./5. Juli 1900 und vom 3./20 März 1907 eingerichteten Anschlüsse auch nach dem 1. Oktober 1917 bzw. nach Aufgabe des durch die genannten Verträge begrün=deten Rechts auf Aufnahme der Tempelhofer Abwässer bestehen zu lassen und in Notfällen (Druckrohrbruch, Ausbesserungen am Druckrohr usw.) die Tempelhofer Abwässer aufzunehmen, soweit die Berliner Druckrohre betriebstechnisch dazu fähig sind.

Beabsichtigt die Gemeinde Berlin=Tempelhof, bei eintreten=den Betriebsstörungen die Berliner Druckrohre für die Vorflut in Anspruch zu nehmen, so hat sie dies dem Magistrat (Kanalisations=verwaltung) anzuzeigen; telephonische Benachrichtigung genügt. Das Öffnen des Verbindungsschiebers darf nur durch Organe der Berliner Verwaltung erfolgen.

Die Gemeinde Berlin=Tempelhof darf ihre Abwässer den Berliner Druckrohren erst dann überweisen, wenn vom Berliner Magistrat (Kanalisationsverwaltung) die Nachricht eingegangen ist, daß die Übernahme der Wassermengen erfolgen kann.

§ 5.

Als Entschädigung für die Aufnahme der Abwässer in Not=fällen hat die Gemeinde Berlin=Tempelhof für die ersten fünf Be=

triebstage der jedesmaligen Benutzung die Selbstkosten Berlins nebst 10 Proz. Aufschlag und für jeden weiteren Betriebstag die doppelten Selbstkosten nebst 10 Proz. Aufschlag zu zahlen.

§ 6.

Die Landgemeinde Berlin-Tempelhof bewilligt und beantragt auf den im Grundbuch von Berlin-Tempelhof Band 16 Blatt Nr. 648 und Band 10 Blatt Nr. 475 eingetragenen Grundstücken zugunsten der Stadtgemeinde Berlin die Eintragung der folgenden Verpflichtung in Abteilung II des Grundbuchs:

„Die Landgemeinde Berlin-Tempelhof als Eigentümerin der zur Berliner Straße zwischen den Weichbildgrenzen mit Berlin und mit Berlin-Mariendorf gehörenden, im Grundbuche von Berlin-Tempelhof Band 16 Blatt Nr. 648 und Band 10 Blatt Nr. 475 eingetragenen Grundstücke ist verpflichtet, die Mitbenutzung der von den vorhandenen drei Berliner Druckrohren nebst Zubehör jetzt in Anspruch genommenen Teile dieser Grundstücke durch Beibehaltung der Druckrohre in ihrer jetzigen Lage, das Betreten der Grundstücke zur Prüfung sowie zur Instandhaltung der Druckrohre, ferner die Vornahme von Veränderungen und Ausbesserungen an ihnen seitens der Stadtgemeinde Berlin zu dulden.

Für den Fall, daß Teile der Straße, bezüglich deren der Stadtgemeinde Berlin hiernach die obige Grunddienstbarkeit zusteht, an andere abgetreten werden, ist die Stadtgemeinde Berlin zur unentgeltlichen Entlassung dieser Teile aus der Verbindlichkeit verpflichtet, soweit dadurch nicht der Bestand der Berliner Druckrohranlagen gefährdet wird.“

§ 7.

Für den Fall, daß die Stadtgemeinde Berlin von dem ihr durch Vertrag vom 5./20. März 1907 eingeräumten Rechte der Einlegung eines vierten Druckrohres Gebrauch machen sollte, ist bezüglich dieses Druckrohres eine entsprechende grundbuchliche Eintragung zugunsten der Stadt Berlin zu bewirken. Für dieses vierte Druckrohr ist der möglichst kürzeste Weg zu wählen.

§ 8.

Sollten Teile der Straßen, in denen sich Berliner Druckrohre befinden und bezüglich deren der Stadtgemeinde Berlin die Grunddienstbarkeit eingeräumt ist, an andere abgetreten werden, so hat die Stadtgemeinde Berlin wegen dieser Teile eine Entpfändungs=erklärung abzugeben, soweit nicht dadurch der Bestand der Berliner Druckrohranlagen gefährdet wird.

Werden die im § 6 bezeichneten Druckrohre oder eines der=selben gemäß § 20 des Vertrages vom 3./5. Juli 1900 ganz oder teilweise aus dem Straßenkörper entfernt, so ist die Stadtgemeinde Berlin verpflichtet, in die Löschung bzw. entsprechende Abänderung der gemäß § 6 bewilligten grundbuchlichen Eintragungen unent=geltlich zu willigen.

§ 9.

Im übrigen finden die Bestimmungen des Vertrages vom 3./5. Juli 1900 3./20. März 1907 sinngemäße Anwendung, soweit nicht durch Bestimmungen dieses Vertrages Abweichungen be=gründet werden.

§ 10.

Kosten und Stempel übernimmt die Landgemeinde Berlin=Tempelhof.

Berlin, den 25. Juni 1912.

Magistrat hiesiger Königl. Haupt= und Residenzstadt.

(Siegel)

Magistrat zu Berlin.

gez. Kirschner.   gez. Alberti.

Vollzogen auf Grund des Beschlusses der Gemeindevertretung vom
18. April 1912.

Berlin=Tempelhof, den 25. Juni 1912.

Landgemeinde Berlin=Tempelhof.

(Siegel der Landgemeinde Berlin=Tempelhof.)

gez. Wiesener,   gez. Jung,

i. V. Gemeindevorsteher.   Schöffe.

Vorstehender Vertrag wird hiermit genehmigt.

Berlin, am 29. Juni 1912.

Der Kreisausschuß des Kreises Teltow.

gez. Graf v. Fürstenstein.

(L. S.)

A. J. 2138.

Additional material from *Kanalisation, Herrschaft Lanke, Wasserwerke, Zentrale Buch*
ISBN 978-3-662-01796-8 (978-3-662-01796-8_OSFO3.pdf),
is available at http://extras.springer.com

11. Vertrag zwischen der Stadtgemeinde Berlin und der Gemeinde
Mariendorf:
  I. wegen Einlegung eines dritten Druckrohres der Kanalisation
     von Berlin in die Chausseestraße (Berlin-Kottbuser Chaussee)
     innerhalb des Gemeindebezirks Mariendorf von der Weich-
     bildgrenze mit Tempelhof bis zur Dorfstraße in Mariendorf
     und in der Mariendorfer Dorfaue unmittelbar neben der
     Kreischaussee,
 II. wegen Aufnahme der Abwässer aus dem Gemeindegebiet
     von Mariendorf in eines der Druckrohre der Kanalisation
     von Berlin.

I.

§ 1.

Die Gemeinde Mariendorf gestattet der Stadtgemeinde Berlin
für alle Zeiten die Einlegung eines Druckrohres der Kanalisation
von Berlin von 1 m Durchmesser in die Chausseestraße (Berlin-
Kottbuser Chaussee) innerhalb des Gemeindebezirks Mariendorf
von der Weichbildgrenze mit Tempelhof bis zur Dorfstraße in Mariendorf und in der Mariendorfer Dorfaue unmittelbar neben der
Kreischaussee, sowie die Vornahme etwa erforderlich werdender
Reparaturen an diesem Druckrohr.

§ 2.

Über die Lage des neuen Druckrohrs, den Beginn der Verlegung und den Arbeitsplan bleiben besondere Vereinbarungen
zwischen den vertragschließenden Gemeinden vorbehalten.

§ 3.

Der Rohrgraben muß sorgfältig verfüllt und gut eingestampft
werden.

Der überflüssig werdende Boden muß abgefahren werden.
Die Abfuhr des Bodens erfolgt, wenn der Gemeindevorstand von
Mariendorf er fordert, nach einer von diesem anzuweisenden Stelle.

Diese Stelle darf jedoch von der Ausschachtungsstelle nicht
weiter als 2000 m entfernt sein.

§ 4 wie bei Tempelhof.

7*

§ 5.

Treten infolge Verlegung des Druckrohres Versackungen über dem Druckrohre ein, so ist die Stadtgemeinde Berlin auf die Dauer von 3 Jahren, von der Verlegung des Druckrohres ab gerechnet, verpflichtet, den Straßenkörper über dem Druckrohr in einer Breite bis 2 m auf ihre Kosten wieder herzustellen, oder die Wiederherstellungskosten der Gemeinde Mariendorf zu erstatten.

§ 6 wie vor S. 97.

II.

§ 7.

Die Stadtgemeinde Berlin gestattet der Gemeinde Mariendorf die Ableitung der Abwässer — bestehend in den unreinen Haus-, Wirtschafts- und Fabrikabwässern, ausschließlich des Niederschlagswassers und der reinen Fabrikabwässer — in eines der in der Chausseestraße zu Mariendorf verlegten Druckrohre der Kanalisation von Berlin aus dem Mariendorfer Gemeindegebiet.

§ 8.

Die in § 7 bezeichneten Abwässer werden einer Pumpstation der Gemeinde Mariendorf zugeführt und von dort durch besondere Pumpmaschinen mittels einer eisernen Druckrohrleitung in eines der Druckrohre der Kanalisation von Berlin (§ 7), dessen Auswahl der Stadtgemeinde Berlin freisteht, gedrückt. Das Projekt für die Pumpstation sowie für die Anschlußleitungen unterliegt der Genehmigung der Stadtgemeinde Berlin. Auf Wunsch der Gemeinde Mariendorf erfolgt dieser Anschluß an das Druckrohr an einer oder zwei Stellen. Erfolgt dieser Anschluß an das in § 1 bezeichnete Druckrohr, so ist die Gemeinde Mariendorf verpflichtet, die Anschlußstelle oder die Anschlußstellen vor der Verlegung dieses Druckrohres der Stadtgemeinde Berlin anzugeben. Die Kosten für die Herstellung der Zuleitung zu der vorgedachten Pumpstation sowie für die Herstellung, den Betrieb und die Unterhaltung der zur Einführung der Abwässer von Mariendorf in eines der Druckrohre der Kanalisation von Berlin erforderlichen Einrichtungen trägt die Gemeinde Mariendorf.

§ 9 wie vor S. 98.

§ 10 wie vor S. 98.

§ 11 wie vor S. 90.

§ 12 wie vor S. 90.

§ 13.

Die Gemeinde Mariendorf hat für die Aufnahme ihrer Abwässer in das Druckrohr der Kanalisation von Berlin und deren Unterbringung auf den Rieselfeldern auf die Dauer von sieben Jahren, vom Tage der Inbetriebnahme des Anschlusses ab gerechnet, keinerlei Abgaben oder Vergütungen an die Stadtgemeinde Berlin zu entrichten.

Nach Ablauf dieser siebenjährigen Frist hat die Gemeinde Mariendorf an die Stadtgemeinde Berlin eine laufende Gebühr nach dem Selbstkostensatze von 5,29 Pf. für jedes Kubikmeter der Abwässer, welche aus dem Gemeindegebiet Mariendorf in das Druckrohr der Kanalisation von Berlin aufgenommen werden, zu entrichten.

Diese Gebühr wird vierteljährlich zu diesem Einheitssatze nach Maßgabe der während desselben Vierteljahres aus dem Gemeindegebiet von Mariendorf in das Druckrohr der Kanalisation von Berlin aufgenommenen Abwässer berechnet.

§ 14.

Auf der Pumpstation von Mariendorf sind nach Ablauf der siebenjährigen Frist (§ 13) Vorrichtungen anzubringen, die es gestatten, die Pumpenleistungen zu messen.

Auch sind Listen, Bücher, Rapporte usw. zu führen, in welche die geförderten Abwässermengen ordnungsmäßig eingetragen werden. Aus diesen Rapporten usw. sind der Stadtgemeinde Berlin alle Vierteljahre beglaubigte Auszüge vorzulegen, auf Grund deren die Gebühr festgesetzt wird.

Der Magistrat von Berlin ist berechtigt, jederzeit die Einrichtung der Pumpstation zu revidieren und die zur Messung der Pumpenleistungen dienenden Vorrichtungen an den Maschinen und die Bücher usw., die hierüber zu führen sind, zu kontrollieren.

Der Magistrat von Berlin ist ferner berechtigt, an dem Marien=
dorfer Anschlußrohr bzw. den Mariendorfer Anschlußröhren einen
bzw. zwei Apparate zur Bestimmung der Abwässermengen auf
Kosten der Gemeinde Mariendorf anzubringen, zu bedienen und zu
unterhalten. Ergibt dieser Apparat, oder ergeben diese Apparate
höhere Zahlen als die Messungen und Buchungen auf der Pump=
station, so gelten die ersteren.

§§ 15 und 16 wie vor S. 91.

§ 17.

Nach Ablauf einer 14jährigen Frist kann die Gemeinde Marien=
dorf jederzeit mit einjähriger Kündigungsfrist, die Stadtgemeinde
Berlin jederzeit mit fünfjähriger Kündigungsfrist von diesem Ver=
trage — Teil II — zurücktreten.

§ 18 und folgende wie bei Tempelhof.

Berlin, den 23. November 1900.

(L. S.)

Magistrat hiesiger Königl. Haupt= und Residenzstadt.

gez. Kirschner.　　Marggraff.

Mariendorf, den 16. Dezember 1900.

Vollzogen auf Grund des Gemeindebeschlusses vom 13. Dezember
1900.

Der Gemeindevorstand.

gez. (Unterschrift), Grothe,

Gemeindevorsteher.　　Schöffe.

(L. S.)

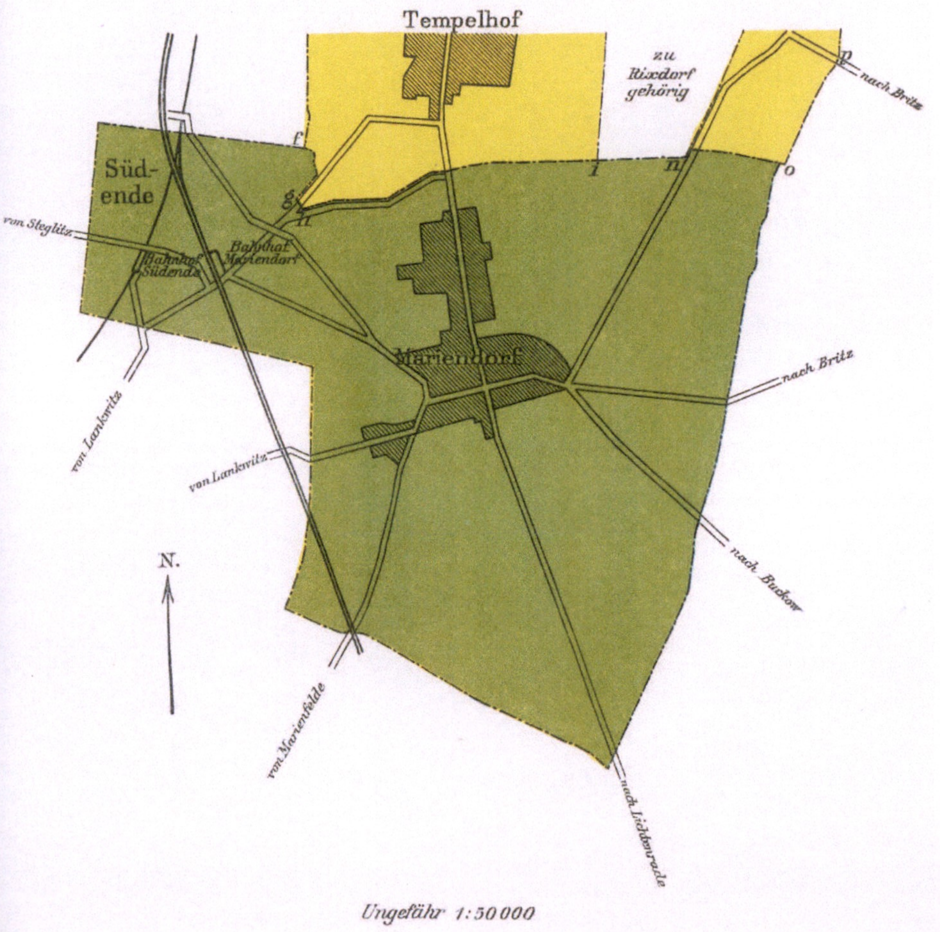

Verlag von Julius Springer in Berlin.

12. Vertrag zwischen der Stadtgemeinde Berlin und der Gemeinde Nieder=Schönhausen:

I. wegen Einlegung eines Druckrohrs der Kanalisation von Berlin in die Bismarckstraße, Kirchplatz, Blankenburger= und Buchholzer Straße innerhalb des Gemeindebezirks Nieder=Schönhausen von der Weichbildgrenze mit Schönholz bis zur Grenze mit der Gemeinde Französisch=Buchholz,

II. wegen Aufnahme der Abwässer aus der Gemeinde Nieder=Schönhausen in das Druckrohr der Kanalisation von Berlin.

I.

§ 1.

Die Gemeinde Nieder = Schönhausen gestattet der Stadtgemeinde Berlin für alle Zeiten die Einlegung eines Druckrohrs der Kanalisation von Berlin von 1,20 m Durchmesser in die Bismarckstraße, Kirchplatz, Blankenburger= und Buchholzerstraße innerhalb des Gemeindebezirks Nieder=Schönhausen von der Weichbildgrenze mit Reinickendorf=Schönholz bis zur Grenze mit der Gemeinde Französisch=Buchholz, sowie die Vornahme etwa erforderlich werdender Reparaturen an diesem Druckrohr.

Für die Durchlegung des Druckrohres durch den forstfiskalischen Teil ist der besondere Vertrag zwischen Forstfiskus und Stadtgemeinde Berlin maßgebend.

§ 2.

Über die Lage des neuen Druckrohrs, den Beginn der Verlegung und den Arbeitsplan bleiben besondere Vereinbarungen zwischen den vertragschließenden Gemeinden vorbehalten, jedoch dürfen Schieber, Lufthähne und sonstige Anlagen, außer einem am Zingergraben vorgesehenen Entleerungsschieber im Gemeindebezirk Nieder=Schönhausen nicht errichtet werden. Diese Bedingung bezieht sich nicht auf den forstfiskalischen Teil des Gemeindebezirks (cfr. § 1 Abf. 2).

§ 3.

Der Rohrgraben muß sorgfältig verfüllt und gut eingestampft werden.

Der überflüssig werdende Boden muß abgefahren werden.

Die Abfuhr des Bodens erfolgt, wenn der Gemeindevorstand von Nieder=Schönhausen es fordert, nach einer von diesem anzuweisenden Stelle bis zu höchstens 300 m von dem umstehend genannten Straßenzuge der Gemeinde Nieder=Schönhausen.

§ 4.

Die Stadtgemeinde Berlin ist verpflichtet, nach Verlegung des Druckrohrs das Straßenpflaster über dem Rohrgraben in seinem jetzigen Zustande wiederherzustellen. Als Zusatzsteine sind neue Spaltsteine oder gleichwertige alte Berliner Kopfsteine zu verwenden.

Erfolgt unmittelbar im Anschluß an die Verlegung des Druck= rohrs die Neupflasterung der Straße, so fällt diese Verpflichtung fort.

§ 5.

Treten infolge Verlegung des Druckrohrs Versackungen über und neben dem Druckrohr ein, so ist die Stadtgemeinde Berlin auf die Dauer von 5 Jahren, von der Beendigung der Verlegung des Druckrohrs im Gemeindegebiet Nieder=Schönhausen ab gerechnet, verpflichtet, den Straßenkörper über dem Druckrohr in einer Breite von 2,5 m auf ihre Kosten wiederherzustellen oder die Wiederher= stellungskosten der Gemeinde Nieder=Schönhausen zu erstatten.

§ 6.

Die Stadtgemeinde Berlin hat die Gemeinde Nieder=Schön= hausen bezüglich aller Ansprüche wegen eingetretener Unfälle, Nachteile und Beschädigungen, welche dem öffentlichen Verkehr infolge unterlassener oder mangelhafter Sicherungsmaßregeln bei der Herstellung des Rohrgrabens und Verlegung des Druckrohrs entstehen sollten, zu vertreten und für alle hieraus und aus der etwa stattgehabten Beschränkung oder Störung des Verkehrs auf der Straße und den anliegenden Grundstücken sich ergebenden An= sprüche einzustehen. Die Stadtgemeinde Berlin hat ferner alle durch Verlegung des Druckrohrs notwendig werdenden Änderungen an bereits in und auf dem Straßenkörper vorhandenen Anlagen jeder Art auf ihre Kosten zu bewirken und haftet für alle an diesen An= lagen durch die Verlegung des Druckrohrs etwa eintretenden Be= schädigungen oder Störungen.

II.

§ 7.

Die Stadtgemeinde Berlin gestattet der Gemeinde Nieder= Schönhausen die Ableitung der Abwässer — bestehend in den un= reinen Haus=, Wirtschafts= und Klosettwässern, sowie von Fabrik=

abwässern, ausschließlich des Niederschlagswassers und der reinen
Fabrikwässer—in das 1,2 m weite Druckrohr der Kanalisation von
Berlin für den Gemeindebezirk Nieder-Schönhausen, ausschließlich
des Gutsbezirks Nieder-Schönhausen. In dem angehefteten Plan
ist der anzuschließende Gebietsteil von Nieder-Schönhausen mit den
Buchstaben A—P bezeichnet und rot umrändert.

Die Ableitung der Abwässer kann nach Inbetriebsetzung des
neuen Berliner Druckrohrs beginnen. Diese Inbetriebsetzung hat
vor Ablauf von vier Jahren, vom Tage der Ausfertigung dieses
Vertrages ab gerechnet, zu erfolgen.

§ 8.

Die im § 7 bezeichneten Abwässer werden einer Pumpstation
der Gemeinde Nieder-Schönhausen zugeführt und von dort durch
besondere Pumpmaschinen mittels einer eisernen Druckrohrleitung,
deren lichte Weite das Maß von 200 mm nicht übersteigen darf,
in das Druckrohr der Kanalisation von Berlin (§ 7) gedrückt. Das
Projekt für die Pumpstation sowie für die Anschlußleitung unterliegt der Genehmigung der Stadtgemeinde Berlin. Auf Wunsch der
Gemeinde Nieder-Schönhausen erfolgt dieser Anschluß an das Druckrohr an einer oder zwei Stellen.

Die Gemeinde Nieder-Schönhausen ist verpflichtet, die Anschlußstelle oder die Anschlußstellen vor der Verlegung dieses Druckrohrs der Stadtgemeinde Berlin anzugeben. Die Kosten für die Herstellung, der Zuleitungen zu der vorgedachten Pumpstation, sowie
für die Herstellung, den Betrieb und die Unterhaltung der zur Einführung der Abwässer von Nieder-Schönhausen in das Druckrohr der
Kanalisation von Berlin erforderlichen Einrichtungen trägt die
Gemeinde Nieder-Schönhausen.

§ 9.

Die Herstellung der Verbindung oder Verbindungen des Nie-
der-Schönhausener Druckrohrs mit dem Berliner Druckrohr (§ 8)
erfolgt unter Kontrolle der Organe der Stadtgemeinde Berlin.
Von dem Beginn dieser Arbeiten und der Inbetriebsetzung der Ein-
richtungen sowie den etwaigen baulichen Veränderungen an den
Einrichtungen der Pumpstation und an der Verbindung oder den
Verbindungen der Druckrohrleitungen ist dem Direktor der Berliner
Kanalisationswerke drei Tage vorher schriftlich Anzeige zu erstatten.

§ 10.

Bei Reparaturen des Druckrohrs der Kanalisation von Berlin, sowie aus jedem anderen Grunde, welcher die Stadtgemeinde Berlin selbst am Pumpenbetrieb hindert, muß sich die Gemeinde Nieder-Schönhausen die Sperrung ihres Anschlußrohres oder ihrer Anschlußrohre ohne Anspruch auf Entschädigung gefallen lassen.

Die Gemeinde Nieder-Schönhausen ist in solchen Fällen verpflichtet, für anderweite Unterbringung ihrer Abwässer durch geeignete Vorrichtungen selbst Sorge zu tragen.

§ 11.

Der Gehalt der Abwässer von Nieder-Schönhausen an freien Säuren oder freien Alkalien darf $^1/_{10}$ Proz. nicht übersteigen.

Die Stadtgemeinde Berlin ist berechtigt, jederzeit die chemische Untersuchung der Abwässer auf Kosten der Gemeinde Nieder-Schönhausen vornehmen zu lassen. Diese Kosten dürfen den Betrag von 100 M. jährlich nicht übersteigen.

§ 12.

Das Anschlußgebiet von Nieder-Schönhausen (§ 7) bzw. die in ihm gelegenen Grundstücke, soweit sie zum Anschluß an die Kanalisation von Nieder-Schönhausen gelangen, müssen an eine öffentliche Wasserleitung angeschlossen oder mit einer Bewässerungsanlage versehen sein, welche den für den Betrieb der Hausentwässerung an sie zu stellenden technischen Anforderungen entspricht und für die Dauer dieses Vertrages entsprechend bleibt.

Ob die Bewässerungsanlage den an sie zu stellenden Anforderungen entspricht, entscheidet der Magistrat von Berlin; jedoch kann kein stärkerer Druck in der Wasserleitung gefordert werden, als der in der Berliner Wasserleitung vorhandene mittlere Druck beträgt. Der Magistrat von Berlin ist auch berechtigt, durch seine Beamten die Entwässerungsanlagen innerhalb der angeschlossenen Grundstücke revidieren zu lassen.

§ 13.

Die Gemeinde Nieder-Schönhausen hat für die Aufnahme ihrer Abwässer in das Druckrohr der Kanalisation von Berlin und deren Unterbringung auf den Rieselfeldern auf die Dauer von

10 Jahren, vom Tage der Jnbetriebnahme des Anschlusses ab gerech=
net, keinerlei Abgaben oder Vergütigungen an die Stadtgemeinde
Berlin zu entrichten. Nach Ablauf dieser zehnjährigen Frist hat die
Gemeinde Nieder=Schönhausen an die Stadtgemeinde Berlin eine
laufende, nach dem Selbstkostensatze berechnete Gebühr für jedes
Kubikmeter der Abwässer, welche aus dem angeschlossenen Gebiets=
teile der Gemeinde Nieder=Schönhausen in das Druckrohr der Kana=
lisation von Berlin aufgenommen werden, zu entrichten. Dieser
Selbstkostensatz berechnet sich nach dem z. Zt. des Abschlusses dieses
Vertrages herrschenden Verhältnissen auf 5,14 Pfennig für das
Kubikmeter der Abwässer. Nach Ablauf der vorerwähnten zehnjäh=
rigen Frist und dann in beliebigen Zwischenräumen nach freiem Er=
messen des Magistrats zu Berlin findet eine neue Berechnung des
Selbstkostensatzes nach dem letzten Wirtschaftsjahr statt und wird,
wenn sich dann ein höherer Satz ergibt, dieser höhere Satz statt des
ursprünglich berechneten Satzes von 5,14 Pfennig der von der Ge=
meinde Nieder=Schönhausen zu leistenden Abgabe zugrunde gelegt.

Die Festsetzung eines neuen Einheitssatzes hat jedesmal min=
destens für ein volles Jahr (ab 1. April) Gültigkeit. Die Zahlung
des Kanalisationsbeitrages erfolgt vierteljährlich.

Eine Nachprüfung der Berechnung der Selbstkostensätze steht
der Gemeinde Nieder=Schönhausen nicht zu.

<h2 style="text-align:center">§ 14.</h2>

Auf der Pumpstation von Nieder=Schönhausen sind nach Ablauf
der zehnjährigen Frist (§ 13) Vorrichtungen anzubringen, die es ge=
statten, die Pumpenleistungen zu messen. Auch sind von Beginn der
Jnbetriebsetzung der Pumpstation von Nieder=Schönhausen ab
Listen, Bücher, Rapporte usw. zu führen, in welche die geförderten
Abwässermengen ordnungsmäßig eingetragen werden. Aus diesen
Rapporten usw. sind der Stadtgemeinde Berlin alle Vierteljahre
beglaubigte Auszüge vorzulegen, auf Grund deren die Gebühr fest=
gesetzt wird. Diese Auszüge sind der Stadtgemeinde Berlin auch
schon in den ersten 10 Jahren einzureichen.

Der Magistrat von Berlin ist berechtigt, jederzeit die Einrich=
tung der Pumpstation zu revidieren und die zur Messung der Pum=
penleistungen dienenden Vorrichtungen an den Maschinen und die
Bücher usw., die hierüber zu führen sind, zu kontrollieren.

Der Magistrat von Berlin ist ferner nach Ablauf von 10 Jahren berechtigt, an dem Anschlußrohr bzw. den Anschlußrohren von Nieder-Schönhausen ein bzw. zwei Apparate zur Bestimmung der Abwässermengen auf Kosten der Gemeinde Nieder-Schönhausen anzubringen, auch auf deren Kosten zu bedienen und zu unterhalten. Ergibt dieser Apparat oder ergeben diese Apparate höhere Zahlen als die Messungen und Buchungen auf der Pumpstation, so gelten die ersteren.

§ 15.

Die Gebühr (§ 13) ist für jedes Vierteljahr innerhalb 14 Tagen nach dem Tage fällig, an dem dem Gemeindevorstand von Nieder-Schönhausen die Berechnung des Betrages zugegangen ist.

§ 16.

Nach Ablauf der zehnjährigen Frist (§ 13) kann die Gemeinde Nieder-Schönhausen mit einjähriger Kündigungsfrist von dem Vertrage, Teil II, zurücktreten. Der Stadtgemeinde Berlin steht eine fünfjährige Kündigungsfrist zu, jedoch darf die Kündigung nicht vor Ablauf des 15. Jahres, vom Tage der Aufnahme des Nieder-Schönhausener Kanalisationsbetriebes ab gerechnet, erfolgen.

§ 17.

Innerhalb der ganzen Vertragsdauer (§§ 13 und 16) ist die Stadtgemeinde Berlin zum Rücktritt von diesem Vertrage — Teil II — berechtigt, wenn sie selbst aus nicht vorherzusehenden Gründen zur dauernden Einstellung ihres Druckrohrbetriebes gezwungen sein sollte; ferner, wenn die Gemeinde Nieder-Schönhausen den Vertrag gröblich verletzt oder ihr Kanalisationssystem derart ändert, daß die Abwässer eine zur Aufnahme in das Druckrohr und zur Verwendung auf den Rieselfeldern ungeeignete Beschaffenheit annehmen.

Der Rücktritt kann in diesen Fällen nur nach sechsmonatlicher Kündigung stattfinden.

§ 18.

Die Entscheidung darüber, ob die Abwässer der Gemeinde Nieder-Schönhausen die im § 17 beschriebene Beschaffenheit angenommen haben, oder ob der Vertrag gröblich verletzt ist, steht einem Schiedsgerichte zu.

Additional material from *Kanalisation, Herrschaft Lanke,*

Wasserwerke, Zentrale Buch

ISBN 978-3-662-01796-8 (978-3-662-01796-8_OSFO4.pdf),

is available at http://extras.springer.com

Dieses Schiedsgericht wird in folgender Weise zusammengesetzt:

a) Der Teil, welcher eine Entscheidung des Schiedsgerichts herbeiführen will (Kläger), hat dem Gegenteil (Beklagten) einen Schiedsrichter zu nennen unter gleichzeitiger Aufforderung, innerhalb zweier Wochen dem Kläger den zweiten Schiedsrichter zu nennen. Nach fruchtlosem Ablaufe dieser Frist ernennt Kläger auch den zweiten Schiedsrichter.

b) Beide Schiedsrichter haben innerhalb zweier Wochen nach Aufforderung seitens des Klägers einen Obmann zu wählen und dem Kläger anzuzeigen.

Nach fruchtlosem Ablaufe dieser Frist ernennt ihn auf Anrufen des Klägers das zuständige Gericht, oder, wenn dieses die Ernennung ablehnt, der Oberpräsident der Provinz Brandenburg bzw. von Berlin.

c) Wenn vor ergangener Entscheidung einer der von den Parteien zu ernennenden Schiedsrichter stirbt oder aus einem anderen Grunde wegfällt, oder die Übernahme, die Ausführung des Schiedsrichteramtes verweigert, so hat die Partei, welche ihn ursprünglich zu ernennen hatte, innerhalb zweier Wochen nach der an sie von der Gegenpartei ergangenen Aufforderung der letzteren einen anderen Schiedsrichter zu ernennen. Nach fruchtlosem Ablauf dieser Frist ernennt ihn die Gegenpartei. Wenn vor ergangener Entscheidung der Obmann (§ 18 b) stirbt oder aus einem anderen Grunde wegfällt, oder die Übernahme oder die Ausführung des Obmannsamtes verweigert, so finden zwecks Beschaffung eines Ersatzes die im § 18 b enthaltenen Festsetzungen sinngemäße Anwendung.

d) Im übrigen behält es bei den §§ 1025—1047 der Zivil-Prozeß-Ordnung für das Deutsche Reich sein Bewenden.

Schlußbestimmungen.

§ 19.

Wenn die Stadtgemeinde Berlin den Betrieb des Druckrohrs (§ 1) dauernd einstellen sollte, so ist sie berechtigt, das Druckrohr aus dem Straßenkörper ganz oder teilweise zu entfernen.

Macht sie von diesem Rechte Gebrauch, so ist sie verpflichtet, die Straßenbefestigung auf ihre Kosten wiederherzustellen.

Macht sie von diesem Rechte innerhalb von fünf Jahren nicht Gebrauch, so ist die Gemeinde Nieder-Schönhausen berechtigt, das Druckrohr auf ihre Kosten an den Stellen zu beseitigen, wo es sich bei Ausführung von Bauten seitens der Gemeinde Nieder-Schön= hausen im Straßenkörper für diese Bauten als hinderlich erweist.

§ 20.

Die Stempel dieses Vertrages trägt jeder der beiden vertrag= schließenden Teile zur Hälfte.

Berlin, den 12. März 1902.

Magistrat hiesiger Königl. Haupt= und Residenzstadt.

(L. S.)

gez. Kirschner.   gez. Marggraff.

Nieder-Schönhausen, den 16. November 1901.

Vollzogen auf Grund des Gemeindebeschlusses vom
15. November 1901.

Der Gemeindevorstand.

(L. S.)

gez. Moldenhauer.   Grunow.   Dr. Pratsch.

J.=Nr. 6488.

13. Vertrag zwischen der Stadtgemeinde Berlin und der Gemeinde Treptow wegen Aufnahme der Abwässer aus dem Gemeindegebiet von Treptow in die Kanalisation von Berlin.

§ 1.

Der Magistrat von Berlin gestattet der Gemeinde Treptow die Ableitung der Abwässer, bestehend in den unreinen Haus=, Wirtschafts= und Fabrikabwässern, ausschließlich des Niederschlags= wassers und der reinen Fabrikabwässer, aus dem Gemeindegebiet von Treptow in das Druckrohr VI der Kanalisation von Berlin.

<h2 style="text-align:center">§ 2.</h2>

Die im § 1 bezeichneten Abwäſſer werden auf einer auf Trep=
tower Gebiet gelegenen Pumpſtation geſammelt und von dort
mittels einer eiſernen Druckrohrleitung, deren lichte Weite das
Maß von 500 mm nicht überſteigen darf, in das Druckrohr des
Radialſhſtems VI der Kanaliſation von Berlin gedrückt.

Der Anſchluß des Treptower Druckrohres an das Druck=
rohr VI hat auf Osdorfer Gebiet nach Anweiſung des Magiſtrats
von Berlin zu erfolgen.

<h2 style="text-align:center">§ 3.</h2>

Im übrigen gelten für die Herſtellung der Anlage einerſeits und
die Ableitung der Abwäſſer andererſeits folgende Bedingungen:

1. Das Projekt für die Pumpſtation und die Druckrohr=
   leitung unterliegt der Prüfung und Genehmigung der De=
   putation für die ſtädtiſchen Kanaliſationswerke und Rieſel=
   felder von Berlin.

2. Die Ausführung der Druckrohrleitung, etwaiger Änderun=
   gen und Reparaturen an derſelben, die Herſtellung, der
   Betrieb und die Unterhaltung der zur Einführung der
   Abwäſſer von Treptow in das Druckrohr VI der Kanaliſa=
   tion von Berlin erforderlichen Einrichtungen einſchließlich
   der Pumpſtation, erfolgt durch die Gemeinde Treptow auf
   ihre Koſten, dagegen wird der Einbau der Anſchlußgabel mit
   Abſperrſchieber durch den Magiſtrat von Berlin auf Koſten
   der Gemeinde Treptow bewirkt.

3. Die Herſtellung der Verbindung des Treptower Druckrohrs
   mit dem Druckrohr VI der Kanaliſation von Berlin erfolgt
   ſeitens der Gemeinde Treptow unter Kontrolle der Organe
   der Stadtgemeinde Berlin. Von dem Beginn dieſer Arbei=
   ten und der Inbetriebſetzung der Einrichtungen ſowie den
   etwaigen baulichen Veränderungen an den Einrichtungen
   der Pumpſtation und an der Verbindung der Druckrohr=
   leitungen iſt dem Direktor der Berliner Kanaliſations=
   werke 3 Tage vorher ſchriftlich Anzeige zu erſtatten.

4. Bei Reparaturen des Druckrohrs der Kanaliſation von
   Berlin ſowie aus jedem anderen Grunde, welcher die Stadt=
   gemeinde Berlin ſelbſt am Pumpenbetriebe hindert, muß ſich

die Gemeinde Treptow die Sperrung ihres Druckrohres ohne Anspruch auf Entschädigung gefallen lassen.

Die Gemeinde Treptow ist in solchen Fällen verpflichtet, für anderweite Unterbringung ihrer Abwässer durch geeignete Vorrichtungen selbst Sorge zu tragen.

5. Der Gehalt der Abwässer von Treptow an freien Säuren oder an freien Alkalien darf ¹⁄₁₀ Proz. nicht überschreiten.

6. Der Magistrat von Berlin ist berechtigt, jederzeit die chemische Untersuchung der Abwässer auf Kosten der Gemeinde Treptow zu verlangen oder selbst auf Kosten der Gemeinde Treptow vornehmen zu lassen. Diese Kosten dürfen den Betrag von 100 M. jährlich nicht übersteigen.

§ 4.

Das Anschlußgebiet von Treptow bzw. die in ihm gelegenen Grundstücke, soweit sie zum Anschlusse an die Kanalisation von Treptow gelangen, müssen an die Berliner Wasserleitung angeschlossen oder mit einer Bewässerungsanlage versehen sein, welche den für den Betrieb der Haus= und Straßenentwässerung an sie zu stellenden technischen Anforderungen entspricht und für die Dauer dieses Vertrages entsprechend bleibt.

Ob die Bewässerungsanlage den an sie zu stellenden Anforderungen entspricht, entscheidet der Magistrat von Berlin. Letzterer ist auch berechtigt, durch seine Beamten die Entwässerungsanlagen innerhalb der angeschlossenen Grundstücke revidieren zu lassen.

§ 5.

a) Für die Mitbenutzung des Druckrohrs der Berliner Kanalisationswerke und die Unterbringung der Abwässer auf den Rieselfeldern hat die Gemeinde Treptow an die Stadtgemeinde Berlin eine laufende Gebühr von 3 Pf., in Worten: „drei Pfennig", für jedes Kubikmeter der Abwässer, welche aus dem angeschlossenen Gemeindegebiet von Treptow in das Druckrohr der Kanalisation von Berlin aufgenommen werden, zu entrichten. Mindestens sind jedoch pro Jahr 5000 M., in Worten: „Fünftausend Mark", zu ahlen.

b) Nach Ablauf von 5 Jahren nach erfolgter Inbetriebsetzung des Anschlusses von Treptow an die Berliner Kanalisation und dann in beliebigen Zwischenräumen nach freiem Ermessen des

Magistrats von Berlin findet eine neue Berechnung des Gebühren=
satzes zu a nach dem letzten Wirtschaftsjahr statt und wird, wenn
sich dann ein höherer Satz ergibt, dieser höhere Satz statt des jetzt
vereinbarten Satzes von 3 Pf., in Worten: „drei Pfennig", der
von der Gemeinde Treptow zu leistenden Abgabe zugrunde gelegt.

c) Die Festsetzung eines neuen Einheitssatzes hat jedesmal
mindestens für ein volles Jahr (ab 1. April) Gültigkeit.

d) Auf der Treptower Pumpstation sind vom Beginn der In=
betriebsetzung derselben ab Vorrichtungen anzubringen und zu
unterhalten, die es gestatten, die Pumpenleistungen zu messen;
ebenso sind Listen, Bücher, Rapporte usw. zu führen, in welche die
geförderten Abwässermengen ordnungsmäßig eingetragen werden.
Aus diesen Rapporten usw. sind dem Magistrat von Berlin alle
Vierteljahre beglaubigte Auszüge vorzulegen, auf Grund deren
die Gebühr festgesetzt wird.

Der Magistrat von Berlin, bzw. der von ihm Beauftragte ist
berechtigt, jederzeit sowohl die Einrichtung der Pumpstation als
auch die zur Messung der Pumpenleistungen dienenden Vorrich=
tungen an den Maschinen und die Bücher usw., die hierüber zu
führen sind, zu kontrollieren.

Der Magistrat von Berlin ist ferner berechtigt, an dem An=
schlußrohr von Treptow einen Apparat zur Bestimmung der Ab=
wässermengen auf Kosten der Gemeinde Treptow anzubringen,
auch auf deren Kosten zu bedienen und zu unterhalten. Ergibt
dieser Apparat höhere Zahlen, als die Messungen und Buchungen
auf der Pumpstation ergeben, so gelten die ersteren.

e) Die Gebühr ist für jedes Vierteljahr innerhalb 14 Tagen
nach dem Tage fällig, an dem dem Gemeindevorstande von
Treptow die Berechnung des Betrages zugegangen ist.

f) Eine Nachprüfung der Berechnung des Einheitssatzes der
Gebühr steht der Gemeinde Treptow nicht zu.

§ 6.

Der Magistrat von Berlin behält sich das Recht vor, von der
Gemeinde Treptow auf deren Kosten die Verlängerung ihres
Druckrohrs bis zu einem innerhalb der Feldmark Großbeeren ge=
legenen noch näher zu bestimmenden Punkte zu verlangen. Die

Ausführung hat derart zu geschehen, daß von diesem Punkte die Berieselung direkt stattfinden kann und somit eine Mitbenutzung des Berliner Druckrohrs nicht eintritt. In diesem Falle ermäßigt sich die im § 5 vorgeschriebene Gebühr von drei Pfennig auf zwei Pfennig. Im übrigen bleiben die Bestimmungen des § 5 bestehen.

§ 7.

Die Gemeinde Treptow verpflichtet sich, bei Aufstellung oder Veränderung von Bebauungsplänen sich mit dem Magistrat von Berlin zu verständigen, sofern Grundeigentum der Stadtgemeinde Berlin in Frage steht.

§ 8.

Die Stadtgemeinde Berlin behält sich das Recht vor, den Vertrag jederzeit nach sechsmonatlicher Kündigung aufzuheben, wenn

1. die Stadt Berlin diejenigen Rieselflächen, welche zur Aufnahme der Treptower Abwässer bestimmt sind, für ihren eigenen Rieselbetrieb nicht mehr benutzt;
2. die Gemeinde Treptow die in diesem Vertrage getroffenen Bestimmungen nicht innehält, bzw. den Vertrag gröblich verletzt;
3. die Gemeinde Treptow ihr Kanalisationssystem derart ändert, daß die Abwässer eine zur Aufnahme in das Druckrohr VI und zur Verwendung auf den Rieselfeldern ungeeignete Beschaffenheit annehmen.

Außerdem steht der Stadtgemeinde Berlin das Recht zu, nach Ablauf einer zehnjährigen Frist, gerechnet von der Inbetriebsetzung des Anschlußrohrs, jederzeit mit fünfjähriger Kündigungsfrist von diesem Vertrage zurückzutreten, sofern die Gemeinde Treptow ganz oder teilweise mit einer anderen Gemeinde vereinigt wird.

Der Gemeinde Treptow wird das Recht vorbehalten, von diesem Vertrage nach Ablauf von 5 Jahren nach sechsmonatlicher Kündigung zurückzutreten.

§ 9.

Die Gemeinde Treptow ist verpflichtet, das Anschlußrohr innerhalb einer Frist von 5 Jahren nach Abschluß des Vertrages in Betrieb zu setzen, widrigenfalls der Vertrag erlischt.

Additional material from *Kanalisation, Herrschaft Lanke, Wasserwerke, Zentrale Buch*

ISBN 978-3-662-01796-8 (978-3-662-01796-8_OSFO5.pdf), is available at http://extras.springer.com

§ 10.

Die Entscheidung darüber, ob nach Nr. 2 und 3 des § 8 dieses Vertrages die Gemeinde Treptow den Vertrag nicht eingehalten hat, oder ob die Abwässer von Treptow eine nicht angemessene Beschaffenheit angenommen haben, steht einem Schiedsgericht zu.

Dieses Schiedsgericht wird in folgender Weise zusammengesetzt:

a) Der Teil, welcher eine Entscheidung des Schiedsgerichts herbeiführen will (Kläger), hat dem Gegenteil (Beklagten) einen Schiedsrichter zu nennen unter gleichzeitiger Aufforderung, innerhalb zweier Wochen dem Kläger den zweiten Schiedsrichter zu nennen. Nach fruchtlosem Ablaufe dieser Frist ernennt Kläger auch den zweiten Schiedsrichter.

b) Beide Schiedsrichter haben innerhalb zweier Wochen nach Aufforderung seitens des Klägers einen Obmann zu wählen und dem Kläger anzuzeigen. Nach fruchtlosem Ablaufe dieser Frist ernennt ihn auf Anrufen des Klägers das zuständige Gericht oder, wenn dieses die Ernennung ablehnt, der Oberpräsident der Provinz Brandenburg, bzw. von Berlin.

c) Wenn vor ergangener Entscheidung einer der von den Parteien zu ernennenden Schiedsrichter stirbt oder aus einem anderen Grunde wegfällt, oder die Übernahme, oder die Ausführung des Schiedsrichteramtes verweigert, so hat die Partei, welche ihn ursprünglich zu ernennen hatte, innerhalb zweier Wochen nach der an sie von der Gegenpartei ergangenen Aufforderung der letzteren einen anderen Schiedsrichter zu nennen. Nach fruchtlosem Ablaufe dieser Frist ernennt ihn die Gegenpartei.

d) Wenn vor ergangener Entscheidung der Obmann (§ 10 b) stirbt, oder aus einem anderen Grunde wegfällt, oder die Übernahme oder die Ausführung des Obmannsamtes verweigert, so finden zwecks Beschaffung eines Ersatzes die im § 10 b enthaltenen Festsetzungen sinngemäße Anwendung.

e) Im übrigen behält es bei den §§ 1025—1047 der Zivilprozeßordnung für das Deutsche Reich sein Bewenden.

§ 11.

Sollte dieser Vertrag aufgehoben werden, so ist die Gemeinde Treptow verpflichtet, der Stadtgemeinde Berlin die ihr durch Änderungen an der Anschlußstelle des Treptower Druckrohrs an das Berliner Druckrohr erwachsenden Kosten zu erstatten.

§ 12.

Den Stempel dieses Vertrages trägt jeder der beiden vertragschließenden Teile zur Hälfte.

Berlin, den 2. März 1903.

(L. S.)

Magistrat hiesiger Königl. Haupt= und Residenzstadt.

gez. Kirschner.　　Marggraff.

Vollzogen auf Grund des Beschlusses der Gemeindevertretung vom 30. Januar 1903.

Treptow, den 10. März 1903.

Der Gemeindevorstand.

(L. S.)

gez. Schablow,　　Dr. B. Genz,

Gemeindevorsteher　　Schöffe.

Vorstehender Vertrag wird genehmigt.

Berlin, den 28. März 1903.

Der Kreisausschuß des Kreises Teltow.

(L. S.)

gez. v. Achenbach.

---

14. Vertrag zwischen der Stadtgemeinde Berlin und der Gemeinde Rosenthal.

I. a) Wegen Beibehaltung eines Druckrohrs der Kanalisation von Berlin in dem Schönholzer Wege in der Hauptstraße und Dorfstraße innerhalb des Gemeindebezirks Rosenthal von der Weichbildgrenze mit Nieder=Schönhausen bis zur Grenze mit der Gemeinde Blankenfelde.

b) Wegen Einlegung neuer Leitungen irgendwelcher Art — einerlei ob Kanalisations-, Gas- oder Wasserleitungen innerhalb der Straßen des ganzen jeweiligen Gemeindegebietes Rosenthal.

II. Wegen Aufnahme der Abwässer aus der Gemeinde Rosenthal in das Druckrohr der Kanalisation von Berlin oder direkt auf die Rieselfelder der Stadt Berlin.

Teil I.

§ 1.

Die Gemeinde Rosenthal gestattet der Stadtgemeinde Berlin für alle Zeiten die Beibehaltung eines Druckrohrs der Kanalisation von Berlin von 1,00 m Durchmesser in dem Schönholzer Wege, der Hauptstraße und in der Dorfstraße innerhalb des Gemeindebezirks Rosenthal von der Weichbildgrenze mit Nieder-Schönhausen bis zur Grenze mit dem Gute Blankenfelde bzw. Rosenthal, sowie die Vornahme etwa erforderlich werdender Reparaturen an diesem Druckrohr.

Die Gemeinde Rosenthal gestattet ferner für alle Zeiten der Stadtgemeinde Berlin die Einlegung neuer Leitungen irgendwelcher Art, z. B. Kanalisations-, Gas- oder Wasserleitungen innerhalb der Straßen, Wege und Plätze des Gemeindegebietes Rosenthal, sowie die Vornahme etwa erforderlich werdender Reparaturen an diesen Leitungen.

Die Stadtgemeinde Berlin ist berechtigt, die von ihr nach Rosenthaler Gebiet gelegten oder noch zu legenden Rohrleitungen auch zur Ableitung von Abwässern aus Gebietsteilen von fremden Gemeinden zu benutzen, mit denen sie im Vertragsverhältnis steht.

§ 2.

Über die Lage der neuen Leitungen, den Beginn der Verlegung und den Arbeitsplan bleiben besondere Vereinbarungen zwischen den vertragschließenden Gemeinden vorbehalten, desgleichen auch die näheren Bestimmungen über die Arbeitsausführung, Unterhaltung des Pflasters, Sicherheitsmaßregeln, Berücksichtigung vorhandener ähnlicher Anlagen der Gemeinde usw. Im allgemeinen soll ein eventuell herzustellendes neues städtisches Druckrohr derart verlegt werden, daß seine Oberkante 1 m unter Terrain liegt.

Kommt eine Vereinbarung nicht zustande, so soll ein Schieds=
gericht entscheiden, dessen Zusammensetzung sich nach § 15 dieses
Vertrages regelt.

§ 3.

Die Gemeinde Rosenthal übernimmt für alle Zeiten die
Unterhaltung und Räumung der in dem Wege von Schönholz
nach Rosenthal und der Hauptstraße befindlichen, unter dem
Druckrohr VIII bückerartig gestalteten Durchlässe.

Teil II.

§ 4.

Die Stadtgemeinde Berlin gestattet der Gemeinde Rosenthal
die Ableitung der Abwässer — bestehend in den unreinen Haus=,
Wirtschafts= und Klosettwässern, sowie von Fabrikabwässern, aus=
schließlich des Niederschlagswassers und der reinen Fabrikwässer,
in das 1,0 m weite Druckrohr der Kanalisation von Berlin für den
ganzen Gemeindebezirk Rosenthal oder direkt auf die Rieselfelder
der Stadt Berlin.

Die Ableitung der Abwässer kann nach Fertigstellung der
Pumpstation in Rosenthal beginnen.

Die gesamte, aus einem Fabrikgrundstück zum Abfluß in die
Kanalisation gelangende Wassermenge darf 0,75 Sek./Liter pro
ha zu keiner Zeit überschreiten.

Der Gemeinde Rosenthal wird das Recht zur Spülung ihrer
Leitungen aus dem sogenannten Meierschen See zugestanden.

§ 5.

Die im § 4 bezeichneten Abwässer werden von der Pump=
station der Gemeinde Rosenthal durch besondere Pumpmaschinen
mittels einer eisernen Druckrohrleitung, deren lichte Weite das
Maß von 200 mm nicht übersteigen darf, nach Wahl des Magi=
strats in das Druckrohr oder ein Verteilungsrohr der Kanalisation
von Berlin (§ 7) gedrückt, oder durch besondere Leitung, deren
Durchmesser noch zu vereinbaren ist, direkt nach den Berliner
Rieselfeldern geführt.

Das Projekt für die Pumpstation sowie für die Anschluß=
leitung unterliegt der Genehmigung der Stadtgemeinde Berlin.

Auf Wunsch der Gemeinde Rosenthal erfolgt dieser Anschluß an das Druckrohr an einer oder zwei Stellen.

Legt die Stadtgemeinde ein zweites Druckrohr durch das Gemeindegebiet (vgl. § 13 Abs. 2), so ist auf Verlangen der Gemeinde ein weiterer Anschluß der Rosenthaler Pumpstation auch an dieses Druckrohr zu gewähren. Der Anschluß ist jedoch nur ein Reserveanschluß und nur für den Fall zu benutzen, daß das andere Druckrohr oder dessen Rosenthaler Zuleitung defekt und unbenutzbar sein sollte.

Die Gemeinde Rosenthal ist verpflichtet, die Anschlußstelle oder die Anschlußstellen der Stadtgemeinde Berlin anzugeben. Die Kosten für die Herstellung der Zuleitungen zu der vorgedachten Pumpstation, sowie für die Herstellung, den Betrieb und die Unterhaltung der zur Einführung der Abwässer von Rosenthal in das Druckrohr der Kanalisation von Berlin erforderlichen Einrichtungen trägt die Gemeinde Rosenthal; desgleichen auch die etwaigen Änderungen an den Verteilungsdruckrohrleitungen und den aptierten Anlagen auf den Rieselfeldern, falls auf letztere direkt von Rosenthal gepumpt wird.

<h2 style="text-align:center">§ 6.</h2>

Die Herstellung der Verbindung oder Verbindungen des Rosenthaler Druckrohrs mit dem Berliner Druckrohr (§ 5) erfolgt unter Kontrolle der Organe der Stadtgemeinde Berlin. Von dem Beginn dieser Arbeiten und der Inbetriebsetzung der Einrichtungen, sowie den etwaigen baulichen Veränderungen an den Einrichtungen der Pumpstation und an der Verbindung oder den Verbindungen der Druckrohrleitungen ist dem Direktor der Berliner Kanalisationswerke drei Tage vorher schriftlich Anzeige zu erstatten.

<h2 style="text-align:center">§ 7.</h2>

Bei Reparaturen des Druckrohrs der Kanalisation von Berlin sowie aus jedem anderen Grunde, welcher die Stadtgemeinde Berlin selbst am Pumpbetrieb hindert, muß sich die Gemeinde Rosenthal die Sperrung ihres Anschlusses oder ihrer Anschlußrohre ohne Anspruch auf Entschädigung gefallen lassen.

Die Gemeinde Rosenthal ist in solchen Fällen verpflichtet, für anderweite Unterbringung ihrer Abwässer durch geeignete Vorrichtungen selbst Sorge zu tragen.

§ 8.

Der Gehalt der Abwäſſer von Roſenthal an freien Säuren oder freien Alkalien darf ¹⁄₁₀ Proz. nicht überſteigen.

Die Stadtgemeinde Berlin iſt berechtigt, jederzeit die chemiſche Unterſuchung der Abwäſſer auf Koſten der Gemeinde Roſenthal vornehmen zu laſſen. Dieſe Koſten dürfen den Betrag von 100 M. jährlich nicht überſteigen.

§ 9.

Das Anſchlußgebiet von Roſenthal (§ 4) bzw. die in ihm gelegenen Grundſtücke, ſoweit ſie zum Anſchluß an die Kanaliſation von Roſenthal gelangen, müſſen an eine öffentliche Waſſerleitung angeſchloſſen oder mit einer Bewäſſerungsanlage verſehen ſein, welche den für den Betrieb der Hausentwäſſerung an ſie zu ſtellenden techniſchen Anforderungen entſpricht und für die Dauer dieſes Vertrages entſprechend bleibt.

Ob die Bewäſſerungsanlage den an ſie zu ſtellenden Anforderungen entſpricht, entſcheidet der Magiſtrat von Berlin; jedoch kann kein ſtärkerer Druck in der Waſſerleitung gefordert werden, als der in der Berliner Waſſerleitung vorhandene mittlere Druck beträgt. Der Magiſtrat von Berlin iſt auch berechtigt, durch ſeine Beamten die Entwäſſerungsanlagen innerhalb der angeſchloſſenen Grundſtücke revidieren zu laſſen.

§ 10.

Die Gemeinde Roſenthal hat für die Aufnahme ihrer Abwäſſer in das Druckrohr der Kanaliſation von Berlin und deren Unterbringung auf den Rieſelfeldern auf die Dauer von 10 Jahren vom Tage der Jnbetriebnahme des Anſchluſſes ab gerechnet, keinerlei Abgaben oder Vergütungen an die Stadtgemeinde Berlin zu entrichten. Nach Ablauf dieſer zehnjährigen Friſt hat die Gemeinde Roſenthal an die Stadtgemeinde Berlin eine laufende, nach dem Selbſtkoſtenſatze unter Zuſchlag von 10 Proz. berechnete Gebühr für jedes Kubikmeter der Abwäſſer, welche aus dem angeſchloſſenen Gebietsteile der Gemeinde Roſenthal an das Druckrohr der Kanaliſation von Berlin aufgenommen werden, zu entrichten. Der Selbſtkoſtenſatz wird nach Ablauf der 10 Jahre berechnet aus den für die Kanaliſationswerke und Rieſelfelder des Radialſyſtems VIII/IX außer den Straßenleitungen aufgewendeten Anlagekosten und den laufenden Verwaltungs= und Betriebskosten einerseits und der aus Rosenthal zugeführten Abwässermenge andererseits. Der sich ergebende Einheits=satz wird in beliebigen Zwischenräumen nach freiem Ermessen des Magistrats zu Berlin aufs Neue berechnet und falls sich ein anderer Satz ergeben sollte, wird dieser neue Satz dann der von der Gemeinde Rosenthal zu zahlenden Abgabe zugrunde gelegt, jedoch hat die Fest=setzung der Abgabe stets für ein volles Etatsjahr zu erfolgen. Die Zahlung des Kanalisationskostenbeitrages erfolgt vierteljährlich.

Eine Nachprüfung der Berechnung der Selbstkostensätze steht der Gemeinde Rosenthal nicht zu.

Sollten die Rosenthaler Abwässer statt in das Berliner Druck=rohr direkt auf die Berliner Rieselfelder gepumpt werden, so muß Rosenthal außer den etwaigen Kosten für die an den Berliner Ka=nalisationsanlagen zur Aufnahme der Rosenthaler Abwässer nöti=gen Umänderungen (vgl. § 7) nach Ablauf der Freijahre die übliche Pacht für die Rieselfelder tragen.

Die Größe der Pachtfläche wird bemessen unter Zugrunde=legung von 10 000 cbm pro ha und Jahr, so daß z. B. bei 500 cbm täglicher Förderung eine Fläche verpachtet würde von $\frac{500 \cdot 365}{10\,000} =$ 18,25 ha. Eine Abänderung dieses Grundsatzes behält sich der Magistrat von Berlin nach Maßgabe der für die städtische Riesel=felderverwaltung überhaupt geltenden Sätze vor.

Die Festsetzung soll alljährlich nach dem Jahresdurchschnitt erfolgen.

<h2 style="text-align:center">§ 11.</h2>

Auf der Pumpstation von Rosenthal sind nach Ablauf der zehn=jährigen Frist (§ 13) Vorrichtungen anzubringen, die es gestatten, die Pumpenleistungen zu messen. Auch sind vor Beginn der Inbe=triebsetzung der Pumpstation von Rosenthal ab Listen, Bücher, Rapporte usw. zu führen, in welche die geförderten Abwässermen=gen ordnungsmäßig eingetragen werden. Aus diesen Rapporten usw. sind der Stadt Berlin alle Vierteljahre beglaubigte Auszüge vorzulegen, auf Grund deren die Gebühr festgesetzt wird. Diese Auszüge sind der Stadtgemeinde Berlin auch schon in den ersten 10 Jahren einzureichen.

Der Magiſtrat von Berlin iſt berechtigt, jederzeit die Einrich=
tung der Pumpſtation zu revidieren und die zur Meſſung der Pum=
penleiſtungen dienenden Vorrichtungen an den Maſchinen und die
Bücher uſw., die hierüber zu führen ſind, zu kontrollieren.

Der Magiſtrat von Berlin iſt ferner nach Ablauf von 10 Jahren
berechtigt, an dem Anſchlußrohr bzw. den Anſchlußrohren von
Roſenthal die nach dem Ermeſſen des Magiſtrats erforderlichen
Apparate zur Beſtimmung der Abwäſſermengen auf Koſten der
Gemeinde Roſenthal anzubringen, auch auf deren Koſten zu be=
dienen und zu unterhalten. Ergibt dieſer Apparat oder ergeben
dieſe Apparate höhere Zahlen als die Meſſungen und Buchungen
auf der Pumpſtation, ſo gelten die erſteren.

§ 12.

Die Gebühr (§ 10) iſt für jedes Vierteljahr innerhalb 14 Tagen
nach dem Tage fällig, an dem dem Gemeindevorſtand von Roſenthal
die Berechnung des Betrages zugegangen iſt.

§ 13.

Nach Ablauf der 10jährigen Friſt (§ 10) kann die Gemeinde
Roſenthal mit einjähriger Kündigungsfriſt von dem Vertrage
Teil II zurücktreten. Der Stadtgemeinde Berlin ſteht eine dreijäh=
rige Kündigungsfriſt zu, jedoch darf die Kündigung nicht vor Ablauf
des 17. Jahres, vom Tage der Aufnahme des Roſenthaler Kanali=
ſationsbetriebes ab gerechnet, erfolgen.

§ 14.

Innerhalb der ganzen Vertragsdauer (§§ 10 u. 13) iſt die Stadt=
gemeinde Berlin zum Rücktritt von dieſem Vertrage — Teil II —
berechtigt, wenn ſie ſelbſt aus nicht vorherzuſehenden Gründen zur
dauernden Einſtellung ihres Druckrohrbetriebes gezwungen ſein
ſollte, ferner wenn die Gemeinde Roſenthal den Vertrag gröblich
verletzt oder ihr Kanaliſationsſyſtem derart ändert, daß die Ab=
wäſſer eine zur Aufnahme in das Druckrohr und zur Verwendung
auf den Rieſelfeldern ungeeignete Beſchaffenheit annehmen.

Der Rücktritt kann in dieſen Fällen nur nach ſechsmonatlicher
Kündigung ſtattfinden.

§ 15.

Die Entscheidung darüber, ob die Abwässer der Gemeinde Rosenthal die im § 14 beschriebene Beschaffenheit angenommen haben, oder ob der Vertrag gröblich verletzt ist, steht einem Schieds= gericht zu.

Dieses Schiedsgericht wird in folgender Weise zusammen= gesetzt:

a) der Teil, welcher eine Entscheidung des Schiedsgerichts her= beiführen will (Kläger), hat dem Gegenteil (Beklagten) einen Schiedsrichter zu nennen unter gleichzeitiger Auffor= derung, innerhalb zweier Wochen dem Kläger den zweiten Schiedsrichter zu nennen. Nach fruchtlosem Ablaufe dieser Frist ernennt Kläger auch den zweiten Schiedsrichter.

b) Beide Schiedsrichter haben innerhalb zweier Wochen nach Aufforderung seitens des Klägers einen Obmann zu wählen und dem Kläger anzuzeigen.

   Nach fruchtlosem Ablaufe dieser Frist ernennt ihn auf Anrufen des Klägers das zuständige Gericht, oder, wenn dieses die Ernennung ablehnt, der Oberpräsident der Pro= vinz Brandenburg, bzw. von Berlin.

c) Wenn vor ergangener Entscheidung einer der von den Par= teien zu ernennenden Schiedsrichter stirbt oder aus einem an= deren Grunde wegfällt, oder die Übernahme, die Ausführung des Schiedsrichteramtes verweigert, so hat die Partei, welche ihn ursprünglich zu ernennen hatte, innerhalb zweier Wochen nach der an sie von der Gegenpartei ergangenen Aufforderung der letzteren einen anderen Schiedsrichter zu ernennen. Nach fruchtlosem Ablaufe dieser Frist ernennt ihn die Gegenpartei. Wenn vor ergangener Entscheidung der Obmann (§ 15b) stirbt oder aus einem anderen Grunde wegfällt, oder die Übernahme oder die Ausführung des Obmannsamtes ver= weigert, so finden zwecks Beschaffung eines Ersatzes die im § 15 b enthaltenen Festsetzungen sinngemäße Anwendung.

d) Im übrigen behält es bei den §§ 1025—1047 der Zivilprozeß= ordnung für das Deutsche Reich sein Bewenden.

Schlußbestimmungen.

§ 16.

Die Stempel dieses Vertrages trägt jeder der beiden vertrag=
schließenden Teile zur Hälfte.

§ 17.

Wenn die Stadtgemeinde Berlin den Betrieb des Druckrohrs
(§ 1) dauernd einstellen sollte, so ist sie berechtigt, das Druckrohr
aus dem Straßenkörper ganz oder teilweise zu entfernen.

Macht sie von diesem Rechte Gebrauch, so ist sie verpflichtet, die
Straßenbefestigung auf ihre Kosten wiederherzustellen.

Macht sie von diesem Rechte innerhalb von 5 Jahren nicht Ge=
brauch, so ist die Gemeinde Rosenthal berechtigt, das Druckrohr auf
ihre Kosten an den Stellen zu beseitigen, wo es sich bei Ausführung
von Bauten seitens der Gemeinde Rosenthal im Straßenkörper für
diese Bauten als hinderlich erweist.

Berlin, den 13. Mai 1907.

Magiftrat hiesiger Königl. Haupt= und Residenzstadt.

(L. S.)

gez. Kirschner.   gez. Marggraff.

Rosenthal, den 30. April 1907.

Auf Grund des Gemeindebeschlusses vom heutigen Tage vollzogen.

Der Gemeindevorstand.

(L. S.)

gez. Schmidt,   gez. Schmidt,
Gemeindevorsteher.   Schöffe.

Verhandelt.

Berlin, am 4. Dezember 1911.

Vor dem unterzeichneten, zu Berlin wohnhaften Notar im
Bezirk des Königlichen Kammergerichts zu Berlin
Justizrat Robert Liebenthal
erschienen heute:

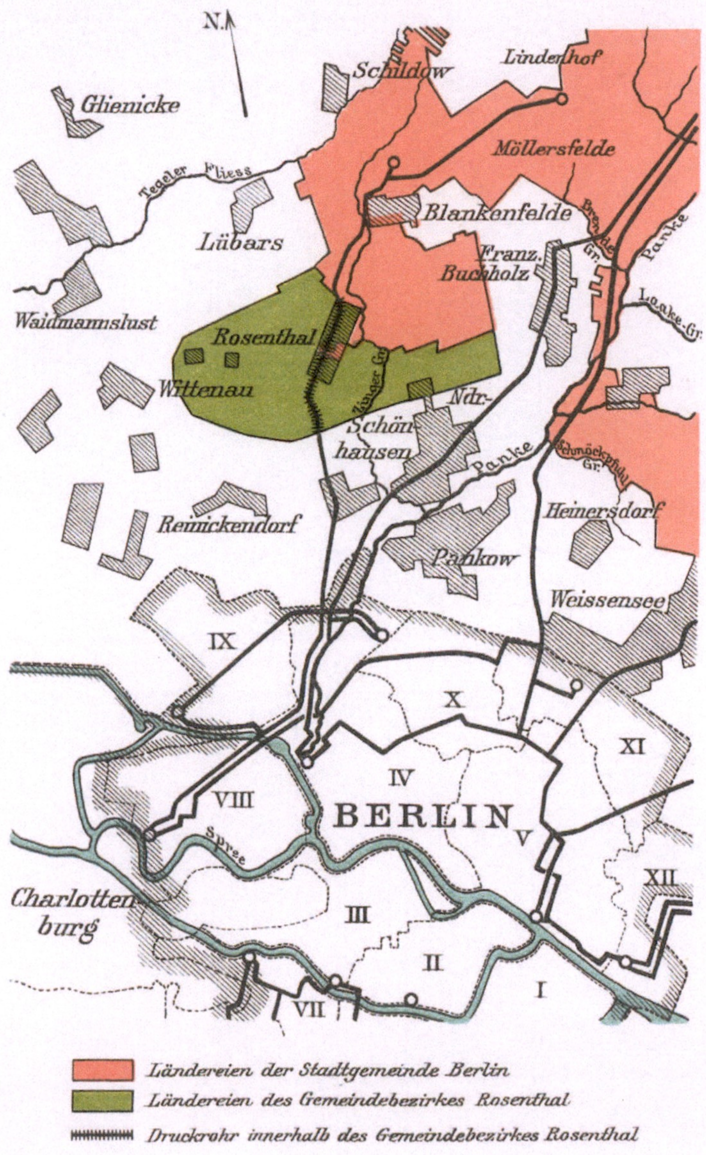
N.
Glienicke
Schildow
Lindenhof
Möllersfelde
Tegeler Fliess
Lübars
Blankenfelde
Franz.
Buchholz
Waidmannslust
Rosenthal
Wittenau
Ndr.
Schön-
hausen
Heinersdorf
Reinickendorf
Pankow
Weissensee
IX
X
XI
IV
VIII
BERLIN
V
Spree
XII
Charlotten-
burg
III
II
I
VII
Ländereien der Stadtgemeinde Berlin
Ländereien des Gemeindebezirkes Rosenthal
Druckrohr innerhalb des Gemeindebezirkes Rosenthal
Ungefähr 1:130000

1. der Magistratssekretär Herr Georg Elsholtz I zu Berlin, Händelstraße 15,

2. der Gemeindesekretär Herr Paul Reisner zu Rosenthal bei Berlin, Viktoriastraße 35.

Die Erschienenen sind dem Notar von Person nicht bekannt, sie legitimieren sich jedoch zur Gewißheit des Notars und zwar der Erschienene zu 1 durch Vorlegung der auf ihn lautenden Vollmacht des Magistrats Berlin vom 13. November 1911, der Erschienene zu 2 durch Vorlegung der auf ihn lautenden Vollmacht der Gemeinde Rosenthal vom 20. November 1911.

Die Erschienenen erklären und zwar der Erschienene zu 1 namens der durch ihn vertretenen Stadtgemeinde Berlin und der Erschienene zu 2 namens der durch ihn vertretenen Landgemeinde Rosenthal folgenden

15. Vertrag
zwischen der Stadtgemeinde Berlin und der Landgemeinde Rosenthal.

§§ 1—11 usw.

§ 12.

Die Bestimmungen des § 13 des zwischen der Stadt Berlin und der Landgemeinde Rosenthal abgeschlossenen, in der Anlage beigefügten Vertrages vom 30. April 1907 / 13. Mai 1907 werden durch folgende Bestimmung ersetzt:

Nach Ablauf der 10jährigen Frist (§ 10) kann die Gemeinde Rosenthal jederzeit unter Innehaltung einer dreijährigen Kündigungsfrist von dem Vertrage Teil II zurücktreten. Der Stadtgemeinde Berlin steht — unbeschadet des im § 14 des vorerwähnten Kanalisationsvertrages vorgesehenen Rücktrittsrechtes — auf weitere 30 Jahre vom Tage des Abschlusses des Vertrages über den Erwerb des Rathausgrundstücks ein Kündigungsrecht nicht zu. Wünscht die Stadtgemeinde Berlin zu diesem Zeitpunkt die Auflösung des Kanalisationsvertrages, so hat sie es der Gemeinde Rosenthal drei Jahre vorher anzuzeigen, andernfalls verlängert sich der Vertrag stets wieder um weitere drei Jahre unter den gleichen Bedingungen."

Im übrigen sollen die Bestimmungen des oben bezeichneten Vertrages unverändert gelten.

§ 13 usw.

Das Protokoll und die Anlagen sind in Gegenwart des Notars vorgelesen, von den Beteiligten genehmigt und von ihnen eigenhändig, wie folgt, unterschrieben.

gez. Georg Elsholtz I, Paul Reisner, Robert Liebenthal, Notar.

---

16. Vertrag zwischen der Stadtgemeinde Berlin und der Gemeinde Weißensee über die Gewährung von Vorflut für Regen= und Kondenswässer aus der Gemeinde Weißensee.

Der Magistrat von Berlin schließt vorbehaltlich der Genehmigung der Stadtverordneten=Versammlung mit dem Gemeindevorstand von Weißensee nachfolgenden Vertrag:

§ 1.

Die Stadtgemeinde Berlin verpflichtet sich, zur Aufnahme und Abführung von Regen= und Kondenswasser je einen Kanal in der Greifswalder und in der Hosemannstraße von der Carmen=Sylva=Straße bis zur Gemarkung Weißensee zu erbauen. Der Kanal in der Greifswalder Straße ist sofort herzustellen und die Straße bis zum 1. Oktober 1911 in der gleichen Weise, wie zwischen der Ringbahn und der Carmen=Sylva=Straße begonnen ist, bis zur Gemarkung Weißensee zu regulieren.

Der Kanal in der Hosemannstraße (verlängerten Roelckestraße) ist bis zum 1. Oktober 1912 betriebsfertig herzustellen.

Der erstere Kanal soll 2650 Sekl. abführen können und an der Gemarkungsgrenze mit der Sohle nicht höher als 42 m N. N., der letztere soll 2350 Sekl. abführen und nicht höher als 43,50 m N. N. liegen.

Die Abmessungen der Profile dieser Kanäle für die vorgenannten Wassermengen werden vermittelst der neuen Bazinschen Formel bestimmt.

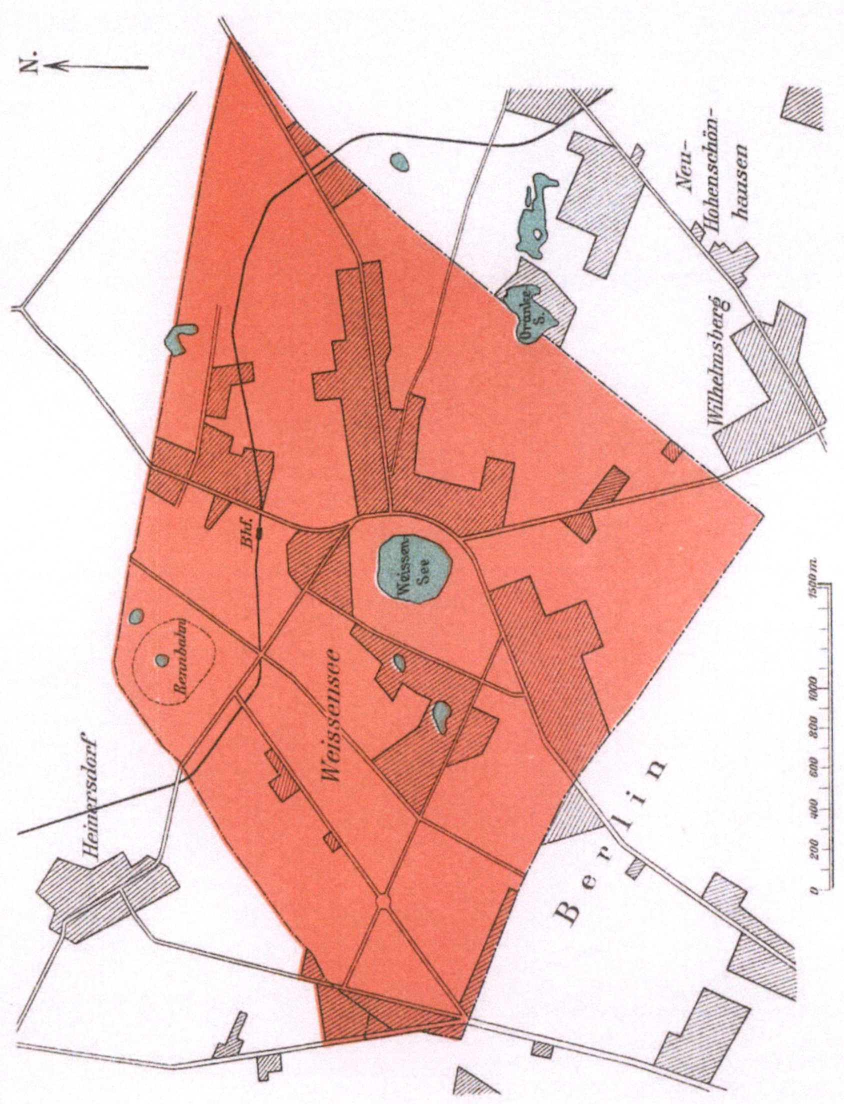
N.
Neu-
Hohenschön-
hausen
Wilhelmsberg
Oranke S.
Weissen-See
Weissensee
Bhf.
Rennbahn
Heinersdorf
Berlin
0 200 400 600 800 1000 1500 m.

§ 2.

Die Stadtgemeinde Berlin hat der Gemeinde Weißensee dauernd und ohne weitere Entschädigung Vorflut durch diese Kanäle in den Notauslaß des Radialsystems XI für Regen= und Kondenswasser bis zu den Höchstbeträgen von 2650 und 2350 Sekundenlitern zu gewähren, sobald und solange die Strombehörden die Einführung dieser Wässer in die Spree gestatten.

Die Erlaubnis der Strompolizei zur Einführung von Regen= und Kondenswasser in die Spree hat die Gemeinde Weißensee sich selbst zu beschaffen, und sie hat auch die von den Strombehörden gestellten Bedingungen zu erfüllen.

§ 3.

Die Gemeinde Weißensee hat der Stadtgemeinde Berlin eine einmalige Entschädigung für die Gewährung der Vorflut in Höhe von 450 000 M., in Worten „Vierhundertfünfzigtausend Mark" zu zahlen. Die Zahlung dieses Betrages soll nicht in einer Summe bar erfolgen, sondern die Entschädigung ist mit 4 % zu verzinsen und mit 2 % unter Zuwachs der Zinsen von den getilgten Beträgen zu amortisieren.

Mit der Zahlung der Zinsen und Amortisationsbeträge ist am 1. Oktober 1911 zu beginnen.

§ 4.

Den Stempel dieses Vertrages tragen beide Teile zur Hälfte.
Berlin, den 30. Januar 1911.

Magistrat hiesiger Königl. Haupt= und Residenzstadt.

(L. S.)

gez. K i r s c h n e r.   gez. M a r g g r a f f.

Vollzogen auf Grund des Gemeindebeschlusses vom
7. Februar 1911.

Weißensee, den 9. Februar 1911.

Der Gemeindevorstand.

(L. S.)

gez. Dr. W o e l ck.   gez. Dr. K l a m r o t h.

An den Magistrat.

Beschluß (Protokoll Nr. 31.)

Die Versammlung genehmigt den ihr mit der Magistratsvorlage vom 20. Februar 1911 (Drucksache 296) vorgelegten, zwischen dem Magistrat zu Berlin und dem Gemeindevorstand zu Weißensee abgeschlossenen Vertrag vom 30. Januar / 9. Februar 1911 über die Gewährung von Vorflut für Regen- und Kondenswässer aus der Gemeinde Weißensee.

Berlin, den 16. März 1911.

Stadtverordnete zu Berlin.

gez. Michelet.

J. Nr. 377 St. V. I. 11.

18. Verzeichnis der Anschlußverträge wegen einzelner außerhalb des Weichbildes belegener Grundstücke.

Es sind angeschlossen:

1. Das Garnisonlazarett in Tempelhof.
   (Vertrag vom 8. 2.—11. 6. 78 / 23. 11. 83.)

2. Das Trainetablissement und die Proviantamtsanlagen an der Tempelhofer Chaussee.
   (Verträge vom 30. 9., 17. 12. 84 u. 15. 11., 4. 12. 90.)

3. Das frühere Elisabethkinderhospital an der Hasenheide 80/87.
   (Vertrag vom 29. 6. 1886.)

4. Die Anilinfabrik in Treptow.
   (Vertrag vom 5. 3. 87 nebst Nachträgen vom 14./30. Okt. 95 u. 5./12. Aug. 01, 12. Dez. 1903, 2. Juli/20. Oktober 1906.)

5. Das steuerfiskalische Grundstück am Tempelhofer Felde.
   (Vertrag vom 17. 8. 1888.)

6. Die katholische Garnisonkirche in der Lehniner Straße.
   (Vertrag vom 20. 12. 1896 / 19. Januar 1897.)

7. Die südliche Garnison-Arrest-Anstalt in der Prinz August von Württemberg Straße in Tempelhof.
   (Vertrag vom 8. 3. / 26. 5. 1897.)

8. Der unter dem Ringbahndamm gelegene eisenbahnfiskalische Teil der Boxhagener Chaussee.

(Genehmigungsurkunde vom 25. 11. 1897.)

9. Der außerhalb des Gemeindegebiets von Berlin belegene Teil des Bahnhofs Stralau-Rummelsburg.

(Vertrag vom 28. 2. / 18. 3. 1901.)

10. Der auf Pankower Gebiet an der Freienwalder Straße belegene Kirchhof der Sophiengemeinde.

(Vertrag vom 21. 11. / 10. 12. 1908.)

11. Gebietsteile des Anhalter Außenbahnhofes südlich der Yorckstraße im Schöneberger und Tempelhofer Weichbilde.

12. Die Maschinengewehrabteilung des Augusta-Regiments in Tempelhof. (Vertrag vom 29. 10./24. 11. 14.)

13. Der Exerzierplatz zwischen Kolonnen- und Monumenten-straße in Schöneberg.

Stempelfrei gemäß Tarifstelle 32 Befr. Nr. 3.

19. Vertrag.

Zwischen der Gutsverwaltung zu . . . . einerseits und dem . . . . andererseits ist vorbehaltlich der Genehmigung der Deputation für die Kanalisationswerke und Güter Berlins nachstehender Vertrag geschlossen worden.

§ 1.

Die Gutsverwaltung zu . . . . überläßt dem . . . . zum Zwecke der Berieselung seines in der Gemarkung . . . . belegenen . . . . grundstücks Rieselwasser aus . . . . zu denjenigen Zeiten und in denjenigen Mengen, welche die Guts-verwaltung zu . . . . bestimmt. Die Zuführung des Wassers erfolgt nach Ermessen der Gutsverwaltung unter Berücksichtigung der Menge des zur Verfügung stehenden Abwassers, der zu be-

rieselnden Fläche und des Durchmessers der vorhandenen An=
bohrung des Druckrohrs.

§ 2.

Herr . . . . hat für die Abwasserüberlassung einen Preis
von . . . ℳ für das Jahr und den Hektar berieselter Fläche portofrei
oder mit Postscheck an die Gutskasse zu . . . . zur Gutschrift
auf das Konto Nr. . . . . bei dem Postscheckamt in . . . .
und zwar für das laufende Rechnungsjahr mit dem vollen Jahres=
betrage im voraus, für die folgenden Jahre am 1. April jedes
Jahres im voraus zu zahlen.

§ 3.

Herr . . . . hat der Gutsverwaltung . . . . vor
Abschluß des Vertrages einen Plan in doppelter Ausfertigung ein=
zureichen, auf welchem alle Teilstücke seiner zu berieselnden Flächen
unter Angabe ihrer Größe kenntlich gemacht sind. Herr . . . .
hat der Gutsverwaltung alljährlich im Januar die Größe der zu be=
rieselnden Flächen nach dem Plane zu bezeichnen. Die Gutsver=
waltung ist befugt, diese Flächen nachmessen zu lassen. Ergeben
sich dabei Abweichungen von über fünf vom Hundert, so sind die
Vermessungsgebühren vom Pächter zu tragen.

Werden ohne ausdrückliche Genehmigung der Deputation für
die Kanalisationswerke und Güter Berlins Flächen berieselt, die zu
berieseln dem Pächter vertragsmäßig nicht zusteht, so ist die ge=
nannte Deputation berechtigt, den Vertrag sofort aufzuheben und
von dem Pächter eine sofort fällige Vertragsstrafe von 100 ℳ je ha.
zu erheben.

§ 4.

Sollte aus irgendeinem wichtigen Grunde die Zuführung von
Rieselwasser von der städtischen Verwaltung unterbrochen oder
gänzlich eingestellt werden, so begibt sich Herr . . . . hiermit
ausdrücklich jedes Anspruchs auf Entschädigung oder Herabsetzung
des Preises. Dagegen gibt das völlige Aufhören des Zuflusses Herrn
. . . . das Recht zum Rücktritt vom Vertrage. In diesem
Falle müssen jedoch die fälligen Beträge gezahlt, ebenso dürfen die
bereits gezahlten Beträge nicht zurückgefordert werden, es sei denn,
daß die Abwässerzuführung vom 1. Juni an völlig aufgehört hat.

§ 5.

Herr . . . . verpflichtet sich, den Beamten der Kanali=
sationsverwaltung oder den von dieser bevollmächtigten Personen
jederzeit Zutritt zu den von ihm berieselten Flächen zu gestatten.

Er hat ferner die Stadtgemeinde wegen aller Ansprüche, welche
Dritte etwa aus seinem Rieselbetriebe an die Stadt Berlin erheben
sollten, schadlos zu halten. Er ist verpflichtet, die zu bewässernden
Grundstücke unverzüglich ordnungsmäßig zu drainieren, wenn die
Kanalisationsverwaltung es für notwendig erachtet. Für die Hand=
lungen seiner Bevollmächtigten und in seinen Diensten stehenden
Personen haftet Herr . . . .

§ 6.

Dieser doppelt ausgefertigte Vertrag läuft zunächst vom 1. April
191 . . bis . . . . . . 191., jedoch mit der Maßgabe, daß er immer auf
ein weiteres Jahr als verlängert gilt, wenn von keiner Seite drei
Monate vor seinem Ablauf eine schriftliche Kündigung erfolgt. Im
Falle des Verkaufs der im § 1 bzw. 3 bezeichneten Ländereien steht
dem Herrn . . . . die Kündigung des Vertrages hinsichtlich
der veräußerten Grundstückteile auch während der Vertragsdauer
zu, jedoch nur für den Schluß des laufenden Rechnungsjahres. Die
Deputation für die Kanalisationswerke und Güter Berlins ist zur
sofortigen Aufhebung des Vertrages auch während der Vertragszeit
berechtigt, wenn der Rieselwasserentnehmer den ihm auferlegten
Verpflichtungen nicht pünktlich nachkommt.

§ 7.

Der bei der Abzweigung der Bewässerungsleitung von dem
Druckrohr auf Kosten des . . . . angebrachte Hahn nebst
Schelle und der dazu gehörige Schlüssel sind und bleiben Eigentum
der Kanalisationsverwaltung. Sie kann über diese Gegenstände
von dem Zeitpunkt ab verfügen, mit dem Herr . . . . aufhört,
Rieselwasser zu entnehmen, oder der Vertrag endigt.

Tritt dieser Zeitpunkt ein, so wird die Bewässerungsleitung
durch Aufgraben freigelegt und in einer Länge von rund 1,0 m, vom
vorgenannten Hahn ab gerechnet, entfernt. Diese Arbeiten werden
von der Kanalisationsverwaltung auf Kosten des . . . .
ausgeführt.

§ 8.

Für alle aus diesem Rechtsgeschäfte entspringenden Rechts=
streitigkeiten wird, soweit nicht ein ausschließlicher Gerichtsstand
begründet ist, zwischen den Parteien die Zuständigkeit des König=
lichen Amtsgerichts Berlin=Mitte bzw. des Königlichen Land=
gerichts I in Berlin vereinbart.

........., den .... 191 ...., den .... 191 .

Die Gutsverwaltung.

Vorstehender Vertrag wird hierdurch von uns genehmigt.

Berlin, den .... 191 ...

Deputation für die Kanalifationswerke und Güter Berlins.

20. Pachtvertrag.

Zwischen der Stadtgemeinde Berlin als Verpächterin, ver=
treten durch die Gutsverwaltung zu .... und Herrn ....
ist vorbehaltlich der Genehmigung der Deputation für die Kanali=
fationswerke und Güter Berlins folgender Vertrag geschlossen
worden:

§ 1.

Die Gutsverwaltung zu .... verpachtet an ....
die zum Administrationsbezirk .... gehörige Riesel=
feldanlage .... Nr. ...... mit einem Flächeninhalt von
zusammen rund .... ha auf die Zeit vom .... 191 .
bis .... 191 .. Am letztgenannten Tage geht der Vertrag von
selbst ohne Kündigung zu Ende.

§ 2.

Für das Maß, den Ertrag, die Güte und die sonstige Beschaffen=
heit des Pachtstückes wird seitens der Verpächterin keine Gewähr
geleistet, jedoch soll bei offenbar vorliegendem Irrtum im Abmaß
des Pachtstückes eine einwandfreie Größenfeststellung erfolgen.

Die Verpächterin hat für die Einräumung und ungehinderte
Benutzung des Pachtgegenstandes zu sorgen, übernimmt jedoch
keinerlei Vertretung von Mängeln, auch dann nicht, wenn ein

solcher erst während der Dauer der Pachtzeit hervortritt. Sollten sich Schäden an der Drainage zeigen, ist die Verpächterin bereit, diese sobald als möglich zu beseitigen.

§ 3.

Der Pachtzins beträgt für das Pachtjahr . . . . *M* für den Hektar.

D. . . . Pächter verpflichte. . . . sich, die Pacht im jährlichen Betrage von . . . . *M*, in Buchstaben . . . . *M,* am . . . . und am . . . . jeden Pacht= jahres im voraus an die Gutskasse . . . . während der Ge= schäftsstunden zu zahlen.

Bei nicht pünktlicher Zahlung hat die Gutsverwaltung das Recht, sich aus den Früchten der Rieselfeldanlage in Höhe des rück= ständigen Pachtzinses zu befriedigen, insbesondere auch Früchte auf dem Halm abzuernten. Hat der Pächter mehrere Anlagen auf Grund verschiedener Verträge gepachtet, so hat die Gutsverwal= tung bis zur vollständigen Befriedigung aus allen Verträgen das Recht, sich auch aus den Früchten der Anlagen zu befriedigen, für die Zahlung geleistet ist.

§ 4.

Pächter darf das Pachtstück während der Pachtzeit nur als Acker oder Wiese nutzen. Er ist verpflichtet, das gepachtete Land durch regelrechte und ordnungsmäßige Beackerung und Bestellung in guter Kultur, die Dämme und Zuführungen unkrautfrei zu erhalten. Das Pachtland darf nicht unbenutzt liegen bleiben und muß nach Ablauf der Pachtzeit in wirtschaftlichem Zustande zu= rückgewährt werden. Eine Vergütung für Aussaat und Bestel= lungskosten oder für Verbesserung des Bodens darf Pächter bzw. sein Rechtsnachfolger in keinem Falle beanspruchen.

Der Anbau von Korbweiden, Spargel, Strauchobst, Gehölz= sorten auf drainiertem Lande bedarf besonderer Genehmigung. Steine, Scherben und sonstige unverwesliche Stoffe dürfen nicht auf das Pachtstück gebracht werden, widrigenfalls der Pächter für jeden Übertretungsfall in eine Vertragsstrafe von 10 *M* verfällt und außerdem die durch die Wegschaffung entstandenen Kosten zu tragen hat. Das Pachtland muß, soweit es nicht mit Winterfrucht beftellt ift, vor Winter gepflügt werden. Pflügt Pächter im Herbft das Land nicht bis zum 15. November um, fo gefchieht dies durch die Gutsverwaltung. Der Pächter hat alsdann für das Pflügen eines Hektars 30 ℳ zu bezahlen. Die Zahlung hat binnen 8 Tagen nach ergangener Aufforderung zu erfolgen.

In bezug auf die Berieſelung des Pachtlandes hat Pächter ſich den Anordnungen der Gutsverwaltung zu unterwerfen. Die Gutsverwaltung wird, ſoweit es irgend möglich ift, den Wünſchen des Pächters bezüglich der Berieſelung nachkommen, d. h. ihn weder durch zu ftarke Berieſelung in naſſer Zeit, noch durch zu ſchwache in trockener ſchädigen.

Pächter entſagt jedoch ausdrücklich jedem Einwande gegen die Zuteilung oder Nichtzuteilung von Rieſelwaſſer und jedem Anſpruch auf Schadloshaltung für Verlufte oder Nachteile, die aus Naturereigniſſen oder zu ftarker oder zu ſchwacher oder nicht geſchehener Berieſelung entſtehen ſollten. Die eigenmächtige Vornahme der Berieſelung ift bei einer Vertragsftrafe von 50 ℳ für jeden Übertretungsfall verboten.

Zur Entſchädigung für Wildſchaden verpflichtet die Verpächterin ihre Jagdpächter.

§ 5.

Der Pächter muß ſich jederzeit die von der Verpächterin vorgenommene oder veranlaßte Ausführung von Ent= oder Bewäſſerungsanlagen jeder Art gefallen laſſen. Hat er daraus Schaden, ſo wird die Höhe der an ihn zu zahlenden Entſchädigung nach Maßgabe des § 12, letzter Abſatz, feftgeſetzt.

§ 6.

Pächter ift für die Erhaltung der vorhandenen oder noch zu errichtenden Grenz= oder Höhenzeichen in dem Pachtlande verantwortlich, und muß ſich ein jederzeitiges Betreten durch Angeftellte oder Beauftragte der Verpächterin ohne Entſchädigung gefallen laſſen. Gräben und Einfriedigungen dürfen nicht ohne Genehmigung der Verpächterin angelegt werden.

§ 7.

Die etwa aus dem Acker gewonnenen Steine ſind Eigentum der Verpächterin. Dem Pächter ift verboten, den Pachtgegenftand

durch Entnahme von irgendwelchen Grundbestandteilen zu ver=
mindern. Das Durchstechen eines Dammes zur Erleichterung des
Befahrens des gepachteten Stückes ist nur mit Genehmigung der
Gutsverwaltung erlaubt.

Die Lagerung von Unkraut u. dgl. auf den Wegen, Dämmen,
Grabenrändern und alle Maßnahmen, durch die eine Verstopfung
von Gräben hervorgerufen werden könnte, sind verboten.

Zum Einmieten von Früchten und zur Anlegung von Mist=
beetkästen und Geräteschuppen auf dem Pachtlande bedarf es der
vorher einzuholenden Genehmigung der Gutsverwaltung.

§ 8.

Die Verpächterin ist berechtigt, wenn

a) Störungen in der Ableitung oder Verwendung des Kanal=
wassers durch Verschulden d.... Pächter.... eingetreten
sind, oder

b) die d... Pächter.. vertragsmäßig auferlegten Verpflich=
tungen von ih... nicht rechtzeitig erfüllt werden,

das Pachtverhältnis sofort aufzuheben.

Durch diese Aufhebung erlöschen alle Rechte des Pächters aus
diesem Vertrage, wogegen seine Verpflichtungen bezüglich der Be=
schaffenheit des zurückzugebenden Pachtgegenstandes und die Ver=
bindlichkeit zur Zahlung der Pacht für das zur Zeit der Mitteilung
von der Aufhebung des Pachtverhältnisses laufende Pachtjahr be=
stehen bleiben. Saaten und Früchte werden mit dem Augenblicke
solcher Aufhebung ohne Entschädigung des Pächters Eigentum der
Verpächterin.

Bestehen zur Zeit der Aufhebung des Vertrages noch andere
Pacht= und Mietverträge zwischen den Parteien, so ist die Verpäch=
terin berechtigt, auch diese Verträge ohne Kündigung aufzuheben.

§ 9.

Eine Abtretung der Rechte und Verbindlichkeiten aus diesem
Vertrage oder eine Weiterverpachtung des Pachtgegenstandes oder
eines Teiles desselben an einen Dritten ist dem Pächter ohne Ein=
willigung der Deputation nicht gestattet. Die Stadtgemeinde
Berlin behält sich das Mitbesitzrecht in Ansehung des Pacht=
gegenstandes ausdrücklich vor.

§ 10.

Die Jagdnutzung ist von der Verpachtung ausgeschlossen.

Hunde dürfen nicht in das Feld mitgenommen werden und können, falls sie frei und ohne Aufsicht auf dem Pachtlande sich aufhalten, erschossen werden.

§ 11.

Für den Todesfall des Pächters gehen seine Verbindlichkeiten in ihrem ganzen Umfange auf die Erben über, doch behält die Verpächterin sich das Recht vor, mit Ablauf des Pachtjahres die Pacht für beendigt zu erklären und die Zurückgabe des Pachtgegenstandes nach Maßgabe dieses Vertrages zu verlangen.

§ 12.

Sollte die Stadtgemeinde den Pachtgegenstand ganz oder teilweise während der vorstehend verabredeten Pachtzeit zu Gemeindezwecken oder im öffentlichen Interesse anderweitig gebrauchen, oder sollte sie die Ländereien veräußern wollen, so verpflichtet sich Pächter, das Pachtstück ganz oder teilweise der Verpächterin am 1. Januar jeden Jahres zurückzugeben, und zwar nach einer dreimonatlichen, spätestens am 1. Oktober eines jeden Jahres statthaften Kündigung.

Im Falle einer solchen Rücknahme des Pachtstücks hört die Zahlung des Pachtzinses mit dem Tage der Rückgewähr ganz auf, während bei einer nur teilweisen Rücknahme der bedungene Pachtzins vom Tage der Rücknahme nach dem Verhältnisse des zurückgenommenen Teiles zu dem Flächeninhalte des ganzen Pachtstücks sich vermindert.

Eine anderweite Entschädigung wird dem Pächter nur insofern gewährt, als ihm auf Wunsch möglichst anderes, für seine Zwecke geeignetes Land zur Pacht zu überweisen ist.

Sollte Verpächterin das Pachtstück sofort zu Gemeindezwecken oder im öffentlichen Interesse anderweitig gebrauchen, oder es veräußern wollen, so ist der Pächter verpflichtet, es sofort der Verpächterin zurückzugewähren. In diesem Falle ist der Pächter berechtigt, für die Nichteinhaltung der im Absatz 1 bedungenen Frist eine entsprechende Entschädigung zu beanspruchen, welche mangels eines gütlichen Vergleichs durch zwei gerichtliche Sachverständige, von denen jede Partei je einen benennt, ermittelt wird. Können beide Sachverständige sich über die Höhe der Entschädigung nicht einigen, so wählen sie einen dritten gerichtlichen Sachverständigen als Obmann. Falls die beiden Sachverständigen sich auch über die Person des Obmannes nicht einigen können, so ernennt ihn auf Ansuchen der Verpächterin der zuständige Landrat.

§ 13.

Den erforderlichen Stempel, sowie die Kosten der gerichtlichen und notariellen Beglaubigung, falls der Pächter des Schreibens unkundig sein sollte, trägt der Pächter.

Der Wert der in diesem Vertrage enthaltenen Nebenabreden ist unbestimmt, beträgt aber nicht über 150 ℳ.

§ 14.

Für alle aus diesem Rechtsgeschäfte entspringenden Rechts= streitigkeiten wird, soweit nicht ein ausschließlicher Gerichtsstand begründet ist, zwischen den Parteien die Zuständigkeit des König= lichen Amtsgerichts Berlin=Mitte und des Königlichen Landge= richts I in Berlin vereinbart.

den .... 191....   den .... 191....

   Die Gutsverwaltung.   D... Pächter.

Vorstehender Vertrag wird hierdurch von uns genehmigt.

Berlin, den .... 191...

Deputation für die Kanalisationswerke und Güter Berlins.

21. Vertrag über Gras=Lieferung im Sommer 191..

Zwischen der Gutsverwaltung .... einerseits und dem .... wohnhaft ...., ... andererseits ist vorbehaltlich der Genehmigung der Deputation für die Kanalisationswerke und Güter Berlins nach= folgender Vertrag geschlossen worden:

§ 1.

Die Gutsverwaltung verpflichtet sich, dem .... wöchentlich — täglich — .... Fuhren ....kg Gras käuflich zu überlassen. Der Preis für 100 kg Gras wird auf .....ℳ frei

Feldmark .... — frei Eisenbahnwagen Station .....
...... als Höchstpreis bemessen. Unter 60 ₰ frei Feldmark bzw.
frei Eisenbahnwagen Station soll der Preis für 100 kg Gras nicht
herabgesetzt werden.

§ 2.

Die Gutsverwaltung verpflichtet sich, dem Abnehmer min=
destens 8 Tage vor Beginn des ersten Wiesenschnitts anzuzeigen, an
welchem Tage die erste Grasmenge abzunehmen ist. Der Abnehmer
ist von diesem Zeitpunkt an — mit Ausnahme des unter § 3 vorge=
sehenen Falles — gehalten, die im § 1 festgesetzte Grasmenge jeden
Tag — Woche— und zwar fortlaufend bis zum .... abzu=
nehmen. Ein Rücktritt vom Vertrage ist, abgesehen von dem im
§ 4 vorgesehenen Falle, ausgeschlossen.

§ 3.

Eine Auswahl derjenigen Wiesenfläche, von der das für ihn
bestimmte Gras zu schneiden ist, steht dem Abnehmer nicht zu.
Das Gras soll in der Regel am Tage des Schnitts abgefahren wer=
den oder zur Verladung kommen.

§ 4.

Sollte bei einem Bezuge von Gras durch die Eisenbahn seitens
der Eisenbahnverwaltung die Gestellung von Wagen unterbleiben,
so gibt ein solches Vorkommnis dem Graskäufer nicht das Recht,
das nichtgelieferte Gras nachträglich zu verlangen oder Schaden=
ersatzansprüche geltend zu machen. Beim Bahnbezuge kann ein
durch Wiegezettel glaubhaft nachgewiesener Fehlbetrag an der
Graslieferung durch die Gutsverwaltung vergütet werden. Be=
träge für Wagen=Standgeld fallen dem Graskäufer zur Last, sobald
deren Erhebung durch seine Maßnahmen veranlaßt ist.

§ 5.

Die Zahlung muß täglich — monatlich — erfolgen. Bei Ver=
einbarung monatlicher Zahlung kann eine Stundungsgewährung
bis zu einem Monat nach Übersendung der Grasrechnung bewilligt
werden.

Wird der Zahlungszeitpunkt oder die Abnahme der verein=
barten Grasmenge seitens des Abnehmers nicht innegehalten, so
steht der Gutsverwaltung wahlweise das Recht zu:

a) vom Abnehmer Erfüllung und Schadenersatz wegen Nicht=
erfüllung des Vertrages zu fordern, oder

b) vom Vertrage zurückzutreten unter Einziehung einer Ver=
tragsstrafe von 0,60 ℳ für den Doppelzentner derjenigen
Grasmenge, die bis zum Ablauf des Vertrages hätte abge=
nommen werden müssen, was indessen die Geltendmachung
eines weiteren Schadens nicht ausschließt, oder

c) die täglich festgesetzte Grasmenge gegen jeweilige Barzahlung
dem Abnehmer auch weiterhin zu gewähren.

§ 6.

Eine Übertragung der Rechte aus diesem Vertrage ist.....
.... ohne Einwilligung der Deputation für die Kanali=
sationswerke und Güter Berlins nicht gestattet.

§ 7.

Der Abnehmer verpflichtet sich, an die Angestellten und die
Arbeiter der Gutsverwaltung keinerlei Trinkgelder oder sonstige
Vergütungen zu verabreichen. Im Übertretungsfalle hat die Guts=
verwaltung das Recht, die Graslieferung an ihn sofort einzustellen.

§ 8.

Der Abnehmer hat streng darauf zu achten, daß die städtischen
Anlagen, insonderheit die Obstbäume, von ihm oder seinen Leuten
und Pferden in keinerlei Weise beschädigt werden. Geschieht dies
dennoch, so hat er an die Gutskasse diejenige Entschädigungssumme
zu zahlen, welche von der Gutsverwaltung festgesetzt wird. Im
Falle einer widerrechtlichen Entnahme von Obst aus den Alleen
— sei es durch Pflücken oder Auflesen durch den Abnehmer oder
seine Bediensteten — kann unbeschadet der Geltendmachung von
Ersatzansprüchen die Verabfolgung von Gras seitens der Gutsver=
waltung an den betreffenden Abnehmer sofort eingestellt werden.

§ 9.

Das Beladen der Wagen erfolgt je nach ihrem Eintreffen an den Wiesen der Reihe nach. Die Gutsverwaltung wird nach Möglichkeit dafür Sorge tragen, daß, wenn mehrere Wagen desselben festen Abnehmers eintreffen, diese Wagen gleichzeitig beladen werden können, sofern ein genügender Grasvorrat vorhanden ist.

§ 10.

Bei Streitigkeiten zwischen der Gutsverwaltung und dem Abnehmer muß letzterer sich zunächst, selbst wenn er im Rechte zu sein glaubt, den Bestimmungen der Gutsverwaltung fügen. Es steht ihm jedoch frei, sofort die Entscheidung der Deputation einzuholen. In solchen Fällen ist die Gutsverwaltung zur umgehenden telephonischen oder schriftlichen Anzeige verpflichtet. Das Beschreiten des Rechtsweges darf vor eingeholter Entscheidung der Deputation nicht stattfinden.

§ 11.

Die etwa erforderlichen Stempelkosten für Haupt- und Nebenexemplar dieses Vertrages trägt Abnehmer allein.

.........., den ....191..

Die Gutsverwaltung.

.........., den ....191..

Abnehmer.

Vorstehender Vertrag wird hierdurch von uns genehmigt.

Berlin, den ....191..

Deputation
für die Kanilisationswerke und Güter Berlins.

....

Herrschaft Lanke.

8. Vorlage (F.-Nr. 1057 Grd. 13) — zur Beschlußfassung — wegen des Erwerbes der Herrschaft Lanke. (Nr. 33 (747) 1913.)

Anlagen:

1. Kaufvertrag vom 18. Juni 1913,
2. Vertrag mit dem Geheimen Kommerzienrat v. Friedlaender-Fuld.
3. Zusammenstellung des Statistischen Amts.
4. Übersichtsplan }
5. Spezialkarte } nicht mit abgedruckt.

Seit mehreren Jahren haben wir Verhandlungen wegen des Erwerbes der zum Gräflich Redernschen Familienfideikommiß gehörenden Herrschaft Lanke gepflogen, die nunmehr zum Abschluß gediehen sind.

Lanke ist, wie der Übersichtsplan ergibt, unserem vorhandenen Besitz benachbart. Es grenzt in seinem südlichsten Teil mit der Probstheide unmittelbar an die in unserem Eigentum stehende Schönwalder Forst und erstreckt sich nördlich bis nach Ruhlsdorf. Politisch gehört der größte Teil zum Kreise Niederbarnim, ein kleiner, etwas über 90 ha, zu Oberbarnim. Die Größe der gesamten Herrschaft beträgt 4476 ha 65 a 63 qm. Hiervon entfallen auf Waldboden rund 3274 ha, auf Seenflächen 268 ha, auf Acker- und Wiesenland 935 ha. Landschaftlich zählt das Gebiet zu den schönsten Teilen der Mark. Die vielen Seen, unter ihnen der Liepnitzsee mit der Insel Werder, der Obersee, die Krumme Lanke und der Hellsee, alle inmitten uralten Waldbestandes gelegen, bilden schon jetzt ein beliebtes Ausflugsziel der hauptstädtischen Bevölkerung.

Man erreicht Lanke vom Stettiner Bahnhof aus entweder

über Bernau—Biesenthal oder über Reinickendorf—Rosenthal—
Wandlitz. In Aussicht genommen ist schon seit einiger Zeit
die Herstellung einer Verbindungsbahn von Oranienburg quer
durch das Lanker Gebiet über Wandlitz, Utzdorf, Lanke nach
Biesenthal und Bernau. Aber auch sonst wird die natürliche Ent=
wicklung auf eine Verbesserung der Verbindung drängen. Ab=
gesehen von den Möglichkeiten einer Erweiterung des Vorort=
verkehrs über Bernau hinaus und eines Kraftomnibusverkehrs
sei insbesondere folgender Aussicht gedacht.

Die zurzeit bequemste Bahnverbindung von Berlin nach
dem westlichen Teile der Lanker Forsten bietet die vom Kreise
Niederbarnim gebaute Bahn Reinickendorf—Basdorf—Lieben=
walde, die in Wandlitz 2 km vom Lanker Besitz, dem Liepnitzsee,
entfernt, eine Station hat. Seit einiger Zeit ist, soviel bekannt,
die Allgemeine Elektrizitätsgesellschaft Miteigentümerin dieser
Bahn geworden. Bekanntlich hat die Allgemeine Elektrizitäts=
gesellschaft durch Vertrag mit der Stadt den Bau einer elektri=
schen Schnellbahn, im Innern der Stadt Untergrundbahn, von
Gesundbrunnen nach Neukölln übernommen. Einer solchen
Bahn muß ein geeigneter Zubringer von außen besonders er=
wünscht sein. Es steht anzunehmen, daß jene Bahn Reinicken=
dorf—Liebenwalde bestimmt ist, in Zukunft diesen Zubringer zu
bilden. Es bedarf nur einer Verbindung dieser beiden zurzeit
noch getrennten Bahnteile auf der verhältnismäßig kurzen
Strecke vom Endpunkt der Schnellbahn bis nach Reinickendorf,
(etwa 3 km) um die Möglichkeit zu schaffen, daß vom Süden
Berlins über die künftige Schnellbahn und die in elektrischen
Betrieb umgewandelte Reinickendorf—Liebenwalder Bahn ein
Verkehr eingerichtet wird, der vom Zentrum Berlins, vom Bahn=
hof Alexanderplatz, in etwa 50 Minuten bis zum Bahnhof Wand=
litz führt. Von diesem Bahnhof durch eine Abzweigung das mit
seiner Grenze nur 2 km weit entfernte Lanker Besitztum zu er=
reichen, und seiner ganzen Ausdehnung nach aufzuschließen, ist
eine Maßnahme, die so nahe liegt, daß sie im eigenen Interesse
der Bahn erwartet werden darf. Was hier angedeutet ist, sind
nicht etwa entfernte Zukunftshoffnungen, sondern wenn nicht
alle Anzeichen trügen, bereits in nahem Zeitpunkte zu erhoffende
Maßnahmen.

Als Preis für die Lanker Herrschaft haben wir nach lang=
wierigen Verhandlungen den Betrag von 4400 ℳ für das
Hektar bewilligt, nachdem anfänglich die Gräflich Redernsche
Verwaltung 6000 ℳ gefordert hatte. Es ergibt sich bei der
oben erwähnten Größe von 4476 ha 65 a 63 qm daher eine
Kaufsumme von 19 697 287,72 ℳ[1]).

Der Kaufpreis ist in Raten zu begleichen, die sich über
10 Jahre erstrecken.

Die Übernahme des Besitzes beabsichtigen wir, wie § 9
des Kaufvertrages ergibt, am 1. Oktober 1914 vorzunehmen,
da das Forstwirtschaftsjahr an diesem Zeitpunkt endet und bei
solchem Übernahmetermin eine anteilige Verrechnung der Forst=
nutzungen zwischen dem Verkäufer und uns vermieden wird.
Bei der Übernahme sollen von dem Kaufpreise 6 000 000 ℳ
angezahlt und alsdann jährlich am 1. Oktober der Restkaufpreis
in Raten von 1½ Millionen Mark beglichen werden, so daß
eine vollständige Tilgung in zehn Jahren eintritt. (Vgl. § 6 des
Vertrages.)

Die Eigentumsübertragung hat, abgesehen von den ganz
geringfügigen, zu übernehmenden Leistungen, die im § 8 des
Vertrages aufgezählt sind, seitens des Verkäufers frei von allen
eingetragenen Lasten und Eigentumsbeschränkungen jeder Art
zu erfolgen.

Über die Nebenkosten ist in gebräuchlicher Weise in § 17 des
Vertrages Bestimmung getroffen. Zu ihnen gehört die Kreis=
umsatzsteuer hinsichtlich deren ein besonderer Vorgang zu ver=
merken ist. Unmittelbar vor dem Abschluß des Kaufvertrages
vom 18. Juni 1913, nämlich am 10. Juni 1913, hat der Kreistag
des Kreises Niederbarnim beschlossen, die bisherige Kreisumsatz=
steuer von ½ % auf 1 % zu erhöhen, sofern der Er=
werbspreis des veräußerten Grundstückes
5 000 000 ℳ oder mehr beträgt. Der Beschluß ist
am 17. Juni vom Bezirksausschuß zu Potsdam genehmigt, am
29. Juni hat ihm der Oberpräsident „im Einverständnis mit

---

[1]) Laut Übergabe=Verhandlung vom 29. 9. 14 beträgt der
Flächeninhalt der Herrschaft Lanke 4485,0887 ha, der Kaufpreis mit=
hin 19 734 390,28 ℳ.

den Herren Ressortministern" zugestimmt und am 30. Juni ist
er mit alsbaldiger Wirksamkeit veröffentlicht worden.

Nach den begleitenden Umständen steht außer Zweifel und
wird im Bedarfsfall unter Beweis gestellt werden können,
daß die Steuererhöhung zu dem Zweck erfolgt ist, der Stadt
Berlin für den Ankauf, dessen Bevorstehen bereits mehrere
Wochen vor dem Abschluß weiteren Kreisen bekannt war und
dessen Inhalt in allen seinen Einzelheiten am 24. Juni durch
die Presse zur öffentlichen Kenntnis gelangte, eine größere
Steuerlast aufzuerlegen, als den übrigen Grundstücksverkäufen
im Kreise. Eine derartige Mehrbelastung eines einzelnen Ge-
schäftes betrachten wir als Verletzung der steuerlichen Gleich-
berechtigung, als unvereinbar mit den Grundsätzen des Steuer-
rechts, und wir werden bestrebt sein, diese Anschauung, sofern
die Stadt tatsächlich zu der höheren Steuer herangezogen werden
sollte, mit allen uns zu Gebote stehenden Mitteln zur Geltung
zu bringen. Den Erfolg, den Interessen Berlins ein Hindernis
in den Weg zu legen, wird jedoch unseres Erachtens das Vor-
gehen des Kreises und der staatlichen Organe nicht haben dürfen;
vielmehr hoffen wir, daß die Stadtverordnetenversammlung
mit uns sich veranlaßt sehen wird, an dem gemeinnützigen Streben,
das der Vertrag zum Ausdruck bringt, um so nachdrücklicher
festzuhalten.

Das Schloß, die Jagd, mehrere Seen und der erheblichste
Teil des landwirtschaftlich genützten Geländes sind an den
Geheimen Kommerzienrat v. F r i e d l a e n d e r = F u l d bis zum
Jahre 1923 verpachtet. Herr v. F r i e d l a e n d e r = F u l d be-
anspruchte auf Grund der bestehenden Pachtverträge ein Vor-
kaufsrecht bezüglich des gesamten Besitzes. Es ist dem Verkäufer nach Maßgabe besonderer Vereinbarungen und uns auf
Grund des anliegenden Vertrages vom 5./13. Juni 1913 ge-
lungen, einen Verzicht des Herrn v. F r i e d l a e n d e r = F u l d
auf seinen Vorkaufsanspruch zu erwirken. Nach den getroffenen
Abmachungen treten wir in die sämtlichen bestehenden, im Eingange des Vertrages einzeln aufgeführten Pachtverträge ein.
Aus diesen laufenden Verträgen haben wir jedoch diejenigen
Bestimmungen ausgemerzt, die uns bei der unseren Zwecken
entsprechenden Verwertung hinderlich gewesen wären. So hat

der Pächter — wie Herr v. Friedlaender-Fuld im An=
schluß an den Vertrag hier kurz bezeichnet sei — auf das ihm
zustehende Recht auf Abgatterung und Einfriedigung in den
Forsten insoweit verzichtet, als dadurch nach unserem Ermessen
die Benutzung des Jagdgebietes beeinträchtigt wird (§ 1 II).
Die Forsten werden also dadurch der freien Benutzung nicht ent=
zogen werden. Wir haben ferner erreicht, daß der Pächter für
Wildschaden dritten Personen direkt haftet. Für Störungen der
Jagd durch die Art unserer Benutzung, namentlich infolge des
größeren Verkehrs in den Forsten, steht dem Pächter kein Minde=
rungsanspruch zu. Nur bei Entziehung von Pachtgebiet zu unseren
eigenen Zwecken soll eine entsprechende Ermäßigung des Pacht=
zinses eintreten. Besonders wertvoll ist für uns die Konzession,
daß wir trotz der laufenden Landpachtverträge nach Maßgabe
des § 1 III, § 10 die Möglichkeit erhalten haben, auf dem ver=
pachteten Gebiet Anlagen und Bauten jeder Art gegen eine
Ermäßigung des Pachtzinses nach Verhältnis der in Anspruch
genommenen Flächen zu errichten.

Der Pächter hat in Zweifel gezogen, ob die in hohem Grade
beliebten Promenadenwege um den Hellsee und die vom Pächter
errichtete, über den Hellsee führende Brücke dem öffentlichen
Verkehr freistehen. Inwieweit dieser Zweifel begründet war,
bleibe hier dahingestellt. Jedenfalls wird er durch die getroffenen
Abreden ausgeschlossen. Denn nach § 3 des Vertrages erkennt
der Pächter das Benutzungsrecht für das Publikum ausdrücklich
an und übernimmt die Unterhaltungspflicht sowohl für die
Wege als für die Brücke.

Demgegenüber haben wir als Äquivalent für die Aufgabe
des Vorkaufsrechts und für die uns bei der Änderung der laufen=
den Verträge gemachten Zugeständnisse dem Pächter, abgesehen
von der Befugnis, die wirtschaftlich zusammengehörenden Ver=
träge einheitlich mit jährlicher Frist zu kündigen, in der Haupt=
sache ein Recht auf Verlängerung der Schloßpacht und des
Hellseepachtvertrages sowie des den Hellsee unmittelbar be=
grenzenden Landstreifens, aber ohne die Holznutzung dieses
Gebietes, auf zweimal 5 Jahre, also äußerstenfalls bis zum
Jahre 1933 eingeräumt (§ 5 des Vertrages). Daneben haben
wir ihm zugestanden, die Jagd, sofern wir sie alsdann überhaupt

verpachten wollen, auch noch nach dem Jahre 1923 zu pachten, und zwar zu dem in Zukunft angemessenen und durch Sachver= ständige festzustellenden Preise. Endlich haben wir ihm einen kleinen, von seinem Grundbesitz umschlossenen Teil des Hellsees auf weitere 30 Jahre verpachtet.

Wir sind der Auffassung, daß die dem Pächter gemachten Zugeständnisse in ihrer Bedeutung für die Stadt nicht die Vorteile überwiegen, welche wir für die Dauer der laufenden Verträge, an die wir mit ihrem bisherigen Inhalt ja schlechthin gebunden waren, durchgesetzt haben. Namentlich ist aber mit dem Verzicht auf das Vorkaufsrecht die den ganzen Erwerb in Frage stellende Ungewißheit behoben, ob der Pächter von dieser seiner Befugnis Gebrauch machen werde oder nicht. Hervorheben möchten wir zu diesem Punkte noch, daß die Vereinbarungen mit dem Pächter als integrierender Bestandteil des Kaufvertrages selbst zu betrachten sind. Das Pachtverhältnis für die Ländereien hätte unter allen Umständen bis 1923 ausgehalten werden müssen, ebenso die Miete des Schlosses und des angrenzenden Parkes. Es war also die Frage, ob man diese Verpflichtungen uneingeschränkt auf sich nehmen und daneben das Risiko der Ausübung des Vorkaufsrechts durch Herrn v. F r i e d l a e n d e r = F u l d laufen wollte. Hiergegen hegten wir nach den Erfah= rungen, welche bei früheren Gelegenheiten mit der Verteidigung gegen ein solches Vorkaufsrecht gemacht worden sind, die schwersten Bedenken. Wir haben uns bemüht, einen Ausweg zu finden, welcher das Vorkaufsrecht vollständig beseitigt, uns von vornherein eine wesentlich erhöhte Verfügungsfreiheit über Forst und Gelände gibt und dagegen bei einem kleinen Teil des Gutes die Annehmlichkeiten, welche dieser für den jetzigen Pächter hat, zeitlich und inhaltlich um etwas verstärkt.

Wie für jede Welt= und Millionenstadt müssen für Berlin die Fragen der Bevölkerungszunahme und die daraus ent= springende Sorge für eine weitschauende Bodenpolitik im Vor= dergrund des Interesses stehen. So ist denn auch das Bestreben der Stadt bereits seit Jahrzehnten darauf gerichtet, nicht nur Grund und Boden innerhalb und außerhalb des Berliner Weich= bildes uns nach Maßgabe des augenblicklichen Bedürfnisses zu sichern, sondern in dieser Beziehung auch für die in Zukunft zu erfüllenden Anforderungen zu sorgen. Diesem seit den siebziger Jahren des vorigen Jahrhunderts befolgten Grundsatz verdanken wir zunächst im Süden der Stadt, im Kreise Teltow, einen Güterbesitz von über 6200 ha, der zur Zeit der Entwässerung des Stadtteils südlich der Spree dient. Gleichzeitig und im Anschluß hieran begründeten wir im Nordosten und Norden, im Kreise Niederbarnim unseren Grundbesitz mit den Gütern Falkenberg, Marzahn, Hohenschönhausen, Eiche, Wartenberg, Malchow, Blankenburg, den Bauernländereien bei Heinersdorf, Rosenthal und Blankenfelde. Im Jahre 1898 kam das Rittergut Buch hinzu, der damals nördlichste Teil des städtischen Eigentums. Im letzten Jahrzehnt wurde die Ausdehnung nach Norden durch den Erwerb von Schmetzdorf, Schönow, Ladeburg, Rüdnitz, Willmersdorf und Danewitz fortgesetzt; sie fand damals ihren Abschluß mit dem Ankauf der Königlichen Schönwalder Forst am Gorinsee im Jahre 1909. Von diesen Gütern im Norden in der Gesamtgröße von mehr als 11 300 ha ist der größte Teil bis zum Vorwerk Hobrechtsfelde hinaus gleichfalls für Rieselzwecke in Anspruch genommen.

Den letzten städtischen Erwerb erheblichen Umfanges außerhalb des Weichbildes bildet die im Jahre 1911 angekaufte Wuhlheide, die u. a. für die Wasserversorgung nutzbar gemacht werden soll.

Neben den Zwecken der Kanalisation und der Wasserbeschaffung dient unser Grundsatz gesundheitlichen Einrichtungen jeder Art, namentlich der Heilstättenpflege, wie beispielsweise in Buch, Malchow, Blankenburg, Blankenfelde, Gütergotz, Heinersdorf, der Irren- und Hospitalpflege, ferner der Beschaffung von Ferienspielplätzen usw.

So hat die städtische Bodenpolitik, weitschauend von Anfang an, sich immer klarere, festere Ziele gesteckt. Sie hat das Rückgrat der Stadt gestärkt und ihr Vermögensobjekte zugeführt, welche in unserer Bilanz einen wichtigen, fest begründeten Posten bilden. Verluste, wie sie durch das fortgesetzte Sinken der mobilen Werte herbeigeführt werden, sind hier nicht eingetreten oder zu befürchten.

Durfte noch im letzten Jahrzehnt nach dem bisherigen Gang der Entwicklung angenommen werden, daß der umfangreiche

Bodenbesitz Berlins auf absehbare Zeit hinaus allen etwa hervortretenden Anforderungen in kommunaler Hinsicht genügen werde, so ruft doch die neuere Bevölkerungsentwicklung je länger je mehr das Bedürfnis hervor, nachzuprüfen, inwieweit Berlin selbst von dieser Entwicklung mitbetroffen werde, ja an der zu erwartenden Bevölkerungszunahme selbst noch mitbeteiligt sein wird.

Da im wesentlichen, wie ein Blick auf den Stadtplan zeigt, nur im Norden und namentlich im Nordosten noch größere unbebaute Flächen vorhanden sind, so ist die gegenwärtige und auch die schon seit mehreren Jahren sich vollziehende Entwicklung Berlins wesentlich auf die nördlichen und östlichen Gebiete der Stadt angewiesen. Zwischen den beiden letzten Volkszählungen vom 1. Dezember 1905 und vom 1. Dezember 1910 nahm Berlin zu von 2 040 148 auf 2 071 257, d. i. um 31 109 oder nur 1,52 %. Dabei ist es schon angesichts der fortdauernden Abgabe von Bevölkerung an die Vororte beachtenswert, daß es zu solcher Zunahme, so geringfügig sie ist, überhaupt noch kommen konnte. Der Grund ist in den nördlichen und östlichen Stadtteilen zu suchen, wo eine neue Bebauung größere Bevölkerungsmassen an sich zog. Dort hat sich eine Bevölkerungsentwicklung vollzogen, so lebhaft wie in den am schnellsten hochgekommenen Vororten; sie ist es, welche das in anderen Teilen der Stadt festzustellende Sinken der Bevölkerungszahl in der Wirkung für die Gesamtstadt aufhebt. So nahm der Stadtteil Wedding zwischen den beiden letzten Volkszählungen von 87 524 auf 132 660 zu, d. i. um 45 136 oder 51,6 %, ein Prozentsatz, welcher unter den größeren Vororten nur von wenigen, von Neukölln und Wilmersdorf, übertroffen wurde. Wenn somit hinter nur geringer Bevölkerungsentwicklung der Stadt im ganzen so außerordentlich lebhafte Zunahmetendenzen in einzelnen peripherischen Teilen festzustellen sind, so zeigt diese Tatsache, daß wir die Stagnation der Bevölkerungsentwicklung im Endergebnis nicht von dem Standpunkte aus betrachten können, als bedürfe es der Berücksichtigung der Bevölkerungsvorgänge nun überhaupt nicht mehr. Im Gegenteil, die auf ein engeres Gebiet beschränkte, gewissermaßen lokalisierte Bevölkerungszunahme erheischt eine um so eingehendere Beachtung, als diese Entwicklung keineswegs abgeschlossen ist, ja vielmehr die Quelle für alle weitere Bevölkerungszunahme Berlins bildet. Ob Berlin noch um 500 000 Menschen oder mehr oder weniger zunehmen wird und wann diese höchste Bevölkerungszahl erreicht sein wird, dafür lassen sich wohl Vermutungen, aber nicht restlos beweisbare Behauptungen aufstellen. Was aber feststeht, ist, daß dieses noch zu erwartende Plus von mehreren Hunderttausenden herbeigeführt werden wird, ganz vorwiegend durch den Norden und Nordosten. Nach einer näheren Berechnung unseres statistischen Amts, von der wir Abschrift in der Anlage beifügen, ist das sehr beachtenswerte Ergebnis dieser Untersuchung folgendes:

In den nördlich der Spree gelegenen Berliner Stadtgebieten ist selbst bei äußerst vorsichtiger Rechnung für einen Bevölkerungszuwachs von mindestens 435 000 Menschen Fürsorge zu treffen. Sieht man aber von dem Berliner Weichbild ab und berechnet allein die Bevölkerungszunahme der nördlichen Vororte innerhalb der 15-Kilometer-Zone, so beträgt das Mehr ausschließlich für diese im Jahre 1930 nach den Berechnungen unseres statistischen Amts über 580 000 Seelen, d. h. für die nächsten 20 Jahre ist etwa mit einer Verdreifachung der Dichtigkeit der Besiedelung in diesem an Berlin unmittelbar angrenzenden Vorortgebiete zu rechnen.

Dieser Entwicklung darf Berlin selbstverständlich nicht stillschweigend und untätig zuschauen. Sie hat eine bedeutende Verschiebung unserer für Rieselanlagen erworbenen Ländereien, eine Erweiterung unseres Grundbesitzes nach dem Norden hin zur naturnotwendigen Folge. Je mehr die Rieselfelder sich in nördlicher Richtung ausdehnen und die dort bereitgehaltenen Reserven ergreifen, um so unerläßlicher wird es aus gesundheitlichen und sozialen Gründen sein, für die zu Rieselzwecken neu in Anspruch zu nehmenden und nicht minder für diejenigen Flächen, welche voraussichtlich von der fortschreitenden Bebauung werden ergriffen werden, in weiterer Entfernung einen Ersatz zu schaffen. Diesen Ersatz gewährt uns die Herrschaft Lanke in vollem, ausgiebigem Maße. Lanke schafft uns freie Hand für die methodische, allen Bedürfnissen gerecht werdende Ausnutzung unseres nördlichen Besitzes.

Kleinere Teile der Herrschaft Lanke, und zwar landschaftlich weniger wertvolle wie die im Süden gelegene Probstheide, eignen sich übrigens auch unmittelbar für Rieselzwecke, andere bieten voraussichtlich wertvolle Austauschobjekte für das etwa in benachbarten Gebieten zu beschaffende Rieselland. Bei dem Umfange des Lanker Besitzes ist nicht zu befürchten, daß er durch eine solche Verwendung geringer Flächen den sonst mit seinem Erwerb verfolgten Zielen entzogen werden könnte.

Es ist kaum vermeidlich, die Beziehungen zu erörtern, welche den Erwerb der großen und schönen Lanker Waldungen und Seen mit dem Streben verknüpfen, für unser weiteres Gemeinwesen einen den dringendsten sanitären Anforderungen entsprechenden Wald- und Wiesengürtel zu schaffen. Da hierbei indessen die Verhandlungen berührt werden müßten, welche zwischen dem Zweckverband Groß-Berlin und dem Staatsfiskus in der Schwebe sind, so nehmen wir zurzeit Abstand, jenen Zusammenhang öffentlich zu besprechen und behalten uns vertrauliche Darlegungen darüber vor. Wir glauben durch sie nachweisen zu können, daß der Ankauf Lankes, wie er sicherlich den Interessen auch Groß-Berlins dient, so unseren eigenen Anteil an diesen Interessen sowohl vom allgemeinen kommunalpolitischen, als auch vom finanziellen Standpunkt aus zu unmittelbarem, entscheidendem Vorteile gereichen muß. Für jetzt beschränken wir uns auf folgende, den Gegenstand nicht erschöpfende Bemerkungen:

Die Herrschaft Lanke liegt in demjenigen Teile des Berliner Umkreises, welcher bei den Waldverhandlungen des Zweckverbandes außer Berücksichtigung bleibt. Die Hauptmasse, auf welche dieser sein Augenmerk richtet, liegt im Westen, mit einem starken Übergewicht des Südwestens und einer schwächeren, aber immer noch intensiven Berücksichtigung des Nordwestens, zum weit größten Teil innerhalb der 20-Kilometer-Zone (vom Mittelpunkt Berlins gerechnet), die nur im äußersten Südwesten überschritten wird. Ein starkes Drittel der Waldungen aber befindet sich im Südosten Groß-Berlins, zum geringeren Teil innerhalb der 20-Kilometer-Zone, größtenteils in der Zone zwischen 20 und 25 km, mit nicht unbeträchtlichen Flächen auch die 25-Kilometer-Grenze überschreitend und damit ungefähr in der gleichen Zone wie die südlichen Teile Lankes.

Fast unbeteiligt sind dagegen, abgesehen von Teilen des Südens, die nach Norden, Nordosten und Osten gerichteten Stadt- und Vorortsgegenden. Wenn jetzt Berlin im Herzen dieses Teils des Umkreises die bedeutungsvollste Waldpartie erwirbt, so führt es damit der Umgebung der Stadt gerade in der Richtung, an welcher die dichtestgedrängten und bedürftigsten Bevölkerungsmengen sowohl Berlins wie der Vororte am meisten interessiert sind, ein neues Element zu. Neu auch im Vergleich zu den fiskalischen Waldungen; denn diese befinden sich schon jetzt im öffentlichen Besitz, und ihr Besitzer, der Staat, würde ihre weitere Verminderung, nachdem sie schon so erheblich zurückgedrängt sind, sich ohnehin mit Rücksicht auf die Bevölkerungsmasse der Hauptstadt nicht gestatten können. Lanke aber geht aus Privatbesitz in den öffentlichen Besitz über und wird so der höheren Bestimmung durch uns zugeführt.

Landschaftlich durch seine Wälder, Seen- und Höhenzüge von ganz besonderem Reiz wird der Lanker Besitz als Schönheits- und Gesundheitswert für die Groß-Berliner Bevölkerung den andern ins Auge gefaßten Gegenden mindestens gleichstehen, vielfach diese — namentlich durch seinen prachtvollen Waldbestand — sogar erheblich übertreffen. Es darf unbedenklich behauptet werden, daß gegenüber dem sinkenden Werte näher an Berlin gelegener Waldungen, die eben durch die Nähe der Großstadt, durch Rauchentwicklung, Niedertreten der Kleinvegetation, daneben besonders durch die fortschreitende Senkung des Grundwasserspiegels und die damit für die Seen wie für den Baumwuchs verbundene Wasserentziehung beeinflußt worden sind, der frischen Schönheit der Lankeschen Forsten einer der wichtigsten Anteile an der Erholung und Kräftigung der Berliner Einwohnerschaft zufallen wird.

Berlin, welches diesen Zuwachs schafft, behält die erstandenen Flächen in eigener, freier Verfügung. Es kann sie nach selbständigem Ermessen so verwenden, daß neben dem allgemeinen Gesundheitsinteresse auch die sonstigen Interessen der Stadt gebührend auf ihre Rechnung kommen.

Zu einer derartigen Freiheit der Verfügung besteht auch die Notwendigkeit; denn der Lankesche Besitz ist nicht nur durch die ihrer Größe nach bereits gekennzeichneten Bestandteile an Wald, Ackerland und See unterschieden, sondern auch sonst in Gestaltung und Verwertbarkeit so mannigfaltig, daß er den verschiedenartigen Anforderungen dienstbar gemacht werden kann. Insbesondere eignen beträchtliche Teile der nicht mit Wald besetzten Flächen sich auch zur Bebauung. Eine solche Bebauung kann eintreten, ohne daß das Gesamtgelände dem allgemeinen Zwecke, Lunge und Erholung für die Weltstadtbevölkerung zu bieten, irgendwie merkbar entzogen würde. Sind hierbei, sei es, daß die Bebauung für die städtischen Zwecke erfolgt, sei es, daß Gelände der privaten Bebauung zugeführt wird, hauptsächlich Rücksichten auf den etwaigen Bedarf der städtischen Finanzen maßgebend, so kann sich andererseits auch die Möglichkeit bieten, an einer oder mehreren Stellen die jetzt vielfach mit beachtlichen Gründen erstrebten Ziele des Kleinwohnungsbaues besonders nach dem System des Erbbaurechts zur Verwirklichung zu bringen. In erster Linie könnte für etwaige Bebauung nach vor=läufiger Schätzung eine Fläche von rund 1000 ha in Frage kom=men, besonders beim Dorf Arendsee, bei Neudörfchen, westlich von Uetzdorf, bei Prenden, sowie in den großen Wiesen westlich von Ruhlsdorf und südlich vom Schiffahrtskanal.

Im weiteren wird, namentlich bei manchen Waldflächen, anzustreben sein, durch Umtausch eine bessere Abrundung des Besitzes sowohl für die Stadt, wie für benachbarte Eigentümer zu erwirken.

Einer der hervorstechendsten Züge Lankes ist ein Reichtum an Wasser, insonderheit an Seen. Die zur Zeit in Betrieb befind=lichen Wasserwerke in Tegel, am Müggelsee und die im Bau be=findlichen Werke Wuhlheide und Heiligensee mit Tegelort können insgesamt auf eine tägliche Grundwasserproduktion von 400 000 cbm gebracht werden. Diese Leistung reicht nach den Berech=nungen unserer Wasserwerke zwar noch auf etwa 20 Jahre für Berlin und die vertraglich mitzuversorgenden Vororte aus. Nach Ablauf dieser Zeit wird sich aber die Notwendigkeit ergeben, den alsdann hervortretenden Bedarf zu decken.

So steht die Wasserversorgung im Bilde der bisherigen Erfahrung. Aber die Notwendigkeit kann eintreten, schon früher die Quellen von Lanke in Anspruch nehmen zu müssen. Es ist eine nicht wegzudiskutierende Tatsache, daß der Grundwasser=

spiegel in und um Berlin durch die immer mehr steigende Wasser=
entnahme dauernd sinkt und die Wasserförderung immer schwie=
riger wird. Deshalb hat in kluger Voraussicht das den städtischen
Wasserwerken an Größe nächststehende Wasserwerk von Groß=
Berlin sich bereits ein wasserreiches Gebiet südlich von Berlin
als Reserve für später gesichert. Das Sinken des Grundwassers
und der heiße trockene Sommer von 1911 hätten fast zu einer
Wassernot geführt, und es könnte bei Eintritt mehrerer aufein=
anderfolgender trockener Jahre leicht eine Kalamität in der
Wasserversorgung entstehen; daher ist notwendig, bei Zeiten
vorzusorgen und ein vom näheren Umkreis von Berlin unab=
hängiges Quellengebiet zu erwerben.

Hierfür können die in der Herrschaft Lanke gelegenen Seen
von großer Bedeutung werden. Sie enthalten reichliche Wasser=
mengen von ausgezeichneter Beschaffenheit. Schon der bekannte
Zivilingenieur Veitmeyer hat in seinem grundlegenden Werke
„Vorarbeiten zu einer künftigen Wasserversorgung der Stadt
Berlin" (1871) auf Seite 141, 145, 181 ff. auf die Lanker Gewässer
hingewiesen und ein Projekt entworfen, nach dem man der Stadt
aus ihnen sehr bedeutende Mengen zuführen kann. Die von ihm
angestellten Untersuchungen sind durch unsere Techniker nachge=
prüft und als im wesentlichen zutreffend bestätigt worden.

Dem Werte der Verwendung des Gutes für öffentliche
Zwecke tritt hinzu die gewöhnliche Nutzung von Wald und Land.

Die gegenwärtigen Einnahmen aus der Herrschaft Lanke
betragen nach dem Durchschnitt der letzten Jahre etwa 178 000 ℳ
jährlich. Sie setzen sich zusammen aus dem Ertrage der Forst=
nutzung in Höhe von ungefähr 131 500 ℳ und dem Pachtzinse
für das Schloß Lanke, die Jagd, die Seen und die gesamten
Ländereien in Höhe von rund 46 500 ℳ.

Ihnen gegenüber steht der sonstige Nutzen des Gutes für die
Stadt weit im Vordergrund, ein Nutzen, der sich, wie vorhin
angedeutet, auch als Ersparnis vielleicht weit größerer Opfer in
naher Zukunft darstellen wird.

Ohne irgendwie nach anderer Seite Kritik zu üben, wird
man den für Lanke zu zahlenden Preis von 4400 ℳ pro Hektar
hier doch der Summe gegenüberstellen dürfen und müssen,
welche der Fiskus laut öffentlicher Mitteilung für seine Wal=

dungen zur Zeit vom Zweckverbande Groß-Berlin fordert. Diese beträgt 53 000 000 $\mathscr{M}$ für 10 000 ha, also 5300 $\mathscr{M}$ für das Hektar oder 900 $\mathscr{M}$ mehr, als für das Hektar Lankeschen Geländes bezahlt werden soll. Dabei besteht der Unterschied, daß das Geschäft zwischen Staat und Zweckverband für diesen nur die Folge haben soll, die 53 000 000 $\mathscr{M}$ aus seiner Kasse in die des Staates überzuführen, aber dafür keinen eigentlichen Vermögenszuwachs zu erlangen, zugleich auch der Möglichkeit eines Rückkaufes auf unabsehbare Zeit ausgesetzt zu sein, während Berlin die Herrschaft Lanke zu freiem Eigentum erhält. Der Wert des vom Fiskus zu erlangenden Dauerwaldes charakterisiert sich — abgesehen von der Forstnutzung — vom Standpunkte des Zweckverbandes aus ausschließlich als Schönheits- und Gesundheitswert. Und selbst in dieser Beziehung fällt die Gegenüberstellung nicht zuungunsten Lankes aus, sonderlich nicht beim Vergleich mit dem Grunewald, der wohl als das Objekt angesehen werden darf, welches die staatlichen Anforderungen am meisten beeinflußt.

Zur Beurteilung des mit der Gräflich Redernschen Verwaltung vereinbarten Preises seien noch folgende Ziffern angeführt:

Der Preis von 4400 $\mathscr{M}$ pro Hektar bleibt um etwas hinter dem Betrage zurück, den wir im Jahre 1909 mit 4482 $\mathscr{M}$ pro Hektar für die Schönwalder Forst am Gorinsee bezahlt haben. Die auf dem gesamten Lanker Grundbesitz befindlichen Gebäude sind bei der Landfeuersozietät der Provinz Brandenburg mit 794 800 $\mathscr{M}$ versichert. Der Wert des Holzbestandes von Lanke ist von unserer Forstverwaltung auf 6 000 000 $\mathscr{M}$ geschätzt worden. Es ergibt sich danach für das kahle Land einschließlich der Seenflächen ein Preis von 12 902 487,72 $\mathscr{M}$, also für das kahle Hektar von 2882,17 $\mathscr{M}$. Dieser Betrag entspricht dem Kaufpreis für das kahle Hektar bei Schönwalde-Gorin. Darf man die Parallele ziehen, so bleibt er sogar um 691,83 $\mathscr{M}$ hinter dem Preise für die Bauernländereien in Malchow zurück, für die wir im Jahre 1898 3574 $\mathscr{M}$ pro kahles Hektar gezahlt haben.

In der Hoffnung, daß die außerordentliche Bedeutsamkeit des Ankaufs für die gesamte Entwicklung und kommunale Stellung unserer Stadt wie bei uns einstimmige Annahme, so auch in der Stadtverordnetenversammlung Würdigung findet, bitten wir, zu beschließen:

Die Versammlung erteilt den Verträgen vom 18. Juni 1913 und vom 5. /13. Juni 1913 ihre Zustimmung. Die Mittel in Höhe von 19 697 287,72 ℳ einschließlich der Kosten sind aus einer neuen Anleihe zu decken und einstweilen, soweit notwendig, auf Vorschuß zu verausgaben.

Berlin, den 1. September 1913.

Magistrat der Königl. Haupt= und Residenzstadt.

Wermuth.

J.=Nr. 1069 St. V. I/13.

———

Zu 747. **Anlage 1.**

Kaufvertrag über Lanke.

Beurkundungsregister für 1913/Nr. 11.

Verhandelt zu Berlin, den 18. Juni 1913.

Vor mir als dem durch Verfügung des Oberbürgermeisters der Königlichen Haupt= und Residenzstadt Berlin vom 1. Januar 1900 zu Beurkundungen gemäß Artikel 12 § 2 und Artikel 27 des Preußischen Ausführungsgesetzes zum Bürgerlichen Gesetz= buche bestimmten Beamten, Magistratsrat Dr. Buls, erschienen heute:

1. der Generaldirektor Max Schoch aus Günterberg bei Greifenberg in der Uckermark,

2. der Magistratsassessor Dr. Otto Ruer zu Berlin.

Der Erschienene zu 2 ist dem Urkundsbeamten persönlich bekannt, die Persönlichkeit des Erschienenen zu 1 wurde zur Ge= wißheit des Urkundsbeamten festgestellt durch Überreichung der Generalvollmacht vom 3. April 1911.

Der Erschienene zu 1 tritt in dieser Verhandlung als General= bevollmächtigter des Grafen Wilhelm Heinrich von Re= bern auf Görlsdorf bei Angermünde, der Erschienene zu 2 auf Grund anliegender Vollmacht des Magistrats vom 14. Juni 1913 als Bevollmächtigter der Stadtgemeinde Berlin auf.

Dies vorausgeschickt, vereinbaren die Erschienenen zu 1 und 2 namens ihrer Vollmachtgeber folgenden Kaufvertrag bezüglich der Herrschaft Lanke in den Kreisen Nieder= und Oberbarnim.

§ 1.

Die Rechtswirksamkeit des Vertrages ist abhängig einerseits davon, daß der den Grafen Wilhelm Heinrich von Re= bern zum Abschluß des Vertrages ermächtigende Familienbe= schluß von der Fideikommißbehörde bestätigt wird, andererseits von der Zustimmung der Stadtverordnetenversammlung zu dem gegenwärtigen Vertrage.

§ 2.

Der Graf Wilhelm Heinrich von Rebern verkauft in Ausführung des vorbezeichneten Familienbeschlusses an die Stadtgemeinde Berlin folgende, zur Zeit zum Gräflich von Rebernschen Familienfideikommiß gehörende Grundstücke nebst den darauf befindlichen Gebäuden:

    a) das im Grundbuche des Königlichen Amtsgerichts Bernau, von den Rittergütern im Kreise Niederbarnim Band I Blatt Nr. 8 verzeichnete Rittergut Lanke, abzüglich einer zum Bau einer Leichenhalle der Kirchengemeinde Lanke übergebenen, aber noch nicht aufgelassenen Parzelle „Ge= markung Lanke, Gut, Kartenblatt 2 Nr. 291/80 Hofraum in der Dorflage" von 4 qm Flächeninhalt, so daß eine Ge= samtgröße des verkauften Rittergutes Lanke verbleibt von 2741 ha 17 a 97 qm;

    b) das im Grundbuche des Königlichen Amtsgerichts Bernau von den Rittergütern des Kreises Niederbarnim Band I Blatt Nr. 12 verzeichnete Rittergut Utzdorf und Werder in der Größe von . . . . 290 ha 92 a 40 qm;

    c) das im Grundbuche des Königlichen Amtsgerichts Bernau von den Rittergütern des Kreises Niederbarnim Band II Blatt Nr. 21 verzeichnete Rittergut Prenden in der Größe von . . . . 507 ha 97 a 86 qm;

    d) das im Grundbuche des Königlichen Amtsgerichts Bernau von den Rittergütern des Kreises Niederbarnim Band I Blatt Nr. 9 verzeichnete Rittergut Neudörfchen in der Größe von . . . . 555 ha 32 a 26 qm;

e) das im Grundbuche des Königlichen Amtsgerichts Bernau
von den Rittergütern des Kreises Niederbarnim Band II
Blatt Nr. 20 verzeichnete Rittergut Arendsee in der Größe
von . . . . 255 ha 61 a 08 qm;

f) die im Grundbuche des Königlichen Amtsgerichts Bernau
von Lanke, Kreis Niederbarnim, Band I Blatt Nr. 12 ein=
getragene Parzelle „Garten beim Gutsgehöft" in der
Größe von . . . . 7 a 90 qm;

g) den im Grundbuche des Königlichen Amtsgerichts Bernau
von Lanke, Kreis Niederbarnim, Band I Blatt Nr. 4 ein=
getragenen ehemals bäuerlichen Grundbesitz, abzüglich
einer in der Gemarkung Lanke, Kartenblatt II Nr. 292/80
verzeichneten Parzelle „Hofraum in der Dorflage" in der
Größe von 1 a 16 qm, die zum Bau einer Leichenhalle der
Kirchengemeinde Lanke übergeben, aber noch nicht auf=
gelassen ist, so daß eine Größe von 5 ha 62 a 95 qm
verbleibt;

h) den im Grundbuche des Königlichen Amtsgerichts Bernau
von Lanke, Kreis Niederbarnim, Band II Blatt Nr. 38
verzeichneten, ehemals bäuerlichen Grundbesitz in der
Größe von . . . . 18 ha 79 a 20 qm;

i) den im Grundbuche des Königlichen Amtsgerichts Bernau
von Lanke und Neudörfchen, Kreis Niederbarnim, Band I
Blatt Nr. 11 eingetragenen „Neudörfchener Mühlengrund=
besitz" in der Größe von . . . . 12 ha 35 a 80 qm;

k) das im Grundbuche des Königlichen Amtsgerichts Bernau
von Lanke, Kreis Niederbarnim, Band III Blatt Nr. 85
verzeichnete Wiesengrundstück am Bogensee in der Größe
von . . . . 36 a 20 qm;

l) das im Grundbuche des Königlichen Amtsgerichts Bernau
von Lanke, Kreis Niederbarnim, Band IV Blatt Nr. 91
verzeichnete Grundstück „Garten in den hintersten Gärten"
in der Größe von . . . . 7 a 10 qm;

m) das im Grundbuche des Königlichen Amtsgerichts Oranien=
burg von Klosterfelde, Kreis Niederbarnim, Band III
Blatt Nr. 145 verzeichnete Grundstück „Acker am Wege
nach Neudörfchen und Holzung daselbst" in der Größe
von . . . . 2 ha 62 a 10 qm;

n) das im Grundbuche des Königlichen Amtsgerichts Oranienburg von Klosterfelde, Kreis Niederbarnim, Band VI
Blatt Nr. 230 verzeichnete Grundstück „Acker und Holzung
an der Grenze mit Neudörfchen" in der Größe von

21 ha 41 a — qm;

o) das im Grundbuche des Königlichen Amtsgerichts Ebers-
walde von Biesenthal, Kreis Oberbarnim, Band V Blatt
Nr. 237 verzeichnete Grundstück (Acker, Weide, Holzung
und Wiese) in der Größe von . . 64 ha 05 a 18 qm;

ferner verkauft der Graf von Redern:

p) das nicht zum Familienfideikommiß gehörige, im Grund-
buche des Königlichen Amtsgerichts Bernau von Lanke,
Kreis Niederbarnim, Band II Blatt Nr. 32 verzeichnete
Grundstück „Acker in der Dorflage" in der Größe von

26 a 63 qm,

gleichfalls mit der im § 1 dieses Vertrages bestimmten
Maßgabe.

Die Gesamtgröße des verkauften Grundbesitzes beträgt mithin
4 476 ha 65 a 63 qm.

§ 3.

Auf dem verkauften Gesamtgrundbesitz befinden sich Gebäude, die bei der Landfeuersozietät der Provinz Brandenburg
mit 794 800 ℳ versichert sind.

§ 4.

An Inventar wird lediglich mitverkauft:

a) das zur Schloßpachtung Lanke gehörige sogenannte
Garteninventar, bestehend aus Zierpflanzen, Mistbeet-
fenstern und Gartengerätschaften;

b) die zur Forstverwaltung gehörige Bureaueinrichtung,
sonstige Mobilien und Gerätschaften.

§ 5.

Der Kaufpreis beträgt für jedes Hektar des verkauften Gebietes 4 400 ℳ, so daß sich nach der oben angegebenen kataster-
und grundbuchmäßigen Gesamtgröße von 4 476 ha 65 a 63 qm
ein Gesamtkaufpreis von 19 697 287,72 ℳ ergibt.

Bemerkt wird, daß der Kaufpreis sich lediglich nach dem Flächeninhalt des verkauften Grundbesitzes richtet und bei etwa sich herausstellenden Abweichungen in der Größe entsprechend vermindert oder erhöht.

§ 6.

Der Kaufpreis wird an den Verkäufer wie folgt gezahlt:

a) bei der Auflassung zahlt die Käuferin einen Betrag von 6 Millionen Mark in bar oder in Berliner Stadtanleihe zum Tageskurse;

b) der Restkaufpreis wird der Käuferin gestundet und vom Tage der Übergabe ab mit 4 pCt. in halbjährlichen am 1. April und 1. Oktober eines jeden Jahres nachträglich fälligen Raten verzinst;

c) 1 Jahr nach dem Tage der Auflassung, also am 1. Oktober 1915 wird ein Teilbetrag von 1½ Millionen Mark des Restkaufpreises fällig, die weiteren Raten in Höhe von je 1½ Millionen Mark jeweils 1 Jahr später, solange bis die Kaufsumme völlig getilgt ist. Diese Kaufpreisraten können gleichfalls in bar oder in Berliner Stadtanleihe zum Tageskurse beglichen werden.

Die Käuferin hat das Recht, den Kaufpreis dem Verkäufer jederzeit vorher ganz oder teilweise nach einer ein Vierteljahr vorher erfolgten Anzeige auszuzahlen.

§ 7.

Der Verkäufer sichert der Käuferin zu, daß Berggerechtsame irgend welcher Art an dem verkauften Grundbesitze nicht bestehen.

§ 8.

Die Käuferin übernimmt ohne Anrechnung auf den Kauf=preis nur folgende grundbuchlich eingetragene Lasten:

a) die im Grundbuche des Königlichen Amtsgerichts Bernau von den Rittergütern im Kreise Niederbarnim Band I Blatt Nr. 8 (Rittergut Lanke) Abteilung Nr. II Nr. 3 ein=getragene Verpflichtung zur Unterhaltung der von Wülknitz'schen Familiengrabstelle und zur Zahlung der

jährlichen Aufsichtsgebühr von 10 Talern an den jedes=
maligen Küster in Prenden;

b) die auf demselben Grundbuchblatt in Abteilung III
Nr. 143 eingetragene Kaution für den Königlichen Fiskus
wegen der auf dem Grundstück lastenden Verpflichtung
zur Unterhaltung der Chaussee Lanke—Wiesenthal inner=
halb des Kreises Oberbarnim;

c) die im Grundbuche des Königlichen Amtsgerichts Bernau
von Lanke und Neudörfchen, Kreis Niederbarnim, Band I
Blatt Nr. 11 Abteilung II Nr. 7 eingetragene Staube=
schränkung und die unter Nr. 8 daselbst eingetragene
Pflicht zur Vorflutverschaffung.

Alle übrigen grundbuchlich eingetragenen Lasten und Eigen=
tumsbeschränkungen jeglicher Art, gleichgültig ob sie in Abteilung
II, Abteilung III oder an sonstiger Stelle des Grundbuchs ver=
merkt sind, verpflichtet sich der Verkäufer, auf seine Kosten vor
der Auflassung löschen zu lassen. Ebenso ist die Löschung der in
den Grundbüchern noch enthaltenen Abschreibungsvermerke,
auch soweit sie keine Belastung des Grundbesitzes enthalten,
seitens des Verkäufers bis zur Auflassung nach Möglichkeit herbei=
zuführen.

§ 9.

Die Übergabe und Auflassung des verkauften Grundbesitzes
soll am 1. Oktober 1914 erfolgen. Von diesem Zeitpunkte ab ge=
bühren der Käuferin die Nutzungen und hat sie die Lasten des
Grundstücks zu tragen. Die auf die Zeit nach der Übergabe und
Auflassung entfallenden Pacht= und Mietzinsen stehen der Käufe=
rin zu. Das Forstwirtschaftsjahr geht mit dem 30. September 1914
zu Ende. Der Verkäufer verpflichtet sich, die Forst bis zur Über=
gabe nur nach den Grundsätzen ordnungsmäßiger Wirtschafts=
führung entsprechend dem bisherigen Betriebsplan zu nutzen.

§ 10.

Zu den öffentlichen Lasten, die die Käuferin vom 1. Oktober
1914 ab übernimmt, gehören nicht die im Grundbuche eingetrage=
nen Rentenbankrenten, die der Verkäufer schon nach § 8 dieses
Vertrages zu löschen verpflichtet ist; ebensowenig gehören dazu

die Grundsteuerentschädigungsrenten und eine an die Königliche Forstkasse Oranienburg zu zahlende Heidemiete von 201 ℳ jährlich.

Der Verkäufer sichert zu und leistet dafür Gewähr, daß an öffentlichen Lasten auf dem verkauften Grundbesitz zur Zeit nur ruhen Kreissteuern, Amtsunkostenbeitrag für den Amtsbezirk Lanke, Standesamtsunkostenbeitrag für den Standesamtsbezirk Lanke, Schulunterhaltungskostenbeitrag für Lanke, Uetzdorf, Prenden, Neudörfchen und Arendsee, Pfarrbaukostenbeitrag für Arendsee, Beiträge zur Ritterakademie Brandenburg für den Gesamtbesitz, Waisenratsunkosten für Prenden, Landwirtschafts=kammerbeiträge für den Gesamtbesitz, Berufsgenossenschafts=beiträge, Gemeindesteuern für die Gemeinden Lanke, Prenden, Klosterfelde, Ladeburg und Biesenthal, Patronatslasten für Prenden, Lanke, Sophienstädt und Neudörfchen.

<h2 style="text-align:center">§ 11.</h2>

Zwischen dem Geheimen Kommerzienrat v. Fried= laender=Fuld zu Berlin und dem Verkäufer bestehen mehr= fache Pachtverträge über die durch den vorliegenden Vertrag ver= kauften Ländereien sowie über die Jagd und Fischerei. Auf Grund dieser Verträge beansprucht Geheimrat v. Friedlaender= Fuld ein Vorkaufsrecht bezüglich der Herrschaft Lanke.

Wegen des Verzichts auf dieses Vorkaufsrecht und wegen der zukünftigen Gestaltung des Pachtverhältnisses ist zwischen Herrn v. Friedlaender=Fuld und dem Magistrat am 5./13. Juni 1913 ein Abkommen geschlossen worden.

Der vorliegende Vertrag wird unwirksam, falls die Stadt= verordnetenversammlung diesem Abkommen nicht zustimmen sollte.

<h2 style="text-align:center">§ 12.</h2>

Außer den Verträgen mit dem Geheimen Kommerzienrat v. Friedlaender=Fuld bestehen noch folgende Pachtver= träge, in die die Käuferin einzutreten hat:

    a) der Pachtvertrag vom 27. Juli / 8. August 1909 mit dem Landwirt Gustav Spengler zu Uetzdorf bezüglich des Großen Werder im Liepnitzsee zum Pachtzinse von

500 ℳ jährlich mit einer Pachtdauer bis zum 30. Sep=
tember 1915;

b) der Pachtvertrag vom 26. November / 21. Dezember 1909
mit dem Landwirt G u s t a v S p e n g l e r zu Netzdorf
betreffend Wiese am Liepnitzsee und Wiese Jagen 141c
mit einer Pachtdauer bis zum 30. September 1915 zum
Pachtzinse von 48 ℳ jährlich für die Wiese am Liepnitz=
see und von 20 ℳ jährlich für die Wiese Jagen 141c;

c) der Pachtvertrag vom 25. April / 29. April 1902 mit dem
Büdner B a u m g a r t e n in Klosterfelde betreffend zwei
Wiesen am Lottschesee zum Pachtzinse von 16,50 ℳ jähr=
lich mit einer Pachtdauer bis zum 31. März 1914;

d) der Pachtvertrag vom 24. Oktober 1911 / 16. September
1912 mit dem Lehrer M a r g e n f e l d in Lanke be=
treffend den Kirchhofsgarten in Lanke zum Pachtzinse von
2 ℳ jährlich mit einer Pachtdauer bis zum 30. Septem=
ber 1912, die sich von Jahr zu Jahr verlängert;

e) der Pachtvertrag vom 3./8. November 1909 mit dem
Fischereipächter B a r t h in Lanke betreffend die Wiese an
der Krummen Lanke zum Pachtzinse von 12 ℳ jähr=
lich mit einer Pachtdauer bis zum 30. September 1915;

f) der Pachtvertrag vom 17./24. Mai 1909 mit dem Fischer=
meister W i l h e l m B a r t h in Lanke betreffend den
Liepnitzsee mit Teich, Seechen, Obersee, Krumme Lanke,
Strehlesee, zum Pachtzinse von 5160 ℳ jährlich mit einer
Pachtdauer bis zum 30. Juni 1915;

g) der Pachtvertrag vom 12. Juni 1911 mit dem Schmiede=
meister F r i t z E n g e l h a r d t in Lanke betreffend Wiese
und Acker an der Krummen Lanke zum Pachtzinse von
12 ℳ jährlich mit einer Pachtdauer bis zum 31. März 1915;

h) der Pachtvertrag vom 26. Januar / 22. Februar 1908 mit
dem Bauer E r n s t S t ä g e m a n n zu Lanke betreffend
eine im Jagen 135 b belegene Wiese zum Pachtzinse von
30 ℳ jährlich mit einer Pachtdauer bis zum 30. Septem=
ber 1913 und eventuell Verlängerung;

i) der Vertrag vom 16. Juni/2. Juli 1904 mit dem Bauern=
gutsbesitzer G o t t l i e b S e e g e r in Prenden betreffend

die widerrufliche Gestattung einer Wegbenutzung im Jagen 113 für eine Anerkennungsgebühr von jährlich 1 ℳ;

k) der Vertrag vom 23. Juli / 3. August 1905 mit dem Büdner August Christ in Prenden, betreffend die widerrufliche Gestattung einer Wegbenutzung im Jagen 113
gegen eine jährliche Anerkennungsgebühr von 1 ℳ;

l) der Pachtvertrag vom 27. April/4. Mai 1909 mit Nachtrag
vom 1. Juli 1910 mit dem Gastwirt Max Siebert in
Bernau betreffend das Gelände zu einer Waldschänke
im Jagen 13 für den jährlichen Pachtzins von 600 ℳ
mit einer Pachtdauer bis zum 1. April 1916;

m) der Pachtvertrag vom 17./25. Mai 1909 mit dem Fuhr-
herrn Oskar Gragert in Reinickendorf betreffend
den Regenbogensee zum jährlichen Pachtzins von 260 ℳ
mit einer Pachtdauer bis zum 30. Juni 1915;

n) der Pachtvertrag vom 17./26. Mai 1909 mit dem Kauf-
mann Emil Osterkamp zu Berlin betreffend den
Plötzensee zum jährlichen Pachtzins von 430 ℳ mit einer
Pachtdauer bis zum 30. Juni 1915;

o) der Pachtvertrag vom 17./29. Mai 1909 mit dem Fischer-
meister Adolf Gericke in Sophienstädt betreffend den
Bauernsee zum jährlichen Pachtzinse von 530 ℳ mit einer
Pachtdauer bis zum 30. Juni 1915;

p) der Pachtvertrag vom 17./22. Mai 1909 mit dem Hofmaurermeister Otto Carl zu Berlin betreffend den
kleinen Lottschesee zum Jahrespachtzinse von 345 ℳ mit
einer Pachtdauer bis zum 30. Juni 1915;

q) der Pachtvertrag vom 17./21. Mai 1909 mit dem Verein
„Hoffnungsthal" zu Berlin betreffend den Meechesee
zum Jahrespachtzinse von 440 ℳ mit einer Pachtdauer
bis zum 30. Juni 1915;

r) der Pachtvertrag vom 11./30. November 1908 mit der
Königlichen Oberförsterei Liebenwalde betreffend die
Jagdpacht auf der sogenannten großen Wiese zum Pachtzinse von 120 ℳ jährlich mit einer Pachtdauer bis zum
30. Juni 1915;

s) der Pachtvertrag vom 14. Juni / 1. Juli 1910 betreffend die sogenannte Mergelwiese mit G u st a v K a r b e und Genossen zum Pachtzinse von 30 ℳ jährlich mit einer Pachtdauer bis zum 30. September 1915;

t) der Pachtvertrag vom 18. August / 23. September 1910 mit S a l i t e r und Genossen betreffend die Acker= und Wiesenparzelle auf Sophienstädt zum jährlichen Pacht= zinse von 276,50 ℳ mit einer Pachtdauer bis zum 30. September 1915;

u) der Pachtvertrag vom 20./23. Mai 1911 mit dem Märki= schen Elektrizitätswerk A. G. zu Berlin betreffend eine Parzelle zur Anlage einer Umschaltestation in Prenden zum Pachtzinse von 5 ℳ jährlich mit einer Pachtdauer bis zum 31. Dezember 1940;

v) der Vertrag vom 23. Juli / 23. August 1911 mit dem Märkischen Elektrizitätswerk A. G. zum Pachtzinse

   1. für die Aufstellung von 145 Masten zum jährlichen Preise von 1 ℳ pro Mast insgesamt 145 ℳ,

   2. für die Überlassung des Platzes zur Aufstellung eines Transformatorenturmes in Lanke von jährlich 5 ℳ,

   3. für jedes Hektar Holzbodenfläche von jährlich 50 ℳ, insgesamt 3,8754 ha, mithin 193,78 ℳ, mit einer Pachtdauer bis zum 31. Dezember 1940;

w) mündliche Pachtverträge bezüglich der Überlassung von Dienstländereien sind abgeschlossen:

   1. mit dem Förster P o e tz s ch in Prenden bezüglich 2,26 ha Dienstland zum jährlichen Pachtzins von 32 ℳ, vierteljährlich im voraus zahlbar, auf die Dienstdauer des Försters P o e tz s ch;

   2. mit dem Förster N i ck e l in Arendsee bezüglich einer Wiese von 1,24 ha Flächeninhalt zum jährlichen Pachtzins von 20 ℳ, vierteljährlich im voraus zahl= bar, auf die Dienstdauer des Försters N i ck e l;

   3. mit dem Oberförster F i n st e r w a l d e r in Lanke,

      α) bezüglich des Bruchs im Jagen 83 g bis 84 c zum jährlichen Pachtzins von 10 ℳ, am 1. Juli eines

jeden Jahres im voraus zahlbar, auf die Dienst=
dauer des F i n s t e r w a l d e r ;

β) bezüglich Dienstländereien Lit. l, m, r zum Jahres=
pachtzinse von 10 $\mathcal{M}$, vierteljährlich im voraus zahl=
bar, auf die Dienstdauer des F i n s t e r w a l d e r.

<h2 style="text-align:center">§ 13.</h2>

Von den in den §§ 11 und 12 genannten Pächtern haben
folgende Kaution gestellt:

a) Geheimrat b o n F r i e d l a e n d e r = F u l d zu Berlin
wegen der Pachtung der Güter Lanke, Netzdorf 5500 $\mathcal{M}$
in bar;

b) Geheimrat b o n F r i e d l a e n d e r = F u l d zu Berlin
wegen der Pachtung der Güter Neudörfchen, Arendsee
4500 $\mathcal{M}$ in bar;

c) Geheimrat b o n F r i e d l a e n d e r = F u l d zu Berlin
wegen Pachtung des Hellsees 2000 $\mathcal{M}$ in 3½prozentiger
deutscher Reichsanleihe und zwar:
1 000 $\mathcal{M}$ Lit. C Nr. 76 033,
500 $\mathcal{M}$ Lit. D Nr. 56 457,
500 $\mathcal{M}$ Lit. D Nr. 51 592,
nebst Zinsscheinen und Erneuerungsscheinen;

d) Geheimrat b o n F r i e d l a e n d e r = F u l d zu Berlin
wegen der Pachtung des Bogensees ein Sparbuch der
Kreissparkasse Angermünde über 105 $\mathcal{M}$ und Zinsen seit
dem 10. September 1911;

e) der Landwirt G u s t a b S p e n g l e r wegen Pachtung des
Großen Werder im Liepnitzsee 500 $\mathcal{M}$ in bar;

f) der Fischermeister W i l h e l m B a r t h wegen der Pach=
tung des Liepnitzsees, des Teiches, Seechens, Obersees,
Krummen Lanke, Strehlesees, ein Sparbuch der Kreisspar=
kasse Angermünde über 2580 $\mathcal{M}$ und Zinsen seit dem
10. Dezember 1910;

g) der Gastwirt M a x S i e b e r t zu Bernau wegen der Pach=
tung der Waldparzelle zur Waldschenke in dem Jagen 13
ein Sparbuch der Kreissparkasse Angermünde über 500 $\mathcal{M}$
und Zinsen seit dem 1. Januar 1913.

Von dieser Kaution ist ein Teilbetrag von 100 ℳ durch Zession vom 12. Oktober 1912 abgetreten worden an die Firma F r i e b l ä n d e r & L ö w e n t h a l in Bernau, was bei der Rückgewähr der Kaution zu beachten ist;

h) der Fuhrherr O s k a r G r a g e r t für die Pachtung be= züglich des Regenbogensees ein Sparbuch der Sparkasse Angermünde über 130 ℳ und Zinsen seit dem 10. Sep= tember 1910;

i) der Kaufmann C l e m e n s O s t e r k a m p für die Pach= tung betreffend den Plötzensee ein Sparbuch der Kreis= sparkasse Angermünde über 215 ℳ und Zinsen seit dem 10. September 1910;

k) der Fischermeister A d o l f G e r i c k e wegen der Pachtung des Bauernsees ein Sparbuch der städtischen Sparkasse Biesenthal über 265 ℳ und Zinsen seit dem 29. Mai 1909;

l) der Hofmaurermeister O t t o C a r l zu Berlin wegen der Pachtung des kleinen Lottschesees 200 ℳ Königl. Preuß. kosolidierte 3½ prozent. Staatsanleihe Lit. F. Nr. 158 150 nebst Zinsscheinen und Erneuerungsschein;

m) der Verein „Hoffnungsthal" wegen der Pachtung des Meechesees ein Sparbuch der Kreissparkasse Angermünde über 220 ℳ und Zinsen seit dem 10. September 1910;

Diese Kautionen gehen auf die Käuferin über.

§ 14.

Die Käuferin tritt in die Verträge mit folgenden in der Ober= försterei Lanke beschäftigten Forstbeamten ein:

a) in den Vertrag vom 29. April 1889 mit dem Oberförster H u g o F i n s t e r w a l d e r zu Lanke. Derselbe bezieht ein Gehalt von 4000 ℳ, eine Dienstaufwandentschädigung von 1750 ℳ, er hat freie Wohnung auf der Oberförsterei mit Gartennutzung und mit etwas Dienstland beim Dorfe, ferner freies Brennholz (bis 80 Raummeter Weichknüppel) und Dienstland gegen Pachtzins nach Maßgabe des § 12 Ziffer w. 3. Demselben ist lebenslängliche Anstellung und Ruhegehaltsberechtigung zugesichert. Für Wahrnehmung der Gutsvorstandsgeschäfte nutzt F i n s t e r w a l d e r zwei

kleine Wiesenparzellen am Prendener Bauernsee unentgelt=
lich zum geschätzten Nutzungswerte von 30 ℳ jährlich.
Pensionsfähig ist das Gehalt von 4000 ℳ, die freie Woh=
nung auf der Oberförsterei mit Gartennutzung und das
Brennholz;

b) in den mündlich abgeschlossenen Vertrag mit dem Förster
A d o l f   P o e t z s c h. Derselbe bezieht ein Gehalt von
2000 ℳ, freie Wohnung auf der Försterei Prenden, freies
Brennholz (bis 60 Raummeter Kiefernknüppel) gegen Er=
stattung der Werbungskosten, er nutzt 1,40 ha Gartenland
und Wiese als Dienstland. Daneben besteht ein Pachtver=
hältnis nach Maßgabe des § 12 Ziffer w. 1.

Demselben ist durch Testament des verstorbenen Grafen
F r i e d r i c h   W i l h e l m   v.   R e d e r n   lebenslängliche
Anstellung und Ruhegehaltsberechtigung zugesichert wor=
den. Die etwa zu zahlende Pension übernimmt allein der
Verkäufer;

c) in den mündlich geschlossenen Dienstvertrag mit dem
Förster J o h a n n e s   N i c k e l   in Arendsee. Derselbe be=
zieht ein Gehalt von 1600 ℳ, eine Alterszulage von 150 ℳ,
freie Wohnung auf der Försterei Arendsee mit Garten=
nutzung, freies Brennholz (bis zu 60 Raummeter Kiefern=
knüppel), er hat 1,24 ha Wiese gegen Pachtzins verpachtet,
(vgl. § 12 Ziffer w. 2).

Er ist gegen vierteljährliche Kündigung zu jedem
Quartalsersten angestellt;

d) in den mündlich geschlossenen Dienstvertrag mit dem
Förster K u r t   P o p i o l e k   zu Lanke. Derselbe bezieht
ein Gehalt von 1600 ℳ, freie Wohnung auf der Försterei
Lanke mit Gartennutzung, freies Brennholz (bis 60 Raum=
meter Kiefernknüppel).

Er ist gegen vierteljährliche Kündigung zu jedem Quar=
talsersten angestellt;

e) in den mündlich abgeschlossenen Vertrag mit dem Förster
C a r l   S c h r ö t e r   zu Utzdorf. Derselbe ist mit einem
Gehalt von 1600 ℳ, freier Wohnung auf der Försterei
Utzdorf mit Gartennutzung, freiem Brennholz (bis 60

Raummeter Kiefernknüppel) gegen vierteljährliche Kündigung zu jedem Quartalsersten angestellt;

f) in den mündlich abgeschlossenen Dienstvertrag mit dem Forstsekretär Heinrich Rheder zu Lanke. Derselbe ist mit einem Gehalt von 1080 $\mathscr{M}$, freier Wohnung auf der Försterei Lanke, freiem Brennholz (bis 20 Raummeter Kiefernknüppel) gegen vierteljährliche Kündigung zu einem jeden Quartalsersten angestellt;

g) in den mündlich abgeschlossenen Dienstvertrag mit dem Hilfsjäger Karl Schneider zu Lanke. Derselbe ist mit einem Gehalt von 1080 $\mathscr{M}$, freier Wohnung auf der Försterei Lanke, freiem Brennholz (bis 20 Raummeter Kiefernknüppel) gegen vierteljährliche Kündigung zu einem jeden Quartalsersten angestellt.

Den zu b bis e genannten Beamten steht außer den vorstehend genannten Gehältern ein Schußgeld zu, das der Jagdpächter, Geheimrat v. Friedlaender-Fuld zu Berlin nach Maßgabe seines Jagdpachtvertrages zu entrichten hat.

§ 15.

Für die Schloßgärtnerei in Lanke ist der Obergärtner Karl Wüstenberg seitens des Verkäufers lebenslänglich mit Pensionsberechtigung angestellt. In den Anstellungsvertrag tritt die Käuferin nicht ein. Ebensowenig liegt ihr die Verpflichtung zur Zahlung einer Pension ob. Dies gilt auch dann, wenn der von dem Schloßpächter Geheimrat v. Friedlaender-Fuld zu leistende Pensionszuschuß entfällt.

§ 16.

Die Käuferin tritt in die mit der Landfeuersozietät der Provinz Brandenburg geschlossenen Verträge über die Immobiliarversicherung der verkauften Gebäude, sowie ferner in den Vertrag mit der Deutschen Hagelversicherungsgesellschaft auf Gegenseitigkeit für Gärtnereien zu Berlin (Versicherungsschein Nr. 36 341 und Erneuerungsschein 38 790) am 1. Oktober 1914 ein.

§ 17.

Die sämtlichen Kosten des Vertrages, insbesondere den Landes= und Reichsstempel, die etwaige Umsatzsteuer, sowie die Kosten der Auflassung und Eintragung trägt die Käuferin, während der Verkäufer lediglich die Wertzuwachssteuer trägt.

§ 18.

Für sämtliche Streitigkeiten aus dem vorliegenden Vertrage wird, soweit nicht ein ausschließlicher Gerichtsstand begründet ist, die Zuständigkeit des Königlichen Amtsgerichts Berlin=Mitte, bzw. des Königlichen Landgerichts I Berlin vereinbart.

Vorstehende Verhandlung ist, wie hiermit festgestellt wird, den Beteiligten vorgelesen, von ihnen genehmigt, und wie folgt eigenhändig unterschrieben worden.

gez. Max Schoch.

gez. Dr. jur. Otto Kuer, Magistratsassessor.

gez. Dr. Buls, Magistratsrat.

Zu 747.   **Anlage 2.**

Vertrag
zwischen der Stadtgemeinde Berlin und Herrn Geheimen Kommerzienrat v. Friedlaender=Fuld.

Herr Geheimrat v. Friedlaender=Fuld hat von dem Herrn Grafen Wilhelm v. Redern durch mehrfache Verträge Teile der Gesamtherrschaft Lanke gepachtet. Es bestehen:

1. der Pachtvertrag, betreffend das Schloß Lanke nebst Park und Jagdpachtvertrag vom 19. Dezember 1898,

2. der Pachtvertrag vom 3. Januar 1895, betreffend die Rittergüter Lanke=Uetzdorf mit Nachtrag vom 28. Dezember 1898,

3. der Pachtvertrag vom 16. Juli 1896, betreffend das Vorwerk Arendsee und Neudörfchen mit Nachtrag vom 28. Dezember 1898,

4. der Pachtvertrag vom 25. Februar/2. März 1903, betreffend eine Wiesenparzelle im tiefen Winkel, Jagen 68 Lit. U.

5. Vertrag vom 24./28. Oktober 1910, betreffend eine Par=
zelle für einen Pachtpreis von 78 ℳ jährlich (die Parzelle
liegt gleichfalls im tiefen Winkel südlich des Hellsees),

6. Vertrag vom 18. Oktober/4. November 1905, betreffend
eine Wiese am Bogensee für einen Pachtzins von 20 ℳ
jährlich,

7. Vertrag vom 15./18. Februar 1908, betreffend eine Wiese,
sogenannte Dienstländereien, für einen Pachtzins von
720 ℳ jährlich,

8. Vertrag vom 30. März/10. April 1912, betreffend einen
Wildacker im Jagen 106 zu dem Pachtzins von 40 ℳ
pro Jahr und Hektar, in Summe 104,80 ℳ pro Jahr,

9. Fischereipachtvertrag vom 16./20. August 1909, betreffend
Hellsee,

10. Fischereipachtvertrag vom 17./27. Mai 1909, betreffend
den Bogensee,

11. ein durch Korrespondenz vom 18./29. September 1902
abgeschlossener Vertrag über Pachtung eines im Jagen 99
westlich der Chaussee Lanke—Prenden belegenen Terrains
(Erlenbruch) für den Pachtzins von 62,50 ℳ pro Jahr,

12. ein durch Korrespondenz vom 17./27. Juni 1899 abge=
schlossener Pacht= und Holzkaufvertrag über den Sau=
garten, Jagen Nr. 23, 24 (Festung),

13. endlich ein mündlich geschlossener Vertrag über einen
Wildackerstreifen im Jagen 24 für einen jährlichen Pacht=
zins von 8 ℳ.

Dies vorausgeschickt, trägt Herr Geheimrat v. Fried=
laender=Fuld (im Nachfolgenden Pächter genannt) der
Stadtgemeinde Berlin, falls über den Eigentumserwerb der
Herrschaft Lanke bis zum 1. Juli 1915 bindende Abmachungen
getroffen sein sollten, den Abschluß folgenden Vertrages an:

§ 1.

Die Stadtgemeinde Berlin tritt in die sämtlichen oben ein=
zeln aufgeführten Verträge mit nachfolgenden erläuternden und
abzuändernden Bestimmungen ein.

I. **Schloßpachtvertrag vom 19. Dezember 1898.**

Zu § 1. Es besteht Einigkeit darüber, daß die Lanker bäuer=
lichen Jagdreviere von dem Pächter direkt gepachtet sind, so daß
hierfür ein Betrag von 450 $\mathcal{M}$ von dem Gesamtpachtzins von
20 400 $\mathcal{M}$ abzuziehen ist.

Zu § 2. Die Gesamtpacht von nunmehr 19 950 $\mathcal{M}$ wird
einzeln bemessen, und zwar

      a) die Schloßpacht mit . . . . . . 12 650 $\mathcal{M}$,
      b) die Jagdpacht mit . . . . 7 300 $\mathcal{M}$.

Zu § 4. Die im § 4 auferlegte Pflicht des Pächters in den
Kontrakt mit dem Gärtner C. Wüstenberg vom 10. Oktober
1895 einzutreten, liegt dem Pächter lediglich dem gegenwärtigen
Fideikommißbesitzer, Grafen Redern, gegenüber ob, so daß
die eventuell nach Pensionierung des Wüstenberg zu zah=
lende Summe von 1500 $\mathcal{M}$ seitens des Pächters direkt an den
Grafen Redern zu entrichten ist.

II. **Jagdpachtvertrag vom 19. Dezember 1898.**

Zu § 3 Ziffer 1. Der Pächter verzichtet auf das Recht auf
Einfriedigungen und Abgatterungen insoweit, als durch die Ein=
friedigungen und Abgatterungen die Benutzung des Jagdpachtge=
bietes nach dem Ermessen des Magistrats für die Stadtgemeinde
Berlin beeinträchtigt wird. Die Errichtung eines Wildschutz=
zaunes an der Klosterfelder Grenze, mit dessen Anlegung bereits
begonnen ist, wird schon jetzt bewilligt.

Bezüglich des Wildschadens besteht Einigkeit darüber, daß
der Pächter dem jeweiligen Eigentümer der gegenwärtigen Be=
sitzung Lanke gegenüber für Wildschaden nicht zu haften hat, da=
gegen dritten Personen für jeden Wildschaden direkt aufkommen
muß, ohne daß gegen die Stadt Berlin ein rechtskräftiges Urteil
erwirkt wird.

Zu § 7. Der Pächter verzichtet auf das Recht des jagd=
mäßigen Reitens hinter der Meute ohne besondere Erlaubnis
der Stadt Berlin.

Für den Fall, daß durch die Benutzung des Jagdterrains
seitens der Stadtgemeinde Berlin, insbesondere auch durch den
größeren Verkehr des Publikums in den Forsten, die Ausübung

des Jagdrechtes dem Pächter erschwert wird oder der Jagdvertrag sich mindert, steht dem Jagdpächter ein Entschädigungsanspruch oder Minderungsanspruch nicht zu. Wird dagegen ein Teil des Jagdterrains bebaut oder eingefriedigt und die Jagd auf diesem Terrain dem Pächter entzogen, so erhält der Pächter das Recht auf Minderung des Pachtzinses pro rata der entzogenen Flächen.

III. Pachtvertrag betreffend Lanke—Uetzdorf vom 3. Januar 1895 nebst Nachtrag vom 28. Dezember 1898.

Zu § 7. Bei dienstlichen Besichtigungen durch Beamte der Stadtgemeinde Berlin wird der Pächter diesen nach Maßgabe des bisherigen Umfanges Fuhrwerk zur Verfügung stellen.

Zu § 8. Wegen Lieferung von Eiern usw. für die Familie des Verpächters wird aufgehoben.

§ 10. Der Pächter erteilt der Stadtgemeinde Berlin die Genehmigung, auf dem verpachteten Terrain Anlagen und Bauten zu errichten gegen eine Ermäßigung des Pachtzinses pro rata der in Anspruch genommenen Flächen. Dieses erstreckt sich jedoch nicht auf solche Pachtgebiete, die unmittelbar landwirtschaftliche Gehöfte umschließen.

Zu § 16. Der Absatz 5 wird dahin gefaßt: Abrechnungen über die Reparaturen sind alljährlich nach stattgefundenem Abschluß der Stadtgemeinde Berlin einzureichen, die alsdann den dem Pächter etwa zu vergütenden Betrag in bar überwiesen wird.

Zu § 25. Die Beamten der Stadt Berlin haben das Recht der Revision.

Zu § 31. Die Bestimmung, daß die in den gutsherrschaftlichen Häusern wohnenden Forsttagelöhner zu verpflichten sind, während der Heu= und Getreideernte bei dem Pächter gegen den üblichen Tagelohn mit einem Zuschlage bis zu 25 Pf. pro Tag zu arbeiten, bleibt für die bestehenden Verträge mit den Forstarbeitern aufrecht erhalten. Dagegen liegt der Stadtgemeinde Berlin nicht die Verpflichtung ob, diese Bestimmung in die künftigen Verträge mit den Forstarbeitern aufzunehmen.

IV. Vertrag über Neudörfchen—Arendsee vom 16. Juli 1896 nebst Nachtrag vom 28. Dezember 1898.

§ 5 wird geändert wie § 7 bei Lanke. (III.)

§ 8 wird geändert wie § 10 bei Lanke. (III.)

§ 14 wird geändert wie § 16 bei Lanke. (III.)

V. Der Pachtvertrag vom 25. Februar/2. März 1903, betreffend die Wiesenparzelle wird unter den bisherigen Bedingungen bis zum 1. Juli 1923 verlängert.

VI. Der Vertrag vom 24./28. Oktober 1910, betreffend Wiese im tiefen Winkel wird unter den bisherigen Bedingungen bis zum 1. Juli 1923 verlängert.

VII. . Der Fischereipachtvertrag bezüglich des Bogensees vom 17./27. Mai 1909 wird unter den bisherigen Bedingungen bis zum 1. Juli 1923 verlängert.

VIII. Der Wildackerstreifen im Jagen 24 wird für eine jährliche Pachtsumme von 8 ℳ bis zum 1. Juli 1923 verpachtet.

IX. Die Vereinbarung aus dem Korrespondenzvertrage vom 19./29. September 1912 wird gegen eine Pachtentschädigung von 62,50 ℳ pro Jahr bis zum 1. Juli 1923 verlängert.

X. Der Korrespondenzvertrag vom 17./27. Juni 1899, betreffend Saugarten im Jagen 23, 24 (Festung) wird unter den bisherigen Bedingungen bis zum 1. Juli 1923 verlängert.

Anderweitige Vereinbarungen als die hier aufgeführten haben zwischen den Parteien keine Geltung.

§ 2.

Der Pächter verzichtet auch der Stadtgemeinde Berlin gegenüber auf das ihm in den oben erwähnten Verträgen eingeräumte Vorkaufsrecht wegen der Herrschaft Lanke.

§ 3.

Der Pächter erkennt an, daß die um den Hellsee führenden Promenadenwege, die ausgehen von der Straße an der Hellmühle und sich an den Ufern des Sees halten, zur Benutzung für das Publikum freistehen. Er verpflichtet sich, die Wege unverändert und in ordnungsmäßigem Zustande weiter freizuhalten und jede Beschränkung des Publikums zu unterlassen.

Der Pächter verpflichtet sich ebenso, die über den Hellsee führende Brücke für das Publikum freizuhalten. Es besteht Einigkeit darüber, daß das Eigentum an der Brücke der Stadtgemeinde Berlin zusteht, sobald sie die Herrschaft Lanke erwirbt und daß die Unterhalts- und Neubaupflicht der Brücke dem Pächter obliegt.

Von der Dorfstraße bis ungefähr zum Bootshause führt ein Weg, derselbe soll nach Maßgabe einer beizufügenden Karte auf Kosten des Pächters verlegt werden, so daß er nicht die unmittelbar am Schlosse belegenen Gartenteile durchschneidet. Jedoch darf durch die Verlegung der Weg vom Hellsee nach Lanke nicht wesentlich verlängert werden.

<h2 style="text-align:center">§ 4.</h2>

Dem Pächter steht das Recht zu, die sämtlichen oben bezeichneten Verträge mit jährlicher Kündigungsfrist zum 1. Juli eines jeden Jahres zu kündigen.

Dies Kündigungsrecht kann jedoch nur in der Weise ausgeübt werden, daß einheitlich gekündigt werden können

1. der Jagdpachtvertrag (ausschließlich des Schloßpachtvertrages vom 19. Dezember 1898),

2. der Pachtvertrag über Lanke—Uetzdorf vom 3. Januar 1895 mit Nachtrag vom 28. Dezember 1898,

3. der Pachtvertrag über Neudorf—Arendsee vom 16. Juli 1896 nebst Nachtrag vom 28. Dezember 1898,

4. der Vertrag vom 18. Oktober/4. November 1905 über die Wiese am Bogensee,

5. der Vertrag vom 15./18. Februar 1908, betreffend die Dienstländereien,

6. der Vertrag vom 30. März/10. April 1912, betreffend Wildacker westlich des Bogensees,

7. der Fischereipachtvertrag vom 17./27. Mai 1909, betreffend den Bogensee,

8. der Pachtvertrag betreffend den Wildackerstreifen im Jagen 24,

9. der Pachtvertrag vom 17./27. Juni 1899 betreffend den Saugarten,

10. der Pachtvertrag vom 18./29. September 1912 betreffend den Hirschgarten;

11. ferner können nur einheitlich gekündigt werden:

    1. der Pachtvertrag betreffend das Schloß Lanke vom 19. Dezember 1898,

    2. der Fischereipachtvertrag vom 16./20. August 1909 betreffend den Hellsee,

    3. der Pachtvertrag vom 25. Februar/2. März 1903 betreffend die Wiese im tiefen Winkel,

    4. der Pachtvertrag vom 24./28. Oktober 1910 betreffend eine Parzelle im tiefen Winkel.

Eine Kündigung einzelner Verträge ist also ausgeschlossen.

§ 5.

1. Dem Pächter steht das Recht zu, für die Zeit vom 1. Juli 1923 ab zweimal auf je 5 Jahre, falls er ein Jahr vorher der Stadtgemeinde gegenüber seinen darauf bezüglichen Willen schriftlich erklärt hat, zu verlängern:

    a) den Pachtvertrag betreffend das Schloß Lanke nebst Park für den jährlichen Pachtzins von 12 650 $\mathscr{M}$,

    b) den Pachtvertrag betreffend den Hellsee für den jährlichen Pachtpreis von 1 850 $\mathscr{M}$.

2. Dem Pächter wird ferner das Recht eingeräumt, die Ländereien mit Waldbestand zu pachten, welche begrenzt werden durch die Chaussee von Lanke nach Biesenthal bis zur Wegabzweigung nach der Hellmühle, den Weg entlang bis zur Mühle einschließlich der unmittelbar am Wege angelegten Sprunghindernisse, um den Hellsee herum und dann an der bäuerlichen Grenze entlang bis zum Dorfe Lanke für den Preis von 1600 $\mathscr{M}$ pro Jahr, und zwar mit der gleichen Maßgabe wie im Absatz 1 dieses Paragraphen.

Auch während dieser verlängerten Pachtzeit behält es bezüglich der Freigabe der Promenadenwege um den Hellsee und der über den Hellsee führenden Brücke nebst Unterhaltspflicht sein Bewenden bei den Bestimmungen des § 3.

Eingeschlossen in den Pachtzins von 1600 ℳ sind die bis=
herigen Pachtsummen für die Wiesen im tiefen Winkel nach
Maßgabe der Pachtverträge vom 25. Februar/2. März 1903 in
Höhe von 300 ℳ und vom 24./28. Oktober 1910 in Höhe von 78 ℳ.

Bemerkt wird endlich, daß die Holznutzung des nach Maß=
gabe des Absatzes 1 und 2 verpachteten Gebietes dem Pächter
wie nach den bisherigen Verträgen nicht zusteht und daß eine
Bebauung dieses Gebietes durch die Stadtgemeinde nicht und zwar
auch nicht vor dem 1. Juli 1923, stattfinden kann.

<h2 style="text-align:center">§ 6.</h2>

Falls der Pächter von dem in § 5 ihm eingeräumten Rechte
der Pachtverlängerung Gebrauch macht, soll es ihm freistehen,
auch die Verlängerung des Jagdpachtvertrages um die gleiche
Zeit zu beanspruchen, falls er eine dahingehende Erklärung zu=
gleich mit der im § 5 bezeichneten Erklärung der Stadtgemeinde
gegenüber abgibt.

Der Jagdpachtzins soll in diesem Falle durch Sachver=
ständige in Gemäßheit der in der entsprechenden Umgebung
Berlins für Jagden dieser Art dann üblichen Preise festgesetzt
werden. Die Festsetzung erfolgt durch zwei Sachverständige. Jede
der Parteien hat einen Sachverständigen innerhalb zweier Wochen
nach Abgabe der Verlängerungserklärung seitens des Pächters zu
ernennen. Wird eine der Parteien mit der Benennung eines
Sachverständigen säumig, so geht das Recht auf Benennung auf
die andere Partei über. Kommen die beiden Sachverständigen
zu keiner Einigung über den Pachtzins, so wird der zu wählende
Obmann durch die Landwirtschaftskammer ernannt.

Dem Pächter steht das Recht auf Verlängerung des Jagd=
pachtvertrages nicht zu, falls und insoweit die Stadtgemeinde
von einer Jagdverpachtung Abstand nimmt.

<h2 style="text-align:center">§ 7.</h2>

Vom 1. Juli 1933 ab verpachtet die Stadtgemeinde an den
Pächter oder dessen Rechtsnachfolger auf die Zeit von 30 Jahren
den östlichsten Teil des Hellsees nach Maßgabe folgender Grenzen:

im Nordwesten von der Stelle ab, wo der Fußweg um den
Hellsee führt und nach der Hellmühle ausläuft, im Norden,
Osten und Süden begrenzt durch Besitz, der sich zurzeit nicht
im Eigentum der Familie Redern befindet,
im Westen soll die auf der vorliegenden Karte schwarz punktierte
Linie, die über das Wasser führt, maßgebend sein.

Der jährliche Pachtzins wird festgesetzt auf 400 *M*. An
diesem Teil des Sees hat der Pächter während der Pachtdauer
das ausschließliche Nutzungsrecht. Es steht ihm frei, die Grenzen
des Pachtgebietes durch Zeichen äußerlich kenntlich zu machen.

Gegen Maßnahmen der Verpächterin, die eine Veränderung
des Pachtgegenstandes zur Folge haben, steht dem Pächter ein
Einspruchsrecht nicht zu. Ebensowenig hat der Pächter wegen der
durch solche Maßnahmen oder durch Naturereignisse herbeige=
führten Veränderung des Pachtgegenstandes einen Anspruch auf
Minderung des Pachtzinses oder auf Schadenersatz. Ansprüche,
die etwa dem Pächter in seiner Eigenschaft als Eigentümer der
Hellmühle und sonstiger Gebiete zustehen, werden durch diese
Bestimmung nicht berührt.

§ 8.

Für den Fall, daß der Pächter die Pacht des gesamten
Hellsees nach Maßgabe des § 4 vor dem 1. Juli 1923 kündigen
oder von seinem Verlängerungsrecht nach Maßgabe des § 5 bis
zum 1. Juli 1933 bezüglich des Hellsees keinen Gebrauch machen
sollte, verpachtet die Stadtgemeinde ihm den in § 7 bezeichneten
Teil des Hellsees auch für die Zeit vor dem 1. Juli 1933 zum
Pachtzins von 400 *M* jährlich und unter den sonstigen Bedin=
gungen des § 7.

Den Parteien ist bekannt, daß ein für längere Zeit als 30 Jahre
abgeschlossener Pachtvertrag mit gesetzlicher Frist nach Ablauf
dieser Zeit nach § 567 des BGB. gekündigt werden kann. Die
Stadtgemeinde wird jedoch von diesem Kündigungsrecht ihrerseits
keinen Gebrauch machen.

§ 9.

Die Stadtgemeinde Berlin haftet dafür, daß die Verpflich=
tungen aus diesem Abkommen durch ihre etwaigen Rechtsnach=
folger erfüllt werden.

§ 10.

An diese Offerte hält sich der Pächter behufs Beschlußfassung des Magistratskollegiums über die Annahme bis Sonnabend, den 14. Juni d. J. gebunden.

Berlin, den 5. Juni 1913.

gez. v. Friedlaender=Fuld.

Der Magistrat nimmt namens der Stadtgemeinde Berlin, vorbehaltlich der Zustimmung der Stadtverordnetenversamm= lung, vorstehende Offerte an.

Berlin, den 13. Juni 1913.

Magistrat der Königl. Haupt= und Residenzstadt Berlin.

Wermuth.   Reicke.

Zu 747.   **Anlage 3.**

Die Standesamtsbezirke VII b, VII c, VIII, X b, X c, XIIb, XIIIa, XIIIb haben zusammen von 829 241 am 1. De= zember 1905 auf 980 526 am 1. Dezember 1910 zugenommen, d. i. um 151 285 oder 18,24 %, während die Stadt Berlin im ganzen nur 31 109 oder 1,52 % an Bevölkerung gewann. Diese Stadtteile zeigten bisher stets eine Bevölkerungszunahme. Die sehr beträchtliche der letzten Volkszählungsperiode — 18,24 % oder bei geometrischer Rechnung jährlich 3,408 % — ist wesent= lich zurückzuführen auf den Wedding, den nordwestlichen Teil der Rosenthaler Vorstadt, den Gesundbrunnen, den nordöstlichen Teil des dem Osten angehörenden Stralauer Viertels und auf das Königsviertel, Gebiete, in denen wie im Königsviertel, auf dem Wedding, auf dem Gesundbrunnen auch für die Zukunft die Quellen der Bevölkerungsvermehrung liegen. Um zu einer Vor= stellung über die Grenzen der letzteren zu gelangen, haben wir zur möglichen Vermeidung jeder Überschätzung angenommen, daß der für das genannte, in aufsteigender Bevölkerungsentwicklung bisher begriffene Stadtgebiet für die letzte Volkszählungsperiode 1905/1910 sich ergebende geometrische Zunahmesatz von 3,408 % fortdauernd abnehmen soll, so daß er beträgt für die Zeit zwischen den Volkszählungen

von 1910 und 1915 jährlich . . . . . . 3,00 %
  „ 1915 „ 1920   „   . . . . 2,60 „
  „ 1920 „ 1925   „   . . . . 2,20 „
  „ 1925 „ 1930   „   . . . . 1,80 „

Am Endpunkte dieses Zeitraumes — also 1930 — dürfte Berlin im wesentlichen ausgebaut sein. Bei Zugrundelegung der eben genannten Zunahmesätze aber würde die Bevölkerung der in Rede stehenden Stadtteile von 980 526 im Jahre 1910 auf 1 575 345 im Jahre 1930 steigen. Nun liegen nördlich der Spree aber auch Stadtteile, in denen eine rückläufige Bevölkerungsentwicklung seit längerer oder kürzerer Zeit wahrzunehmen ist, wie die Standesamtsbezirke VIIa, IX, Xa, XI und XIIa. Für diese Gebiete sei auch für die Zukunft eine Abnahme der Bevölkerung angenommen, und zwar nach dem für die letzte Volkszählungsperiode sich ergebenden Verhältnis. Die Gesamtheit dieser Stadtteile aber nahm zwischen den beiden letzten Volkszählungen von 1905 und 1910 ab: von 510 760 auf 459 080, d. i. geometrisch jährlich um 2,111 %. Legt man also dieses Abnahmeverhältnis auch für die zukünftige Entwicklung bis 1930 zugrunde, so würde die Bevölkerung dieses Gebietes bis zu dem genannten Zeitpunkt — 1930 — von 459 080 auf 299 600 herabsinken. Die Entwicklung des ganzen Berliner Stadtgebietes nördlich der Spree in den nächsten 20 Jahren ist also durch die Anfangszahl von 980 526 + 459 080 gleich 1 439 606 und die Endzahl 1 575 345 + 299 623 gleich 1 874 968 bezeichnet — demnach im ganzen eine Zunahme von 1 874 968 — 1 439 606, d. i. um 435 362.

Mit der Besiedelung der noch unbebauten Gebiete von Berlin selbst geht eine gleichfalls starke Bevölkerungsentwicklung in den Vororten einher.

Beschreibt man um das Berliner Rathaus als Mittelpunkt einen Kreis mit dem Halbmesser von 10 km und berechnet man die Gesamtbevölkerung aller in diesen Kreis hineinfallenden Ortschaften des Kreises Niederbarnim für den Zeitpunkt der beiden letzten Volkszählungen, so ergeben sich die Beträge von 191 511 und 269 472, so daß hier in den fünf Jahren eine Zunahme von 77 961, d. i. 7,07 % jährlich geometrisch stattgefunden hat. Noch größer war das Zunahmeverhältnis für die der 10—15 Kilometerzone angehörenden Ortschaften desselben hier ausschließlich

in Betracht kommenden Kreises Niederbarnim. Für diese ergibt
sich eine Bevölkerungszunahme zwischen den beiden letzten Volks=
zählungen von 32 068 auf 48 921, d. i. um 8,81 % jährlich
geometrisch.

Nehmen wir bei Untersuchung der künftigen Bevölkerungs=
entwicklung dieser Gebiete wiederum zur möglichsten Vermeidung
jeglicher Überschätzung eine Abminderung des Zunahmever=
hältnisses an, so glauben wir für das Maß dieser Abminderung
am besten die Erfahrungen der letzten 10 Jahre verwenden
zu sollen. Für die 10 Kilometerzone ergab sich von der ersten
zur zweiten Hälfte dieses Jahrzehnts die Abminderung der jähr=
lichen geometrischen Zunahmequote von 8,07 auf 7,07 %,
während für die 10—15 Kilometerzone die nur sehr geringfügige
Abnahme von 8,89 auf 8,81 % festzustellen ist. Im Interesse der
Sicherheit der Rechnung nehmen wir an, daß für die zukünftige
Entwicklung in beiden Zonen die 10 Kilometerzone mit ihrem
schnelleren Sinken der Zunahmequote maßgebend sei. Alsdann
ergibt sich für die Zeit von 1910 bis 1930 eine Zunahme der
Bevölkerung der 10 Kilometerzone von 269 472 auf 731 130, der
10—15 Kilometerzone von 48 921 auf 168 406, für beide Zonen
eine Zunahme von 318 393 in 1910 auf 899 536 in 1930, d. i. ein
Mehr von 581 143.

Berlin, den 29. Juli 1913.

Statistisches Amt.

gez. Silbergleit.

Wasserwerke.

Die Entstehung und die Entwicklung der Wasserwerke.

1. Geschichtlicher Überblick bis zum Übergang auf die Stadtgemeinde Berlin.

Bis in die Mitte des vorigen Jahrhunderts waren die Einwohner Berlins in der günstigen Lage, aus dem sandigen, reichlich wasserhaltigen Untergrunde der Talmulde, in der die Stadt erbaut war, das benötigte Trink= und Wirtschaftswasser mittels einfacher Hof= und Straßenbrunnen bequem und in verhältnismäßig guter Beschaffenheit zu entnehmen. Der erste Anstoß zu einer z e n t r a l e n Wasserversorgung Berlins ist aus dem Bedürfnisse einer besseren Ableitung des Inhalts der Rinnsteine, also ähnlich wie bei der Gründung der Gaswerke aus der Rücksicht auf polizeiliche Interessen, hervorgegangen.

Die Staatsregierung setzte aus diesem Grunde zur Beratung der Frage der künstlichen Wasserversorgung der Stadt Berlin Anfang der 40er Jahre eine Kommission ein und entsandte Mitglieder nach Hamburg, Paris und London, um die dort bereits bestehenden Wasserversorgungsanlagen zu studieren.

Darauf suchte sie die Stadtgemeinde zur Anlage einer Wasserleitung zu gewinnen, die eine ausreichende Spülung der Rinnsteine ermöglichen sollte.

Abgesehen von der Fraglichkeit des Nutzens einer solchen Anlage scheute die Stadt damals noch vor den hohen Kosten zurück. Auch die beabsichtigte Gründung eines Aktienvereins scheiterte an der ablehnenden Haltung der Hauseigentümer, auf deren Beteiligung in erster Linie gerechnet werden mußte.

Um die Frage der Wafferverforgung der Stadt zum vorläufigen
Abfchluß zu bringen, und da auf Beteiligung inländifchen Kapitals
nicht zu rechnen war, entfchloß fich die Regierung im Jahre 1852 den
englifchen Unternehmern F o x und C r a m p t o n das ausfchließ=
liche Recht, „Berlin mit fließendem Waffer zu verforgen", auf die
Dauer von 25 Jahren zu erteilen. Der bezügliche Vertrag wurde
unterm 14. Dezember 1852 zwifchen dem Polizei=Präfidenten von
Hinkeldey und den genannten Unternehmern abgefchloffen. Später,
am 10. Mai 1859, trat in diefen Vertrag anftelle der beiden Unter=
nehmer die Berlin=Waterworks=Company, die ihren Sitz in London
hatte, ein.

Nach diefem Vertrage hatten die Unternehmer die Verpflich=
tung, das zum Spülen der Rinnfteine und zu Feuerlöfchzwecken
benötigte Waffer aus einem in den Straßen zu verlegenden Rohr=
fyftem unentgeltlich zu liefern. Dagegen waren fie ermächtigt, an
die Einwohner Waffer gegen Entgelt abzugeben. Der Staat hatte
fich das Recht vorbehalten, nach Ablauf der Vertragszeit die Waffer=
werksanlagen zum Taxwert felbft zu übernehmen oder diefes Recht
einem Dritten abzutreten.

Im Herbft 1853 fand die Grundfteinlegung zu dem Wafferwerk
auf dem Ufergelände an der Spree vor dem Stralauer Tor ftatt; im
Frühjahr 1856 konnte das Werk dem Betriebe übergeben werden.
Das Waffer wurde mittels Dampfkraft aus der Spree gefchöpft,
durch Sandfilter gereinigt und in ein in die Straßen fich verzwei=
gendes Rohrfyftem gedrückt. Gleichzeitig wurden auf dem früheren
Windmühlenberg vor dem Prenzlauer Tor ein offener Behälter
und ein Standrohr erbaut. Der Behälter diente in den erften Be=
triebsjahren, folange der Verbrauch der Stadt einen ftändigen Be=
trieb der Mafchinen noch nicht erforderlich machte, als Vorrats=
und Hochbehälter während des Stillftandes der Pumpen, das
Standrohr diente als Sicherheit gegen Überdruck im Rohrnetz.

Anfangs war der Wafferbedarf fehr gering und nur langfam
fteigerte fich der Verbrauch; er betrug noch im Jahre 1861 nur
3 Millionen cbm.

Der Verbrauch ftieg aber fchnell, als fich die Bebauung der
Stadt von der Talmulde der Spree auf die höher gelegenen Talrän=
der ausdehnte, wo die Anlage und der Betrieb von Brunnen fchwie=
riger und koftfpieliger war, und als infolge der Steigerung der Bo=

denpreise die neuen Häuser mehr Stockwerke erhielten, zu denen das Wasser mühevoller heraufzuschaffen war. Er erreicht im Jahre 1870 die Höhe von 14 Millionen Kubikmetern.

Hiermit war aber die englische Wasserwerksgesellschaft am Ende ihrer Leistungsfähigkeit angelangt. Zur Erweiterung ihrer Anlagen konnte sie sich ohne Verlängerung ihrer bis zum Jahre 1881 reichenden Konzession auf weitere 25 Jahre nicht entschließen. Sie war auch hierzu nicht zu zwingen, da sie bereits mehr als das vertraglich ausbedungene Stadtgebiet mit Wasserröhren belegt hatte. Eine Verlängerung der Konzession lehnte aber die Regierung mit Rücksicht darauf, daß die Stadtgemeinde sich bereits schlüssig geworden war, die Wasserwerke mit Ablauf der Vertragszeit, im Jahre 1881, zu erwerben, ab.

Als dann infolge des Planes einer allgemeinen unterirdischen Entwässerung unter Beseitigung der offenen Rinnsteine die Vergrößerung der Wasserversorgungsanlagen dringlich wurde, sah sich die Stadtgemeinde veranlaßt, dem Erwerbe der Wasserwerke schon vor Ablauf der Konzession näher zu treten. Sie hatte bereits durch den Ingenieur Veitmeyer umfangreiche Vorarbeiten für die zukünftige Ausgestaltung der Wasserversorgungsanlagen vornehmen lassen, welche heute noch im wesentlichen grundlegend für unsere Wasserversorgung sind. Das Ergebnis dieser Arbeiten legte sie in einem Bericht dem Handelsminister vor mit dem Antrage, das dem Staate vorbehaltene Recht der Übernahme der Berliner Wasserwerke der Stadtgemeinde zu zedieren. Dies geschah auf Grund nachstehender Kabinetsorder vom 11. Dezember 1872:

„Auf Ihren Bericht vom 9. Dezember cr. ermächtige ich Sie hiermit, das nach näherer Bestimmung des § 25 des Vertrages vom 14. Dezember 1852 über die Versorgung der Stadt Berlin mit fließendem Wasser dem Staate vorbehaltene Recht, die nach Maßgabe dieses Vertrages angelegte Wasserleitung mit allem Zubehör, mit Ablauf der Kontraktzeit gegen Zahlung des Taxwertes zu übernehmen, der Stadtgemeinde Berlin für den Fall zu zedieren, daß entweder ihr die Gesellschaft der Wasserwerke schon vor diesem Zeitpunkte die ihr aus dem gedachten Vertrage zustehenden Rechte abtritt, oder daß die Stadtgemeinde die bindende Verpflichtung übernimmt, vom 1. Juli 1881 ab eine genügende Wasserversorgung für die Stadt Berlin einzurichten und sich hierüber vor dem 1. Oktober 1880 ausweist."

Die daraufhin mit der englischen Gesellschaft angeknüpften Verhandlungen hatten nach Überwindung von mancherlei Schwierigkeiten den Erfolg, daß die Wasserwerke am 1. Juli 1873 in das Eigentum der Stadt Berlin übergingen (s. den Kaufvertrag Seite 18).

2. Die Erweiterung und der gegenwärtige Betrieb der Wasserwerke.

Nachdem die Wasserwerke nunmehr Eigentum der Stadtgemeinde geworden waren, wurde auf Grund eines von dem Direktor Gill—dem bisherigen Leiter der englischen Werke, der in gleicher Eigenschaft in die Dienste der Stadt Berlin eingetreten war—aufgestellten Projektes alsbald mit der Ausführung neuer Wasserwerksanlagen begonnen. Dieselben bestanden aus einem Schöpfwerk am Tegeler See, das das Wasser aus dem Untergrunde mittels Brunnen von 10—16 m Tiefe entnahm, einem Verteilungswerk auf dem Spandauer Berg zu Charlottenburg-Westend und einem besonderen Pumpwerk zur Versorgung der hochgelegenen Stadteile im Norden und Osten Berlins, das in der Belforter Straße in Verbindung mit dem dort bereits befindlichen Hochbehälter errichtet wurde.

Die erste Hälfte dieser Anlagen ist bereits im Jahre 1877 dem Betrieb übergeben.

Nicht lange nach der Eröffnung des Betriebes zeigte das vom Tegeler Werk gelieferte Wasser erhebliche Mängel. Der hohe Eisengehalt des Grundwassers begünstigte die Bildung von Algen, die sich in den Leitungsröhren festsetzten, das Wasser trübten und die Röhren verschlammten. Da es der Technik nicht gelang, diesem Mangel abzuhelfen, mußte der Brunnenbetrieb aufgegeben werden; man ging zur Entnahme des Wassers aus dem Tegeler See und Reinigung durch Sandfiltration — wie bei dem Stralauer Werk — über. Der Umbau und die Errichtung der erforderlichen Filteranlagen auf dem Werk Tegel erfolgten in den Jahren 1881—1883.

Die zweite Hälfte der Tegel-Charlottenburger Anlagen, die in gleicher Weise mit Filtern ausgerüstet wurde, ist im Jahre 1888 vollendet.

Die Bebauung des südöstlichen Hochstadtbezirkes auf dem Tempelhofer Berg, für welchen der Druck des Niederstadtrohr= netzes nicht ausreicht, machte ein kleines Pumpwerk mit Wasser= turm notwendig; es ist im Jahre 1888 an der Ecke der Fidicin= und Kopischstraße errichtet worden.

Inzwischen hatten der lebhafte Schiffahrtsverkehr auf der Ober= spree und die Entstehung zahlreicher Fabriken oberhalb der Stra= lauer Schöpfstelle, sowie die veralteten Einrichtungen des Stralauer Werkes, die eine durchgreifende Erneuerung notwendig gemacht hätten, den Gedanken nahegelegt, dieses Werk eingehen zu lassen und durch ein neues Werk, das einwandfreies Wasser liefern konnte, zu ersetzen. Da überdies die fortschreitende Steigerung des Wasser= verbrauchs eine Erweiterung der Wasserwerke bedingte, so entstand das Projekt, am Müggelsee östlich von Friedrichshagen ein neues großes Wassergewinnungswerk von der doppelten Leistungsfähig= keit des Tegeler Werkes mit einem Zwischenwerk in Lichtenberg anzulegen. Dieses Projekt wurde bereits im Jahre 1888 von den städtischen Behörden genehmigt.

Die erste Hälfte dieser Anlagen war im Jahre 1893 vollendet und nach ihrer Inbetriebsetzung wurde noch im selben Jahre der Betrieb des Stralauer Werkes eingestellt.

Das hierdurch freigewordene umfangreiche Gelände vor dem Stralauer Tor ist teils zum Bau des Osthafens verwendet, zum größten Teil aber der Bebauung erschlossen worden.

In den Jahren 1897 und 1898 wurde das dritte Viertel der Werke Müggelsee=Lichtenberg ausgeführt.

Da der Stadt Berlin nunmehr reichlich Wasser zur Verfügung stand, konnte auch den Anträgen einiger östlicher Vororte auf Ver= sorgung mit Berliner Leitungswasser entsprochen werden. Es wurden nacheinander angeschlossen: Treptow 1894, Stralau 1895 Weißensee 1896, Niederschöneweide 1899 und Friedrichshagen 1902. Die mit diesen Vororten abgeschlossenen Verträge sind nachstehend abgedruckt.

Die Einrichtung des Müggelseewerkes entsprach derjenigen des Werkes Tegel: Entnahme des Wassers aus dem See und Rei= nigung durch Sandfilter.

Bevor an den Ausbau des letzten Teiles der Anlagen Müggel=

see-Lichtenberg gegangen wurde, kam von neuem die Frage der Versorgung Berlins mit Grundwasser in Fluß.

Die nördlichen Vororte beanspruchten die Freigabe des Tegeler Sees, als ihrer natürlichen Vorflut, zur Abführung ihrer Kanalisationsabwässer, und die Staatsbehörden erklärten, sich diesem Verlangen nicht länger widersetzen zu können, nachdem die Technik Mittel gefunden hatte, Grundwasser in großen Mengen eisenfrei und so für die Verwendung als Trinkwasser brauchbar zu machen. Mit Rücksicht hierauf und auf den Umstand, daß eine dauernde Reinhaltung der Gewässer in der Nähe Berlins sich nicht ermöglichen lassen würde, wurde der Stadt Berlin nahe gelegt, die vollständige Umwandlung ihrer Werke für Grundwasserversorgung durchzuführen.

Infolgedessen sind die gesamten Seewasseranlagen in den Jahren 1901—1909 in Grundwasseranlagen umgebaut. Entgegen dem ursprünglichen Tegeler Verfahren wird das Wasser 20—60 m tief aus dem Untergrund entnommen. Die Brunnenanlagen erstrecken sich vom Werke Tegel aus in der Königlichen Tegeler Forst bis nach Saatwinkel und vom Werk Müggelsee aus im Bezirk der Königlichen Oberförsterei Köpenick in 3 Richtungen bis über Rahnsdorf hinaus.

Die Seewasserentnahme ist in Tegel gänzlich eingestellt, am Müggelsee aber a l s R e s e r v e beibehalten.

Die Leistungsfähigkeit der Grundwasserwerke Tegel und Müggelsee beträgt rund 60 Millionen cbm im Jahr, der Gesamtbedarf Berlins z. Zt. etwa 76 Millionen cbm, vermehrt sich aber unter normalen Verhältnissen von Jahr zu Jahr. Die fehlende Menge mußte bisher durch Seewasser gedeckt werden. Es sind deshalb schon seit Jahren Vorbereitungen für eine entsprechende Erweiterung der Grundwasseranlagen getroffen.

Im Osten Berlins ist in der W u h l h e i d e ein neues Werk mit einer Leistungsfähigkeit von zunächst 16 Millionen cbm angelegt, das zum Teil bereits im Juli 1914 in Betrieb genommen ist, und bis zum Sommer 1916 auf die zunächst vorgesehene volle Leistungsfähigkeit ausgebaut sein wird. Weiter sind im Westen Berlins, in H e i l i g e n s e e , umfangreiche Ländereien zum Bau eines noch größeren Werkes von etwa 32 Millionen cbm Leistungsfähigkeit erworben, für das die Entwürfe bereits aufgestellt sind.

Die W u h l h e i d e ist auf Grund des nachstehend S. 194 abgedruckten Kaufvertrages im Jahre 1911 vom Königlichen Forstfiskus zum Zwecke der Anlage des vorbezeichneten Wasserwerks erworben, dessen Brunnenanlagen sich durch die ganze Heide von Osten nach Westen erstrecken. Ein Teil des Geländes soll laut Vertrag dauernd als Volkspark erhalten bleiben, der Rest kann von der Stadt zu eigenen Anlagen verwendet oder zur Bebauung weiter veräußert werden.

Weiterhin haben die Wasserwerke von der Verwaltung der Gaswerke ein benachbartes, früher ebenfalls zur Wuhlheide gehöriges Gelände gegen eine im östlichen Teil der Wuhlheide gelegene Fläche eingetauscht, um den geplanten Bau eines Gaswerks an jener Stelle zu verhindern und damit ihre Brunnenanlagen gegen Verunreinigung des Grundwassers zu schützen.

Von den aus dem Gutsbezirk Köpenick-Forst ausgemeindeten Flächen ist ein selbständiger Gutsbezirk Wuhlheide unter der Gutsherrlichkeit der Stadt Berlin gebildet (s. Beschluß des Kreisausschusses Niederbarnim vom 1. Februar 1911 S. 204), der dem Amtsbezirk, dem Standesamtsbezirk und dem Schulverband Berlin-Oberschönweide angegliedert ist.

Zu Gutsvorsteher-Stellvertretern sind der städtische Oberförster und der in der Wuhlheide stationierte städtische Förster bestellt.

Die wirtschaftliche Verwaltung der Wuhlheide mit Einschluß des ehemaligen Gaswerksgrundstücks und der Forstschutz sind dem städtischen Oberförster übertragen, dem zwei Forstbeamte beigegeben sind.

S. Verfügung des Magistrats vom 24. Februar 1911. S. 206.

Der städtische Oberförster ist bevollmächtigt, unter der Bezeichnung „Forstverwaltung der Stadt Berlin" Strafanträge zur Verfolgung der unter das Feld- und Forstpolizeigesetz und die Novelle zum Reichsstrafgesetzbuch vom 19. Juni 1912 fallenden Straftaten zuständigen Orts zu stellen, während dem Förster die Aufstellung der Listen über vorkommende Forstdiebstähle und ihre Überreichung an den Amtsanwalt unter Aufsicht des Oberförsters übertragen ist.

Verfügung der Deputation der Wasserwerke vom 22. August 1913. — F.-Nr. 1988 Wasser 13. —

Die Wasserversorgung der Grundstücke stellt in Berlin keine rechtliche Verpflichtung oder Berechtigung der Stadtgemeinde dar,

sondern beruht auf vertraglicher Grundlage. Sie erfolgt nach Maß=
gabe der nachstehend abgedruckten Geschäftsordnung —
s. S. 244ff. — auf Grund eines diese ausdrücklich anerkennenden
schriftlichen Wafferlieferungsantrages. Die Wafferwerke sind
berechtigt, zur Sicherstellung ihrer Forderungen, von den Ent=
nehmern die Hinterlegung von Sicherheiten zu verlangen. Zur
Deckung der Anschlußkosten wird diese in allen Fällen erfordert.

Eine Verpflichtung, Waffer für die Grundstücke aus den städti=
schen Werken zu entnehmen, besteht somit für die Eigentümer und
Intereffenten nicht. Tatsächlich wird etwa ein Drittel des in Ber=
lin verbrauchten Waffers — namentlich für die Eisenbahnen und
für die größeren industriellen Anlagen — durch privat angelegte
Pumpwerke gewonnen. Die Forderungen der Wafferwerke gegen
die Entnehmer sind privatrechtlicher Natur und ihre zwangsweise
Beitreibung kann nur im ordentlichen Gerichtsverfahren erfolgen.
Die Wafferwerke sind daher bei Nichterfüllung der Vertragsver=
pflichtungen durch den Entnehmer berechtigt, den Vertrag zu kün=
digen und die Wafferlieferung einzustellen.

Dieses Recht ist auch durch die in der Folge abgedruckte Ent=
scheidung des Königlichen Oberverwaltungsgerichts vom 4. Januar
1881 — s. Seite 255 ff. — dem Königlichen Polizei=Präsidium
gegenüber ausdrücklich festgelegt worden.

Da die Wafferentziehung für ein Grundstück in sanitärer
Beziehung von hoher Bedeutung ist, wird diese in allen Fällen der
Gesundheitspolizei und der örtlichen Polizeiverwaltung mitgeteilt.
Ersteres geschieht für Berlin auf Wunsch des Herrn Polizei=Präfi=
benten — Schreiben vom 17. Juni 1909 Gen. 195 IIa 09/2130
Waffer 09. — nach erfolgter Absperrung für die Vorortgemeinden
bei Androhung dieser Maßnahme an den Entnehmer.

**3. Vertrag, geschloffen zwischen dem Magiftrat von Berlin und
der Berlin=Waterworks=Company, über den Kauf bzw. Verkauf
der Wafferwerke.**

<h3 style="text-align:center">§ 1.</h3>

Die Gesellschaft für die Berliner Wafferwerke verkauft ihr
Wafferwerk mit den Wafferleitungen und sämtlichem Zubehör,
wie es steht und liegt, an die Stadtgemeinde Berlin.

Es gehen somit insbesondere

a) die der Gesellschaft gehörigen im Grundbuche des Königlichen Stadtgerichts zu Berlin von den Umgebungen Berlins Band 53 Nr. 2835 unter den Namen „Berliner Wasserwerke" eingetragenen Grundstücke mit den darauf befindlichen Gebäuden, Filterbassins und sonstigen Anlagen,

b) die von ihr zur eventuellen Anlage eines neuen Pumpwerks angekauften, im Grundbuche des hiesigen Königlichen Kreisgerichts von Stralau Band 1 Blatt Nr. 18 eingetragenen Grundstücke,

c) sämtliche vorhandene Maschinen, Röhren, Kohlen, Baumaterialien, Vorräte usw.,

d) sämtliche Zeichnungen und Beschreibungen, das gesamte Inventar inkl. desjenigen der Bureaus, kurz alles, was irgend zum Betriebe der Wasserwerke gehört,

in das Eigentum der Stadtgemeinde über.

§ 2.

Der Kaufpreis für das gesamte Werk mit Allem, was dazu gehört, ist auf

— 1 250 000 £. St. —

geschrieben „Eine Million Zweimalhundertfünfzigtausend Livres Sterling" englischen Geldes verabredet worden.

§ 3.

Der in Gemäßheit des § 14 des Vertrages vom 14. Dezember 1852 angesammelte Fonds zur Herstellung und Unterhaltung eines Kloaken-Systems geht mit den für die Gesellschaft daran haftenden Pflichten auf die Stadtgemeinde Berlin über, ohne daß die Stadtgemeinde einen Anspruch auf Verzinsung desselben macht.

Der von der Gesellschaft für die Berliner Wasserwerke bisher aufgesammelte Reservefonds, sowie die bis zum 1. Juli 1873 erzielten, teilweise vorläufig zurückgestellten Rein-Einnahmen verbleiben der Gesellschaft für die Wasserwerke.

§ 4.

Nutzungen und Lasten des Kaufobjekts gehen vom 1. Juli 1873 ab auf die Stadtgemeinde Berlin über.

Es ist daher die seit diesem Tage von der Gesellschaft geführte und von ihr bis zur Naturalübergabe (vgl. § 5) fortzuführende Verwaltung der Wasserwerke, als für Rechnung der Stadtgemeinde Berlin geführt, zu behandeln, dergestalt, daß die aus dem Betriebe der Wasserwerke in dieser Zeit erzielten Rein-Einnahmen der Stadtgemeinde Berlin gebühren.

Dagegen ist die Stadtgemeinde verpflichtet, das Kaufgeld abzüglich des Betrages des Kloakenfonds (vgl. § 3) vom 1. Juli 1873 bis 31. Dezember 1873 zu verzinsen und zwar mit 5 % pro anno.

§ 5.

Die Naturalübergabe der Wasserwerke mit ihrem Zubehör bezw. die Auflassung der nach § 1 in das Eigentum der Stadtgemeinde übergehenden Grundstücke erfolgt spätestens am 2. Januar 1874 durch Überweisung des Betrages von 1 200 000 Livres Sterling, welche dem Magistrate von Berlin durch die General-Direktion der Königlich Preußischen Seehandlungs-Sozietät bei der London-Joint-Stock-Bank zu London zur Verfügung gestellt sind.

Wegen des Restbetrages des Kaufschillings von 50 000 Livres Sterling erfolgt die Verrechnung bzw. Zahlung nach Maßgabe der Bestimmungen im § 6.

§ 6.

Bis in Gemäßheit des im Eingange dieses Vertrages gedachten Ministerial-Reskriptes vom 17. Dezember 1873 die Entlassung der Gesellschaft aus ihrem durch den Kontrakt vom 14. Dezember 1852 begründeten Vertragsverhältnisse erfolgt ist, wird die Verwaltung der Berliner Wasserwerke für Rechnung der Stadtgemeinde Berlin von der Gesellschaft fortgeführt, der Magistrat ist jedoch befugt, nicht nur jederzeit Einsicht von der Verwaltung und von den Büchern der Gesellschaft zu nehmen, sondern auch sich durch einen oder zwei Kommissarien in dem Berliner Lokal-Komitee der Direktion der Gesellschaft vertreten zu lassen, und sollen diese Kommissarien mit den übrigen Mitgliedern dieses Lokal-Komites gleiche Befugnisse haben.

Sobald die Entlassung der Gesellschaft aus deren Vertragsverhältnis zu der Königl. Preuß. Staats-Regierung erfolgt ist, sollen Kommissarien der Gesellschaft und Kommissarien des Magistrats zusammentreten, um auf Grund der Bücher und Rechnungen der Gesellschaft festzustellen:

a) den Betrag des Kloakenfonds,

b) den Betrag der Rein-Einnahmen aus dem Betrieb der Werke vom 1. Juli 1873 ab,

c) den Betrag der mit Rücksicht auf die Bestimmung in § 4 Absatz 3 der Gesellschaft zukommenden Zinsen.

Der Betrag ab a) und b) bildet das Guthaben der Stadtgemeinde, der Restbetrag des Kaufschillings mit 50 000 Livres Sterling und der Betrag ab c) das Guthaben der Gesellschaft für die Berliner Wasserwerke. Der sich durch Vergleichung beider für den einen oder anderen Teil ergebende Saldo ist binnen acht Tagen nach der Festsetzung entweder bar von der Stadtgemeinde an die Gesellschaft zu Händen des Bankhauses F. Mart. Magnus oder von dieser an die Stadtgemeinde zu zahlen.

Eine Verzinsung dieses Saldos für die Zeit vom 1. Januar 1874 bis zur Auszahlung soll nicht stattfinden.

§ 7.

In Bezug auf die schließliche Berechnung gelten folgende Grundsätze:

a) Alles was bis zum 30. Juni 1873 inkl. an Materialien, Vorräten usw. geliefert oder an Arbeit geleistet worden ist, bezahlt die Gesellschaft für die Berliner Wasserwerke; was später geliefert bzw. geleistet worden, die Stadtgemeinde. Die Zahlungen für Wasser, das vor dem 1. Juli 1873 geliefert worden ist, gehören der Gesellschaft.

b) Die sämtlichen Kosten der Verwaltung inklusive derjenigen in London werden für die Zeit vom 1. Juli 1873 bis zum Tage der Entlassung der Gesellschaft aus ihrem Vertragsverhältnisse zur Staatsregierung wie bisher aus den laufenden Einnahmen bestritten.

c) Die Miete des hiesigen Bureaulokals und die Gehälter bzw. Remuneration der hiesigen Beamten trägt bis zum 1. April 1874 die Stadt.

d) Das Mietrecht der Gesellschaft in Bezug auf das hiesige Bureaulokal wird der Stadt übertragen.

§ 8.

Die Gesellschaft für die Berliner Wasserwerke übernimmt die Gewähr, daß auf den von ihr verkauften Grundstücken weder Hypothekenschulden noch ungewöhnliche Lasten ruhen. Die in Rubrika II der im § 1 sub b genannten Stralauer Grundstücke eingetragene Verpflichtung zur eventuellen Erhöhung des Grenzzaunes ist der Käuferin bekannt und von ihr akzeptiert.

§ 9.

Die Gesellschaft der Berliner Wasserwerke zediert die ihr aus den mit den Abnehmern von Wasser geschlossenen Verträgen zustehenden Rechte an die Stadtgemeinde Berlin dergestalt, daß diese vom 1. Januar 1874 ab diese Rechte gegen Übernahme der entsprechenden Verpflichtungen auszuüben befugt ist.

Dasselbe gilt hinsichtlich aller von der Gesellschaft der Berliner Wasserwerke abgeschlossenen Verträge über Lieferungen und Arbeiten, soweit dieselben nicht vor dem 1. Januar 1874 vollständig erfüllt sind, unbeschadet jedoch der nach § 7 sub a der Gesellschaft obliegenden Verpflichtung, alles dasjenige zu bezahlen, was bis zum 30. Juni 1873 inkl. an Materialien, Vorräten usw. geliefert, oder an Arbeit geleistet worden ist.

Die Bestimmung im Absatz 2 dieses Paragraphen findet auf die Beamten und Angestellten der Gesellschaft nur soweit Anwendung als sich dies aus § 7 sub c ergibt. Es sind mit Rücksicht auf diese Bestimmung seitens der Gesellschaft den sämtlichen Beamten und Angestellten die bestehenden Vertragsverhältnisse zum 1. April 1874 gekündigt, und bleibt es lediglich der Stadtgemeinde überlassen, ob und eventuell unter welchen Bedingungen sie diese Dienstkontrakte erneuern will.

§ 10.

Was die Kosten dieses Vertrages bzw. der Auflassung und Eintragungen in die Grundbücher betrifft, so sind die Kontrahenten der Meinung, daß diese Verhandlungen auf Grund der Kabinettsorder vom 4. Mai 1833 (Gesetzsammlung Seite 49) gebühren- und stempelfrei sind, da die Gesellschaft verpflichtet war, ihre Wasserwerke am 1. Juli 1881 an den Staat, bzw. nunmehr infolge der im Eingange dieses Kontrakts erwähnten Allerhöchsten Kabinettsorder vom 11. Dezember 1872 an die Stadtgemeinde abzutreten, und der gegenwärtige Vertrag nur zu dem Zwecke geschlossen ist, um diese Abtretung früher und mit Ausschließung des in dem Vertrage vom 14. Dezember 1852 vorgeschriebenen Taxverfahrens herbeizuführen.

Für den Fall indessen, daß wider Erwarten diese Ansicht von den betreffenden Behörden nicht geteilt werden sollte, übernimmt die Stadtgemeinde Berlin die durch jene gerichtlichen Akte entstehenden Kosten, sowie die zu diesem gegenwärtigen, zweifach auszufertigenden Kontrakte erforderlichen Stempel, und es sind die Kontrahenten darüber einig,

1. daß der Wert der durch diesen Vertrag, bzw. die Auflassung in das Eigentum der Stadtgemeinde Berlin übergehenden Grundstücke anzunehmen ist auf . 1 000 000 Thlr. Pr. Crt.
2. daß der Wert der Röhren, Maschinen, Vorräte usw. zu schätzen ist auf . . . 2 760 000 „ „ „
3. daß die Entschädigung, welche der Gesellschaft für den Verlust der Dividende vom 1. Juli 1873 bis 1. Juli 1881 gewährt wird, sich berechnet auf . . . . 4 615 000 „ „ „

    sind in Summa . . . . 8 375 000 Thlr. Pr. Crt.

gleich 1 250 000 Livres Sterling, à 6 Thlr. 21 Sgr.

Berlin, den 31. Dezember 1873.

Magistrat hiesiger Königl. Haupt- und Residenzstadt.

gez. Hobrecht.　　　gez. Duncker.

Berlin-Waterworks-Company.

gez. J. Cohsgarne Sim.　　　gez. Friedrich Gelpke.

gez. George Magnus.

(L. S.)

Der die käufliche Überlassung der Berliner Wasserwerke an die Stadtgemeinde Berlin betreffende Vertrag, welcher am heutigen Tage von dem Magistrat der Haupt- und Residenzstadt Berlin und der Berlin-Waterworks-Company vollzogen worden, ist unter der auf den von der Königl. Staats-Regierung in dem Ministerial-Re-

stript vom 17. Dezember v. Js. abgegebenen Erklärungen beruhen=
den Voraussetzung geschlossen worden, daß die Berlin=Waterworks=
Company nach Einreichung jenes Vertrages bei der Staats=Regie=
rung aus dem durch den Kontrakt vom 14. Dezember 1852 begrün=
deten Vertragsverhältnis werde entlassen werden.

Für den Fall, daß wider alles Erwarten diese Voraussetzung
nicht zutreffen sollte, verpflichtet sich der Magistrat von Berlin hier=
durch, der Berlin=Waterworks=Company

> gegen Erstattung von 1 200 000 £. Sterling, welche à Conto des
> Kaufgeldes auf London zahlbar nach Sicht angewiesen worden
> sind, und der von diesem Kapital seitens der Berlin=Waterworks=
> Company erzielten Zinsen

die ihm heut aufgelassenen Grundstücke mit allem Zubehör und die
übrigen im § 1 des gedachten Vertrages bezeichneten Gegenstände
zurückzugewähren, bzw. die erkauften Grundstücke der Company
wieder aufzulassen, auch die durch diese Wiederauflassung ent=
stehenden Stempel und Kosten zu tragen.

Berlin, den 31. Dezember 1873.

Magistrat hiesiger Königl. Haupt= und Residenzstadt.

gez. H o b r e ch t.   gez. D u n ck e r.

---

4. Kaufvertrag über die Wuhlheide.

Zwischen dem Königlichen Forstfiskus, vertreten durch die
Königliche Regierung, Abteilung für Domänen und Forsten zu
Potsdam und der Stadt Berlin, vertreten durch den Magistrat,
wird auf Grund des in beglaubigter Abschrift beigefügten Ministe=
rial=Erlasses vom 23. Dezember 1910 — III 14 029 — nachstehen=
der Vertrag abgeschlossen:

§ 1.

Der Königliche Forstfiskus verkauft der Stadt Berlin die Wuhl=
heide, soweit sie in dem angehefteten Auszug aus dem Grund= und
Gebäudesteuer=Kataster nebst Handzeichnung sowie der angehefteten
Übersichtskarte nachgewiesen ist, nämlich die Kataster=Parzellen:

(Es folgt die Aufführung der einzelnen Parzellen)

mit einem katastermäßigen Flächeninhalt von 525,0245 ha und
einem Grundsteuer=Reinertrag von 1116,54 Taler.

Der genaue Flächeninhalt wird durch eine von der Stadt Berlin auf deren Kosten zu bewirkende Neuvermessung festgestellt werden[1]).

§ 2.

Die Kauffläche ist in Wertzonen eingeteilt, und diese Wert= zonen sind auf der Übersichtskarte (§ 1) unter Eintragung der Werte in verschiedenen Farben kenntlich gemacht. Die Wertzonengrenzen sind vermessen, und sind die Messungszahlen zur Einmessung der Grenzzeichen der Wertzonen in der angehefteten Feldbuchabschrift nachgewiesen. Bei der Neumessung (§ 1) sind auch die Größen der Wertzonen genau zu ermitteln.

Die Stadt Berlin zahlt für die gesamten ihr aufzulassenden Flächen der Wuhlheide zunächst einen Preis von zwei Mark je Quadratmeter, mithin für 525,0245 ha eine Gesamtsumme von 10 500 490 M. in Worten: „Zehn Millionen fünfhunderttausend vierhundertneunzig Mark" für Rechnung der Königl. Forstkasse in Erkner portofrei an die Regierungshauptkasse in Potsdam und zwar in Raten von je 2 100 098 Mark in Worten: „Zwei Millionen Einhunderttausendachtundneunzig Mark" das sind:

20 % nach Vertragsunterschrift durch die Stadt Berlin, und zwar so rechtzeitig, daß die Zahlung vor der Auflassung nachgewiesen werden kann,
20 % am 1. Oktober 1912,
20 % „ 1.   „   1914,
20 % „ 1.   „   1916,
20 % „ 1.   „   1918.

Der nach der Auflassung noch verbleibende Teil dieses Kauf= geldes wird vom Tage der Auflassung ab mit vier Prozent jähr= lich von der Stadt Berlin bis zur Tilgung der einzelnen Raten ver= zinst. Diese Zinsen sind in Vierteljahrsbeträgen und zwar am 2. Ja= nuar, 1. April, 1. Juli und 1. Oktober portofrei an die Königliche Regierungshauptkasse zu Potsdam zu zahlen.

Ergibt die Neuvermessung (§ 1) einen anderen Flächeninhalt des gesamten Geländes so ändert sich bei dem beizubehaltenden Ein= heitspreise von 2 Mark je qm dementsprechend die oben angenom= mene Summe von 10 500 490 M, welche außerdem die aus § 3 sich

---

[1]) Die Neuvermessung hat einen Flächeninhalt von 548,3372 ha ergeben.

ergebende Ermäßigung erfährt. Sobald nach dem Ergebnis der Neuvermessung und nach dem Verlangen der Eisenbahnverwaltung (§ 3) feststeht, wieviel als erste Ratenzahlung tatsächlich hätte geleistet werden sollen, ist die erforderliche Ausgleichung zu bewirken.

§ 3.

Die Stadt Berlin verpflichtet sich, von dem ihr nach § 1 verkauften Gelände diejenigen Flächen, welche von der Königlichen Eisenbahnverwaltung zu Eisenbahnzwecken innerhalb eines Jahres nach der Auflassung an die Stadt Berlin gefordert werden, nach erfolgter Vermessung dem Königlichen Fiskus unentgeltlich aufzulassen.

Diese Flächen scheiden, nachdem sie vermessen sind, aus der Gesamtkauffläche aus und werden bei Feststellung des endgültigen Kaufpreises nicht in Rechnung gestellt (§ 2 Schlußsatz).

Die durch die Vermessung dieser Flächen, sowie deren Auflassung seitens des Forstfiskus an die Stadt Berlin und seitens der Stadt Berlin an den Eisenbahnfiskus entstehenden Kosten, Stempelabgaben und Steuern sind, soweit sie nicht überhaupt außer Ansatz bleiben, vom Königlichen Fiskus zu tragen. Sofern die Stadt Berlin dieselben bezahlt hat, sind sie ihr vom Königlichen Fiskus zu erstatten, sobald nach beendeter Vermessung die Feststellung der Flächen erfolgt, und damit die Berechnung der anteiligen Kosten möglich ist.

Der Anteil ist nach der Flächengröße zu berechnen.

Die Stadt Berlin erhält das Recht, unentgeltlich die Eisenbahnflächen mit Brunnengalerien, Röhren, Kanälen und Kabeln zu kreuzen; die Ausführung im einzelnen erfolgt nach Verständigung der Stadt mit dem Eisenbahnfiskus. Unter den Eisenbahndämmen darf die Stadt Berlin keine Tiefbrunnen anlegen.

§ 4.

Die der Stadt Berlin verbleibenden Flächen der Wuhlheide die nach erfolgter Abtretung der Bahnflächen (§ 3) an den Eisenbahnfiskus von bestehenden und neu projektierten Bahnstrecken umschlossen werden, scheiden aus den Wertzonen, denen sie nach dem anliegenden Plan zugeteilt sind, aus und bilden eine besondere Wertzone XIX, für die ein Wert von 2,00 M. (Zwei Mark) je qm festgesetzt wird.

§ 5.

Durch die Zahlungen von 2 M. je qm für das gesamte Gelände gemäß § 2 ist der Preis für das gesamte Gelände abgegolten soweit sich nicht aus den §§ 7, 8 und 16 weitere Verpflichtungen ergeben.

Der Volkspark, auf dem Plane grün koloriert und mit Nr. XVI bezeichnet, hat einen Flächeninhalt von etwa 125 ha, das Gelände für das geplante Wasserwerk, auf dem Plane schwarz koloriert und mit Nr. XVII und XVIII bezeichnet, hat einen Flächeninhalt von etwa 8 ha. Der Wert des Geländes für den Volkspark und für das Wasserwerk im Gesamtflächeninhalt von etwa 133 ha ergibt mithin bei Zugrundelegung des Einheitspreises von 2 M. je qm 2 660 000 Mark.

Von dem übrigen Gelände im Flächeninhalt von ungefähr 392,0245 ha werden 22 Prozent oder 86,2454 ha als Straßenland gerechnet. Für diese 86,2454 ha gelten nicht die bei den einzelnen Zonen angegebenen höheren Werte; letztere haben somit nur Bedeutung als Preise für das Nettobauland (§§ 7 ff.).

§ 6.

Die auf dem Plan grün XVI dargestellte Fläche von ungefähr 125 ha, deren Grenzen vermarkt und eingemessen sind (vgl. Feldbuchabschrift — § 2 —), und deren genauer Flächeninhalt gleichzeitig mit der nach § 1 und 2 vorzunehmenden Neuvermessung festgestellt werden soll, wird vorbehaltlich der Bestimmung des § 16 von der Stadt Berlin dauernd als Park oder Wald erhalten und muß demgemäß bewirtschaftet werden.

Die Stadt Berlin willigt darin, daß eine bezügliche beschränkte persönliche Dienstbarkeit im Sinne des § 1090 BGB. zugunsten des Forstfiskus auf dieser Fläche eingetragen wird.

§ 7.

Wenn die Stadt Berlin, abgesehen von dem Gelände für den Volkspark und für das Wasserwerk, (§ 5) Teile der Kauffläche für besondere städtische Anlagen oder durch längere Verpachtung an Dritte zu benutzen beabsichtigt, so ist sie zu Nachzahlungen gemäß den Werten der einzelnen Wertzonen verpflichtet. Unter einer längeren Verpachtung wird eine Verpachtung von mindestens fünf Jahren verstanden.

Diese Nachzahlung berechnet sich im einzelnen je qm Nettobau=
land wie folgt:

Da nach § 2 für das gesamte Gelände der Wuhlheide zwei Mark
je qm zu zahlen sind, so sind hierin 7 840 490 M. Kaufgeld für das
392,0245 ha große Bruttoland zu 2 M. enthalten. Von dem Brutto=
bauland sind nach § 5, Abs. 3 86,2454 ha Straßenland in Abzug zu
bringen. Dieser Betrag von 7 840 490 M. für das Bruttobauland
auf 392,0245 — 86,2454 = 305,7791 ha Nettobauland verteilt, er=
gibt eine Vorausleistung der Stadt von 2,56 M. je qm Nettobau=
land. Diese letztere wird von dem Nettobaulandpreise der einzel=
nen Wertzonen in Abzug gebracht, so daß die Differenz zwischen den
in dem Plane festgesetzten Preisen der einzelnen Wertzonen und
der Vorausleistung von 2,56 M. je qm noch von der Stadt für die
von ihr zur besonderen Benutzung oder Verpachtung in Anspruch
genommenen Bestandteile der Zonen zu entrichten ist.

Ferner wird dieser Differenz vom 1. Juli 1911 ab auf die
Dauer von längstens 30 Jahren noch ein Wertzuwachs von jährlich
1 % dieser Differenz zugerechnet. Die Zahlung ist vier Wochen
nach Inbetriebnahme der betreffenden städtischen Anlage bzw. bei
Verpachtungen (Absatz 1) nach Abschluß des Pachtvertrages von der
Stadt Berlin an den Forstfiskus zu leisten.

Soweit städtische Anlagen auf dem nach § 6 als Park oder
Wald bestimmten Gelände (Zone XVI) errichtet werden, dürfen sie,
abgesehen von dem in § 16 vorgesehenen Falle, den Waldcharakter
nicht beeinflussen; soweit sie als zum Straßenland gehörig anzu=
sehen sind, bleiben sie zusammen mit dem übrigen Straßenland bis
zu 22 % von 392,0245 ha — 86,2454 ha (§ 5) von der Nachzahlung
befreit. Unterkunftshallen, Bedürfnisanstalten, Durchlässe, Rohr=
leitungen, Brunnengalerien, Kabel, Kanäle, Bahngleise sowie an=
derweite Veranstaltungen, welche die Benutzung der von ihnen be=
troffenen Grundstücke nicht dauernd ausschließen, gelten nicht als
Anlagen im Sinne der vorstehenden Bestimmungen.

§ 8.

Wenn die Stadt Berlin Teile der Kauffläche weiter zu ver=
kaufen beabsichtigt, wozu sie aber für den Bereich des Waldgeländes
(XVI des Planes) nicht berechtigt ist, hat sie dem Forstfiskus je
qm Nettobauland

a) die Differenz zwischen dem Nettobaulandpreise der betref=
fenden Zone und dem bereits entrichteten oder kreditierten
Betrage von 2,56 M. für das qm Nettobauland nachzuzahlen,

b) ein Drittel des Überpreises ohne jeden Abzug zu gewähren,
der von der Stadt über denjenigen Wert hinaus erzielt wird,
der für die betreffende Zone angenommen ist.

Ist z. B. ein Terrain für einen Einheitspreis von 16 M.
für das qm von der Stadt verkauft worden, welches in dem
angehefteten Plane mit 12,50 M. Einheitspreis vorgesehen
ist, so hat der Fiskus noch zu erhalten:

<blockquote>
a) 12,50—2,56 M. = 9,94 M.
b) ein Drittel von 16—12,50 M. = 1,166 M.
</blockquote>

für das Quadratmeter des an einen Dritten veräußerten
Geländes der mit 12,50 M. Einheitspreis bezeichneten Zone.

Bei dieser Nachzahlung für ein an einen Dritten ver=
äußertes Grundstück wird ein Wertzuwachs, wie er in § 7
vorgesehen ist, nicht hinzugerechnet.

Die Nachzahlungen sind spätestens acht Tage nach der
an den Dritten erfolgten Auflassung fällig.

§ 9.

Sowohl von der Benutzung der städtischen Anlagen oder von
Verpachtungen im Sinne des § 7, als von dem Verkauf an Dritte
ist der Königlichen Regierung zu Potsdam unverzüglich Kenntnis
zu geben.

Hat die Stadt Flächen zu städtischen Anlagen oder durch Ver=
pachtung in Benutzung genommen und die Nachzahlung nach § 7
geleistet, so findet, falls später eine Veräußerung an Dritte erfolgen
sollte, eine Beteiligung des Fiskus an dem erzielten Erlöse nicht
mehr statt.

§ 10.

Der Königliche Fiskus hat, abgesehen von der dem Königlichen
Eisenbahnfiskus nach § 3 zustehenden Befugnis, das Recht, inner=
halb der nächsten 100 Jahre, vom Zeitpunkt der Auflassung ab ge=
rechnet, von dem noch nicht an Dritte weiter verkauften oder für be=

sondere städtische Anlagen in Anspruch genommenen Gelände nach
seiner Wahl zwei zusammenhängende Flächen bis zur Größe von je
2 ha zu den für die einzelnen Zonen festgesetzten Werten für staat=
liche Zwecke zurückzukaufen, ohne daß dem Wiederkäufer ein Wert=
zuwachs angerechnet werden darf. Auch darf die Stadt Berlin keinen
Ersatz von Aufwendungen vom Fiskus fordern, die sie auf dem den
Kaufgegenstand bildenden Grundstücke gemacht haben sollte.

§ 11.

Die Stadt übernimmt alle bezüglich der Fläche seitens des
Forstfiskus bereits abgeschlossenen Pachtverträge mit der Maßgabe,
daß die Nachzahlungsbestimmungen gemäß § 7 auf diese Teile der
Kauffläche keine Anwendung finden, solange die vom Königlichen
Forstfiskus abgeschlossenen Pachtverträge laufen.

Die zum Radfahren, Fahren, Reiten erteilten Erlaubnis=
scheine sollen bis zu ihrem Ablaufstermin ihre Gültigkeit behalten.
Die Aktenstücke über die bei der Übergabe der Kauffläche laufenden
Pachtverträge werden dem Magistrat von der Oberförsterei Cöpe=
nick übergeben werden. Die Pachterträge werden der Stadt Berlin
vom nächsten auf den Vertragsabschluß folgenden Fälligkeitster=
mine ab überwiesen.

§ 12.

Die Regelung der kommunalen Verhältnisse ist bereits dahin
erfolgt, daß das Kaufgelände einen Gutsbezirk Wuhlheide bildet.
Die Stadt Berlin hat dem Forstfiskus für seine ihm aus Anlaß der
kommunalen Verwaltung etwa nach der Übergabe noch entstehen=
den Ausgaben vollen Ersatz zu leisten, einschl. einer etwa notwen=
dig werdenden Entschädigung des Guts= und Amtsvorstehers.

§ 13.

Die Stadt Berlin übernimmt die jetzt dem Forstfiskus oblie=
gende Unterhaltung der sog. Scharfrichterbrücke über die Wuhle.

§ 14.

Die Stadt Berlin verpflichtet sich, vom 1. April 1924 ab den
dritten Teil ihres jeweiligen jährlichen Reinertrages von der dann

noch nicht gemäß § 7 und § 8 verwendeten Nettobaulandfläche jähr=
lich postnumerando an den Königlichen Forstfiskus zu zahlen.

§ 15.

Die Stadt Berlin erbaut ein neues Oberförstereigehöft auf ihre
Kosten auf fiskalischem Gelände, bestehend aus einem Oberförsterei=
wohnhaus (entsprechend dem ihr mitgeteilten Entwurf) für ca.
50 000 Mark, einem Bureaugebäude mit Sekretär= und Kutscher=
wohnung für ca. 30 000 M., Wirtschaftsgebäuden für ca. 15 000
Mark und Nebenanlagen für ca. 10 000 M.

§ 16.

Es bleibt der Stadt Berlin überlassen, Teile des Volksparks,
namentlich von dem östlich der geplanten Bahn Sadowa=Grünau
gelegenen Gelände, ganz oder teilweise zu städtischen Anlagen zu
verwenden und statt dieser Teile eine gleich große Fläche aus an=
deren Zonen mit dem Volkspark zu verbinden und zum Volkspark
zu verwenden. Für letztere Flächen werden alsdann diejenigen
Zahlungen geleistet, die sich aus § 7 bei einer Verwendung zu städti=
schen Anlagen ergeben.

§ 17.

Die Übergabe der verkauften Grundstücke mit Ausschluß des
bisherigen Oberförstereigehöfts mit Zubehör findet sofort nach Ver=
tragsabschluß, spätestens aber mit der Auflassung statt. Das bis=
herige Oberförstereigehöft nebst Zubehör wird erst binnen 8 Tagen
nach Übergabe des neuen Gehöftes an den Oberförster, der Stadt
übergeben. Die Verwertung des Einschlages des auf der Kauffläche
stehenden Holzes aus dem Wirtschaftsjahr 1. Oktober 1910/11 wird
der Stadt Berlin, welche die Werbungskosten zu tragen hat, für
eigene Rechnung überlassen.

Sämtliche Kosten des Kaufgeschäfts einschließlich der Reichs=
stempelabgaben und der landesgesetzlichen Stempel= und Umsatz=
steuer, soweit solche bei der Stempel=Freiheit des Fiskus zum An=
satz gelangen, jedoch mit Ausnahme der nach § 3 Absatz 3 dem Kö=
niglichen Fiskus zur Last fallenden Kosten=, Stempel= und Steuer=
beträge trägt die Stadt Berlin.

§ 18.

Dieser Kaufvertrag wird dreifach gleichlautend ausgefertigt und vollzogen. Die Hauptausfertigung soll dem Verkäufer, die erste Nebenausfertigung der Stadt Berlin und die zweite dem Amtsgericht Cöpenick zugefertigt werden.

Potsdam, den 8. Juni 1911.

Königliche Regierung,

Abteilung für direkte Steuern, Domänen und Forsten.

gez. v. d. S c h u l e n b u r g   v. K e m n i tz.

(Siegel.)

F. C. 3837.

Berlin, den 26. Juni 1911.

Magistrat hiesiger Königl. Haupt= und Residenzstadt.

gez. R e i c k e.   gez. R a st.

(Siegel.)

Beglaubigte Abschrift zu F. C. 3827.

Ministerium

für Landwirtschaft, Domänen und Forsten.

— Nr. III 14 029. —

Verkauf der Wuhlheide.

2 Anlagen.

Nach dem in beglaubigter Abschrift anliegenden Allerhöchsten Erlaß vom 19. Dezember 1910 haben Seine Majestät der König den Verkauf der Wuhlheide an die Stadtgemeinde Berlin genehmigt.

Die zum Allerhöchsten Erlaß gehörige Karte liegt bei.

Die Königliche Regierung wird gleichzeitig ermächtigt, demnächst namens des Königlichen Fiskus die in den §§ 873 und 925 BGB. vorgesehene Auflassungserklärung durch einen dort zu bestellenden Bevollmächtigten abgeben zu lassen, auch alle sonstigen Erklärungen abzugeben und Anträge zu stellen, die zur Regelung des Grundbuches nötig sind.

Binnen 4 Wochen sehe ich einem Berichte über den Stand der Verkaufsverhandlungen entgegen.

Wenn der Verkauf zustande kommt, hat der Oberförster nach dem Vorschlage in dem Bericht vom 26. August 1910 — F. C. 5842 — zur Überwachung der Nachzahlungen und des jährlichen Reinertrages eine Karte des Geländes auf dem Laufenden zu erhalten und jährlich örtlich zu vergleichen.

(L. S.)

I. A.

gez. W e s e n e r.

An die Königliche Regierung in Potsdam.

Die Richtigkeit bescheinigt

Potsdam, den 8. Juni 1911.

Der Regierungs=Präsident.

gez. v. d. S c h u l e n b u r g.

Beglaubigte Abschrift zu F. C. 3837.

von „   „   „ III. 14 029.

„Auf Ihren Bericht vom 11. Dezember 1910 ermächtigte Ich Sie, das auf der anliegenden Karte farbig angelegte, etwa 527,30 ha große Gelände der Oberförsterei Köpenick — die sogenannte Wuhl= heide — einschließlich des Holzbestandes an die Stadtgemeinde Berlin freihändig zu veräußern.

Neues Palais, den 19. Dezember 1910.

gez. W i l h e l m R.

gez. F r h r. v o n S c h o r l e m e r.

An den Minister für Landwirtschaft, Domänen und Forsten.

Für richtige Abschrift

(L. S.)

gez. S c h a r f.

Geheimer Kanzleisekretär.

Die Richtigkeit bescheinigt

Potsdam, den 8. Juni 1911.

Der Regierungs-Präsident

gez. v. d. Schulenburg.

— J.-Nr. 1507 Wasser 11 —

Stadtv. Beschl. v. 27. April 11, Prot. 24. Gem. Bl. Nr. 18 b.
1911 S. 225.

____

5. Beschluß betreffend die Bildung des Gutsbezirks Wuhlheide.

Berlin, den 1. Februar 1911.

Kreis-Ausschuß
des Kreises Niederbarnim.

J.-Nr. A. 1205.

Mit Einverständnis der Beteiligten wird auf Grund des § 2
Ziffer 4 der Landgemeindeordnung für die östlichen Provinzen vom
3. Juli 1891 vorbehaltlich der Königlichen Genehmigung der gesamte westlich des Kaulsdorf-Cöpenicker Kommunikationsweges
(Teltower Kreisgrenze) gelegene Flächenbestand des Forstgutsbezirks
Cöpenick („die Wuhlheide") von diesem Gutsbezirk abgetrennt und
aus diesen Grundstücken ein selbständiger Gutsbezirk Wuhlheide unter Übertragung der Gutsherrlichkeit auf die Stadt Berlin gebildet.

Ausgeschlossen von dieser Kommunalbezirksveränderung werden folgende Grundstücke, die vorbehaltlich weiterer Entscheidung
im Gutsbezirke Cöpenick Forst verbleiben:

1. die bereits durch den noch nicht rechtskräftigen Beschluß des
Kreis-Ausschusses vom 12. Januar 1910 A. 774 aus dem
Forstgutsbezirk Cöpenick in den Gemeindebezirk Oberschöne-
weide umgemeindeten Grundstücke (Nobelshof usw.),

2. das südlich des Elisabethkrankenhausgrundstücks belegene
Reststück der Jagen 347 und 349: begrenzt im Norden durch
das Krankenhausgrundstück im Süden durch die Rummelsburg-Cöpenicker Chaussee, im Osten durch die Karlshorst-
Oberschöneweider Chaussee und im Westen durch eine von
der Südwestecke des Krankenhausgrundstücks parallel dieser
Chaussee bis zur Rummelsburg-Cöpenicker Chaussee laufende Linie,

3. die beiden Friedhofsgrundstücke der Gemeinde Oberschöne=
weide (Parzellen 117/22 und 123/22 Kartenblatt 8 der Ge=
markung Cöpenick=Forst),
4. die Chaussee Rummelsburg=Cöpenick westlich der Cöpenicker
Stadtgrenze, soweit sie gegenwärtig noch zum Forstgutsbe=
zirk Cöpenick gehört.

Der neue Gutsbezirk umfaßt die in der Anlage aufgeführten Parzellen.

Die Gutsbezirksbildung tritt mit dem 1. April 1911 in Kraft.

Der Kreis=Ausschuß des Kreises Niederbarnim.

Graf v. Roedern.

— J.=Nr. 386 Wasser 11 —

Berlin, den 10. März 1911.

Königlicher Landrat
des Kreises Niederbarnim. NW. 40, Friedrich Karl Ufer 5.
Tgb.=Nr. A 3019.

— Zum Schreiben vom 6. v. Mts. — 368 Wasser 11 —

Durch Allerhöchsten Erlaß vom 27. Februar d. Js. ist die Bil=
dung des neuen Gutsbezirks „Wuhlheide" nach Maßgabe des Kreis=
ausschußbeschlusses vom 1. v. Mts. — A. 1205 — genehmigt worden.

Die Gutsbezirksbildung tritt mit dem 1. April d. Js. in Kraft.

Ich ersuche ergebenst, mir baldgefälligst eine zum Gutsvor=
steher geeignete und im neuen Gutsbezirk wohnhafte Persönlichkeit
in Vorschlag zu bringen, damit die Bestätigung rechtzeitig erfolgen
kann[1]).

Zugleich bitte ich um Mitteilung, ob der Kaufvertrag nunmehr
abgeschlossen ist.

Graf v. Roedern.

An den
Magistrat hiesiger Königl. Haupt= und Residenzstadt.

— C. 2. —

J.=Nr. 934 Wasser 11 —

---

[1]) 1. Gutsvorsteher=Stellvertreter ist der städtische Oberförster,
2. der in der Wuhlheide stationierte städtische Förster.
Bestätigt vom Königl. Landrat des Kreises Niederbarnim unterm
24. November 1911. Tgb. Nr. $\dfrac{\text{A. 127 34}}{\text{3690 Wasser 11.}}$

6. Magistratsverfügung betr. die Regelung der Verwaltung der Wuhlheide.

Zur Regelung der Verwaltung für die am 1. April 1911 in den Besitz der Stadtgemeinde Berlin übergehende Wuhlheide wird folgendes bestimmt:

1. Der städtische Oberförster übernimmt am 1. April 1911 die Verwaltung der Wuhlheide als Beauftragter der Deputation der städtischen Wasserwerke und wegen Jagen 353 der Grundeigentums-Deputation. Er wird beauftragt, schon jetzt die Interessen der Stadt Berlin auf dem betreffenden Gelände wahrzunehmen.

Über die Höhe des ihm hierfür etwa zu zahlenden Entgelts und der Fuhrkosten wird weitere Bestimmung vorbehalten.

2. Für den Betrieb und Forstschutz ist zunächst ein Forstbeamter einzustellen, welcher von der Deputation für die Kanalisationswerke und Güter Berlins der Deputation der städtischen Wasserwerke überwiesen und der letzteren sowie dem städtischen Oberförster unterstellt wird. Für diesen Beamten kann das Förstereigehöft Wuhlheide — mit Ausnahme der für die Verwaltung in Anspruch zu nehmenden Räumlichkeiten — nutzbar gemacht werden. Die Besoldung dieses Beamten regelt die Kanalisations-Deputation mit Zustimmung der Wasserwerks-Deputation.

Die Zahlung des Gehalts und etwaiger Nebenbezüge des genannten Beamten sowie der nach Punkt 1 noch festzustellenden Bezüge des Oberförsters erfolgt aus dem Etat der Wasserwerke auf Anweisung der Deputation der Wasserwerke.

3. Der städtische Oberförster hat die Erzeugnisse der Wuhlheide für die Verwaltung der städtischen Wasserwerke nutzbar zu machen und die für diesen Zweck, sowie für die Beaufsichtigung und den Schutz des Geländes erforderlichen Arbeiter nach Bedarf anzunehmen und zu entlassen, auch Gerätschaften, Werkzeuge und Materialien anzukaufen.

Für die Winterarbeiten sind tunlichst Arbeiter der Wasserwerke, die sonst eventuell feiern müßten, im Einvernehmen mit der Verwaltung heranzuziehen.

Zur Unterbringung etwa zuziehender fremder Arbeiter kann

ein Unterkunftsraum im Wirtschaftsgebäude der Försterei hergerichtet werden.

Für die Annahme und Löhnung ständigen Personals sowie für Ankäufe im Werte von mehr als 100 M. ist die Genehmigung der Deputation der Wasserwerke einzuholen.

Der Herr Oberförster hat die Pachtverträge zu übernehmen und zu bearbeiten und bezügliche Anträge für diese der Deputation zu unterbreiten.

4. Der städtische Oberförster hat den Anweisungen der Deputation der städtischen Wasserwerke Folge zu leisten, derselben vierteljährlich einen kurzen Verwaltungsbericht vorzulegen und außerdem über alle besonderen Vorkommnisse unaufgefordert sogleich Bericht zu erstatten.

Er hat die bescheinigten Lohnrechnungen wöchentlich zu den bestimmten Terminen dem Bureau der Wasserwerke einzureichen und die Löhnung der Arbeiter ordnungsmäßig zu veranlassen, sowie alle sonstigen Rechnungen über Einnahmen und Ausgaben zu prüfen, auf ihre Richtigkeit zu bescheinigen und zur Anweisung vorzulegen.

Die Regelung der Kassenverhältnisse bleibt vorbehalten.

5. Der Verwaltung der Wasserwerke bleibt vollständig freie Hand für die Ausführung des in der Wuhlheide zu errichtenden Wasserwerkes und der zugehörigen Brunnengalerien, Rohrleitungen, Schienenstränge usw.

Der Deputation ist vom städtischen Oberförster nach den Angaben des bauleitenden Beamten ein allgemeiner Betriebsplan vorzulegen.

Im übrigen ist es selbstverständlich, daß Bauleitung und Verwaltung sich gegenseitig verständigen und im Einvernehmen miteinander arbeiten, daß insbesondere auch die Arbeiter der Wasserwerksverwaltung den Anweisungen der Forstschutzbeamten in deren Wirkungskreise Folge zu leisten haben.

Etwaige Differenzen werden von der Deputation der Wasserwerke geregelt.

6. Änderungen dieser vorläufigen Anweisung bleiben vorbehalten.

7. Die Deputation für Wasser wird einen Etat aufstellen und zur Genehmigung einreichen.

Berlin, den 24. Februar 1911.

Magistrat.

K i r s c h n e r.

II. Die Verwaltung der städtischen Wasserwerke.

1. Geschäftsanweisung für die Deputation der städtischen Wasserwerke zu Berlin.

Die Leitung der gesamten städtischen Wasserwerke ist einer Deputation übertragen, welche den Namen „Deputation der städtischen Wasserwerke" führt und dem Magistrat untergeordnet ist.

§ 1.

Die in Gemäßheit des § 59 der Städteordnung aus 2 Magistratsmitgliedern, 4 Stadtverordneten und 2 Bürgerdeputierten gebildete Deputation der städtischen Wasserwerke hat den Betrieb und die Verwaltung dieser Werke zu leiten und zu beaufsichtigen. Dieselbe ist dementsprechend die nächste dem Direktor und dem gesamten Personal der Wasserwerke vorgesetzte Instanz, deren Anordnungen auch der Direktor Folge zu leisten hat.

§ 2.

Die Deputation versammelt sich zur Erledigung der ihr obliegenden Geschäfte, so oft die Verhältnisse es notwendig machen, in der Regel einmal monatlich, auf Einladung ihres Vorsitzenden. Derselbe ist verpflichtet, eine Sitzung anzuberaumen, sobald 3 Mitglieder der Deputation es beantragen.

Zur Beschlußnahme der Deputation ist die Anwesenheit von mindestens 3 Mitgliedern derselben, worunter sich ein Magistratsmitglied und ein Stadtverordneter befinden müssen, erforderlich.

Bem. zu § 1. Auf Beschluß der Gem.-Behörd. — Prot. der Stadtver.-Vers. vom 29. Mai 1902, Nr. 24, Gem.-Bl. von 1902 S. 250 — ist die Zahl der Mitglieder der Deputation um 1 Magistratsmitglied und 1 Stadtverordneten u. im Jahre 1916 — Prot. d. Stadtver.-Vers. v. 23. März 1916, Nr. 8, Gem.-Bl. S. 143 — um 1 weit. Magistratsmitglied u. 3 Stadtverordnete vergrößert worden, außerdem gehört ihr auf Grund Magistratsbeschlusses vom 22. 9. 11 — J.-Nr. 1062 Wasser 11 — ein Magistratsassessor bzw. Magistratsrat mit Stimmrecht an.

Der Direktor der städtischen Wasserwerke wohnt den Sitzungen mit beratender Stimme bei, sofern nicht im Einzelfalle der Vorsitzende eine abweichende Anordnung trifft.

§ 3.

Der Beschlußfassung der Deputation unterliegen insbesondere folgende Angelegenheiten:

1. die Festsetzung des Tarifs, nach welchem Wasser an Privatpersonen abzugeben ist, vorbehaltlich der Genehmigung durch die Gemeindebehörden;

2. die Entscheidung über Zeit und Art der Ausdehnung des Rohrnetzes und der Erweiterungsbauten, soweit dieselben von den Gemeindebehörden genehmigt sind und mit den von diesen bewilligten Mitteln bewirkt werden können;

3. alle Anträge und Berichte an den Magistrat und die sonstigen vorgesetzten Behörden;

4. die dem Magistrat zu überreichenden Etatsentwürfe;

5. die Anstellung und Entlassung von Personen in denjenigen Stellungen, mit denen eine Pensionsberechtigung verbunden ist, unter Beobachtung der darüber in dem Pensionsreglement für Angestellte der wirtschaftlichen und industriellen Anstalten der Stadt Berlin enthaltenen Bestimmungen, sowie die Feststellung der Gehälter für diese Angestellten innerhalb der durch den Etat festgesetzten Grenzen.[1])

   Die Anstellung des Direktors erfolgt auf Vorschlag der Deputation durch den Magistrat, nach vorheriger Präsentation bei der Stadtverordneten-Versammlung, deren Zustimmung zur Festsetzung des Gehaltes erforderlich ist;

6. die Prüfung und Feststellung des durch den Direktor vorzulegenden Jahres-Abschlusses und Verwaltungsberichtes;

---

[1]) Seit dem Jahre 1901 werden die Beamten der Wasserwerke als Gemeindebeamte angestellt, und zwar die Bureaubeamten auf Lebenszeit, die Betriebsbeamten auf dreimonatliche Kündigung. Erstere werden vom Magistrat überwiesen, letztere schlägt die Deputation zur Anstellung vor. Neuerdings werden auch kaufmännische und weibliche Hilfskräfte eingestellt.

Das Pensionsreglement ist aufgehoben.

7. die Entscheidung über etwaige Abänderungen im Betriebe
der Werke, über den Ankauf von Kohlen und sonstigen Mate=
rialien von Erheblichkeit und über Neuanschaffung von Ma=
schinen, Leitungsröhren und sonstigen Gegenständen von
Bedeutung;

8. die Entscheidung über Beschwerden gegen den Direktor, über
Vergleiche in Streitsachen und über die Absetzung uneinzieh=
barer Forderungen;

9. die Verwendung der zur Unterstützung an Angestellte, Ar=
beiter und Witwen derselben, sowie zu unvorhergesehenen
Fällen, Versuchen usw. in den Etat eingestellten Mittel.

§ 4.

Die Deputation erläßt die Kassenanweisungen; sie ist befugt,
die einzelnen Anstalten, alle Bücher und Bestände derselben zu revi=
dieren, Einsicht von den Akten zu nehmen und jede Auskunft von
dem Direktor zu erfordern, auch einzelne Mitglieder mit der Aus=
übung dieser Geschäfte zu beauftragen.

§ 5.

Die Deputation ist berechtigt, die Ausführung von Anordnun=
gen und Maßregeln des Direktors zu beanstanden und befugt, in
dringenden Fällen den Direktor seiner Tätigkeit zu entheben. In
letzterem Falle ist sie verpflichtet, sofort diejenigen Maßregeln zu
treffen, die sie zur Abwendung eines Nachteils für die Verwaltung
für notwendig hält und dem Oberbürgermeister von dem Geschehe=
nen Kenntnis zu geben.

§ 6.

Abänderungen dieser Geschäftsordnung bleiben vorbehalten.

Berlin, den 22. Juni 1894.

Magistrat hiesiger Königl. Haupt= und Residenzstadt.

Zelle.

2. Geschäftsanweisung für den Direktor der städtischen Wasser-
werke zu Berlin.[1]

§ 1.

Der Direktor der städtischen Wasserwerke bearbeitet unter Aufsicht der Deputation für die städtischen Wasserwerke und nach Maßgabe dieser Geschäfts-Anweisung unter eigener Verantwortlichkeit
alle auf die gesamte städtische Wasserleitung bezüglichen Angelegenheiten.

§ 2.

Insbesondere leitet der Direktor den technischen Betrieb der
Wasserwerke und liegt ihm in betreff desselben die Pflicht ob, nicht
nur die Wasserwerke in gutem Stande zu erhalten, die nötigen Neubauten und Reparaturen zu rechter Zeit zu beantragen, die erforderlichen Pläne und Kostenanschläge anzufertigen und die genehmigten
ausführen zu lassen, sondern auch unter Berücksichtigung der Fortschritte der Wissenschaft und Technik für die möglichste Verbesserung
der Werke Sorge zu tragen.

§ 3.

Er hat dafür zu sorgen, daß das für den öffentlichen Dienst
(zum Feuerlöschen, zur Straßenreinigung und Besprengung usw.)
wie für die Privatabnehmer erforderliche Wasser stets in genügender Menge von der städtischen Wasserleitung geliefert wird.

§ 4.

In betreff der Wasserlieferung an Privatabnehmer liegt dem
Direktor die Anordnung, Leitung und Beaufsichtigung aller für die
Einführung des Wassers in die Privatgrundstücke erforderlichen
Einrichtungen ob.

Der Direktor nimmt die Bestellungen der Grundstücksbesitzer
auf Wasserlieferung entgegen und sorgt für die Erfüllung der von
den Konsumenten übernommenen Verpflichtungen.

Er sorgt dafür, daß die Wassermesser rechtzeitig kontrolliert
werden, und daß die Rechnungen über das verbrauchte Wasser und
über gefertigte Einrichtungen nach den tarifmäßigen oder anderweit
durch Beschlüsse der Gemeindebehörden festgesetzten Preisen zur

---

[1] Siehe Nachtrag vom 30. Mai 1912 — Seite 215 ff.

bestimmten Zeit ausgeschrieben und der Hauptkasse der städtischen
Werke[1]) zur Einziehung überwiesen werden.

Er nimmt die etwaigen Beschwerden der Interessenten entgegen und hat Sorge zu tragen, daß begründeten Beschwerden sofort abgeholfen werde.

§ 5.

Die Korrespondenz des Direktors erfolgt unter der Firma:
„Direktor der städtischen Wasserwerke".

§ 6.

Die nächste Aufsichtsinstanz des Direktors ist die Deputation
der städtischen Wasserwerke. Den Anordnungen derselben ist er
Folge zu leisten schuldig. Er hat deren Entscheidungen in allen Angelegenheiten einzuholen, welche nach der abschriftlich hier beigefügten Geschäftsanweisung für die Deputation deren Beschlußnahme unterliegen. Außerdem hat der Direktor nicht nur jederzeit
auf Erfordern der Deputation vollständige Auskunft über alle die
Verwaltung betreffenden Angelegenheiten zu geben, sondern auch
von allen wichtigen Vorkommnissen in derselben den Vorsitzenden
der Deputation unaufgefordert in Kenntnis zu setzen. Von besonders wichtigen Vorgängen hat der Direktor auch dem Oberbürgermeister sofort Nachricht zu geben.

§ 7.

In Krankheits- oder sonstigen Behinderungsfällen des Direktors hat letzterer dem Vorsitzenden der Deputation sofort Anzeige zu
erstatten. Soweit für solche Fälle die Vertretung des Direktors
nicht bereits vorher allgemein geregelt ist, bestimmt der Vorsitzende
der Deputation die Stellvertretung.

Eine Beurlaubung des Direktors bis zu 14 Tagen bedarf der
Zustimmung des Vorsitzenden der Deputation. Längeren Urlaub
hat der Direktor durch Vermittelung des Vorsitzenden der Deputation bei dem Oberbürgermeister nachzusuchen[2]).

---

1) An die Stelle der Hauptkasse der städt. Werke ist die „Städtische
Werks-Einziehungsabteilung" getreten.

2) Die Beurlaubung des Direktors ist durch die Urlaubsordnung
vom 8. 5. 14 neu geregelt.

§ 8.

Der Direktor ist befugt, innerhalb der Grenzen und Bestimmungen des Etats sowie der sonst erlassenen Anordnungen die im Bereiche der Verwaltung und des Betriebes der städtischen Wasserwerke erforderlichen Arbeitskräfte ohne Pensionsberechtigung auf Zeit und Kündigung nach Bedürfnis einzustellen und dieselben wieder zu entlassen. Von allen neu erfolgten Einstellungen und deren Bedingungen ist jedoch sofort dem Vorsitzenden der Deputation Anzeige zu erstatten.

Für die Besetzung von Stellen, mit denen eine Pensionsberechtigung nach dem Pensionsreglement für Angestellte der wirtschaftlichen und industriellen Anstalten der Stadt Berlin[1] verbunden ist, hat der Direktor der Deputation Vorschläge zu machen.

§ 9.

Dem Direktor sind alle bei dem Betriebe oder der Verwaltung der städtischen Wasserwerke beschäftigten Personen untergeordnet und haben dieselben seinen Anordnungen pünktlich Folge zu leisten.

Dem Direktor steht in dringenden Fällen das Recht der vorläufigen Suspension zu, jedoch ist über letztere dem Vorsitzenden der Deputation sofort Mitteilung unter Angabe der Gründe zu machen.

Der Direktor ist berechtigt, den oben gedachten Personen Urlaub (auch in Krankheitsfällen) bis zur Dauer von 8 Tagen zu erteilen und, falls Stellvertretungskosten nicht entstehen, ihnen für diese Zeit die Kompetenzen zu belassen. Weitergehende Urlaubsgesuche sind durch den Direktor dem Vorsitzenden der Deputation mit Begutachtung zur Genehmigung vorzulegen.[2]

Im übrigen regelt die Stellvertretung des Personals der Direktor.

§ 10.

Der Direktor hat sich in den Grenzen des Etats und der einschlägigen Gemeindebeschlüsse zu halten und sorgfältig alle Etatsüberschreitungen zu vermeiden. Ergeben sich im Laufe des Etatsjahres oder der vorgesehenen Bauperiode Überschreitungen der

---

[1] Das Pensionsreglement ist aufgehoben, siehe Bem. zu § 35.

[2] Der Urlaub der Beamten ist durch die Urlaubsordnung vom 8. 5. 14 neu geregelt.

genehmigten Beträge als unvermeidlich, so hat der Direktor der Deputation zeitig davon Anzeige zu machen und erforderlichen Falles begründete Anträge auf Bewilligung der notwendigen Mehrforderungen zu stellen.

§ 11.

Nach besonderer Bestimmung der Deputation ist deren Genehmigung einzuholen zum Abschluß von Lieferungsverträgen über Gegenstände von Erheblichkeit, wie z. B. über Kohlen, Öl und sonstige Materialien, Neuanschaffung größerer Maschinen und Leitungsröhren.

Der Direktor hat darüber zu wachen, daß die hinsichtlich der Abnahme, Aufbewahrung und Buchung der Materialien bestehenden Bestimmungen genau befolgt, auch rechtzeitig Versicherungen gegen Feuersgefahr veranlaßt werden.

§ 12.

Die Einnahme= und Ausgabeorders an die Hauptkasse der städtischen Werke¹) werden durch die Deputation erlassen.

§ 13.

Über die kassenmäßige und finanzielle Lage der Verwaltung hat sich der Direktor in genauer Kenntnis zu erhalten. Ihm liegt ferner ob, die Verwaltung der seiner Aufsicht unterworfenen Zweiganstalten in allen ihren Teilen genau zu kontrollieren und darüber zu wachen, daß dieselbe genau nach den bestehenden Bestimmungen geführt wird. In gleicher Weise hat derselbe darauf zu achten, daß ein vollständiges Inventarium geführt wird, und daß sowohl dieses Inventarium, als auch die sämtlichen Materialienbestände alljährlich mindestens einmal und zwar bei Gelegenheit des Rechnungsabschlusses aufgenommen und festgestellt werden. Er ist sowohl berechtigt wie verpflichtet, sich von der richtigen Führung der Bücher und von der Richtigkeit der Materialien= und Inventarienbestände Überzeugung zu verschaffen.

---

¹) An die Stelle der Hauptkasse der städt. Werke ist die Stadthauptkasse getreten.

§ 14.

Alljährlich hat der Direktor nach erfolgtem Abschluß der Hauptkasse der städtischen Werke[1]) mit demselben einen vollständigen Verwaltungsbericht nebst Bilanz über die Ergebnisse des verflossenen Geschäftsjahres der Deputation vorzulegen.

§ 15.

Bis zum 1. Oktober jedes Jahres hat der Direktor den Etatsentwurf für das nächstfolgende Verwaltungsjahr mit den erforderlichen Erläuterungen der Deputation zur Beschlußnahme vorzulegen, gleichzeitig auch seine etwaigen Anträge über die in demselben vorzunehmenden Erweiterungen und Erneuerungen der Anstalten und des Rohrsystems zu stellen.

§ 16.

Abänderungen dieser Geschäftsanweisung bleiben jederzeit vorbehalten.

Berlin, den 22. Juni 1894.

Magistrat hiesiger Königl. Haupt= und Residenzstadt.

Zelle.

— J. Nr. 2735 Wasser 94. —

Stadtv. Beschl. v. 11. 10. 94 Prot. Nr. 13. Gem. Bl. Nr. 41 von 1894 S. 449.

---

3. Nachtrag zu der Geschäftsanweisung für den Direktor der städtischen Wasserwerke zu Berlin vom 22. Juni 1894.

Der Direktor der städtischen Wasserwerke wird in den ihm durch die Geschäftsanweisung vom 22. Juni 1894 zugewiesenen Geschäften fortan durch drei Abteilungsvorsteher unterstützt und entlastet, für welche die nachstehende Geschäftsanweisung erlassen ist:

§ 1.

Der Vorsteher des Bauamts leitet die Ausführung der gesamten Neu= und Erweiterungsbauten der Wasserwerke unter eigener Verantwortlichkeit. Er hat nach den Anweisungen des

---

[1]) jetzt: Stadthauptkasse.

Direktors die Entwürfe und Kostenanschläge für diese Arbeiten aufzustellen und die genehmigten auszuführen, die polizeilichen Genehmigungen hierzu einzuholen, die Arbeiten und Lieferungen unter Berücksichtigung der darüber erlassenen Vorschriften recht= zeitig auszuschreiben und zu vergeben, und die Rechnungen über die Bauausführungen zu prüfen und festzustellen.

Er führt unter der Firma „Bauamt der städtischen Waffer= werke" den Schriftwechsel mit den Lieferanten, den Unternehmern und sonstigen Interessenten, sowie auch mit Behörden, soweit diese Verhandlungen nicht von der Deputation und dem Direktor ge= führt werden, und zeichnet selbständig alle innerhalb seiner Zu= ständigkeit erlassenen Verfügungen.

§ 2.

Dem **Vorsteher des Betriebsamts** ist die Unter= haltung und der Betrieb des Rohrsystems unterstellt. Er leitet den Betrieb:

a) des Straßenrohrnetzes und der Druckstränge außerhalb der Stadt,

b) der Wassermesser=Kontrolle,

c) der Hausanschlüsse und der an das Rohrsystem angeschlosse= nen Springbrunnen und Zapfbrunnen.

Er führt unter der Firma „Betriebsamt der städtischen Waffer= werke" den diesbezüglichen Schriftwechsel:

1. mit städtischen, staatlichen und privaten Bauverwaltungen und Unternehmern wegen der laufenden Rohrprojekte und Rohrlegungsarbeiten (mit Ausnahme der dem Direktor bzw. der Deputation vorzubehaltenden Entscheidungen über Ar= beiten an den Hauptrohrsträngen),

2. mit den Wasserabnehmern wegen aller technischen Fragen bei der Wasserabgabe, Installation und Unterhaltung der Zuleitungen,

3. mit der städtischen Polizei=Verwaltung Abt. II wegen der Durchführung der Bestimmungen über Reinhaltung der Reinwasserleitung (mit Ausnahme der dem Direktor zu= stehenden Verhandlungen und Entscheidungen über grund= sätzliche Fragen).

§ 3.

Dem Vorsteher des Verwaltungsamts werden vorbehaltlich der Mitwirkung der Deputation folgende Angelegenheiten übertragen:

a) die Leitung des Bureaus und der Buch- und Rechnungsführung,

b) der Abschluß der Verträge mit den Wasserentnehmern und die Überwachung der von den letzteren übernommenen Verpflichtungen, insbesondere die Beitreibung der Rechnungsbeträge,

c) die mit der Kautionsstellung der Wasserentnehmer verbundenen Geschäfte,

d) die Prüfung, daß die Rechnungen über das verbrauchte Wasser und über gefertigte Arbeiten nach den tarifmäßigen oder anderweit durch Beschlüsse der Gemeindebehörden festgesetzten Preisen zur bestimmten Zeit ausgeschrieben und der Werkeinziehungsabteilung zur Einziehung überwiesen werden,

e) die Vorverhandlungen mit Grundeigentümern und Gemeinden wegen Erwerbes, Pachtung und Mietung von Ländereien für die Zwecke der Wasserwerke, sowie wegen Mitbenutzung von Straßen usw. für Rohrleitungen nach näherer Bestimmung der Deputation,

f) die Vorverhandlungen wegen Vermietung und Verpachtung von Wohnungen und Grundstücken,

g) die Entwürfe von Verträgen mit Lieferanten und anderen Interessenten, soweit solche erforderlich werden,

  zu e, f, g im Einvernehmen mit dem Direktor.

Die Angelegenheiten zu a—d erledigt der Vorsteher des Verwaltungsamtes selbständig und unter eigener Verantwortung. Sein Schriftwechsel erfolgt unter der Firma „Verwaltungsamt der städtischen Wasserwerke".

§ 4.

Die in den §§ 1—3 genannten Abteilungsvorsteher führen ihre Dienstgeschäfte unter Aufsicht des Direktors und übernehmen seine Vertretung im Falle von Krankheit, Beurlaubung oder sonstiger Abwesenheit für den ihnen zugewiesenen Wirkungskreis,

der Vorsteher des Betriebsamtes auch für die dem Direktor un=
mittelbar unterstellten Betriebsabteilungen (die Werkstatt, die
Werke, das Baubureau[1]) und das Telegraphenbureau).

Berlin, den 30. Mai 1912.

Magistrat hiesiger Königl. Haupt= und Residenzstadt.

gez. Reicke.

— J.=Nr. 2872 Wasser 12. —

4. Instruktion für die Betriebs=Ingenieure[2] der städtischen Wasserhebe=Werke.

Zu den Befugnissen und Pflichten eines Betriebsingenieurs
bei den städtischen Wasserwerken gehört folgendes:

Der Betriebsingenieur, welcher Vorsteher des ihm zugewiese=
nen Wasserhebewerkes ist, hat das Betriebspersonal des Werkes,
mit Ausnahme der Maschinenführer, je nach den
Bedürfnissen des Betriebes anzustellen und zu entlassen. Er hat
dem gesamten Betriebspersonal seine Dienstobliegenheiten zuzu=
weisen und ihm bezügliche Instruktionen zu erteilen, sofern solche
nicht schon besonders durch die Direktion vorgeschrieben sind. Er
hat das Recht, Personen, welche sich Verstöße gegen seine Befehle
und Bestimmungen zuschulden kommen lassen, sofort zu entlassen
bzw. — wie bei den Maschinenführern — dem Direktor zur Ent=
lassung vorzuschlagen.

Der Betriebsingenieur hat dafür zu sorgen, daß die Maschinen
und die gesamten Anlagen seines Werkes sich stets in gutem, be=
triebsfähigem Zustande befinden, den Direktor auf erforderliche
Reparaturen und wünschenswerte Verbesserungen rechtzeitig auf=
merksam zu machen.

Er hat täglich einen Bericht über die Leistungen seines Werkes
aufzustellen und dem Hauptbureau einzureichen, ebenso am Schlusse
jeden Monats eine Rekapitulation dieser täglichen Berichte nach
bestimmter Vorschrift anzufertigen und dem Direktor vorzulegen.

---

[1] Das Baubureau ist im Jahre 1913 mit dem Bauamt vereinigt.
[2] Führen seit 1902 die Amtsbezeichnung „Betriebsdirigent".

Dem Betriebsingenieur ist ein Materialienverwalter unter=
geordnet, welcher für die ordnungsmäßige Verwaltung und Ver=
buchung der Vorräte zu sorgen hat und dafür verantwortlich ist.

Es versteht sich von selbst, daß denjenigen Anforderungen
dieses Bureaubeamten, welche ihm zur Erfüllung seiner Pflicht
notwendig oder zweckmäßig erscheinen, soweit es der Dienst ge=
stattet, Rechnung zu tragen ist.

Das für den Betrieb erforderliche Heizungsmaterial, Öl, Talg,
Putzlappen, Putzfäden und andere etwa in größeren Quantitäten
oder regelmäßigen Lieferungen erforderlichen Materialien werden
seitens der Direktion angekauft. Die Bestellung der Einzelliefe=
rungen dieser Materialien sowie die Beschaffung anderer erforder=
lichen, jedoch nicht vertragsmäßig zu liefernden, erfolgt auf Ver=
anlassung des Betriebsingenieurs im allgemeinen durch den Ma=
terialienverwalter. Dafür, daß die Bestellungen zur rechten Zeit
und für genügende Quantitäten gemacht werden, hat auch der Be=
triebsingenieur zu sorgen.

Die erforderlichen schriftlichen Arbeiten sind im allgemeinen
Sache des Materialienverwalters, jedoch hat ihm der Betriebs=
ingenieur die erforderlichen Grundlagen, namentlich für die Auf=
stellung der Lohnlisten, der Tagesberichte und Bestellungen pp.
rechtzeitig und genau zu erteilen.

Die Auszahlung der Löhne und Gehälter erfolgt durch den
Materialienverwalter.

Dem Betriebsingenieur steht das Recht zu, die Buch= und
Kassenführung des Materialienverwalters jederzeit zu kontrol=
lieren. Im übrigen wird auf die hier beiliegende Instruktion für
den Materialienverwalter, über deren Innehaltung der Betriebs=
ingenieur zu wachen hat, verwiesen.

Der Betriebsingenieur ist zugleich Vizewirt des Grundstücks
und hat deshalb für Ordnung und Aufrechterhaltung der Reinlich=
keit daselbst zu sorgen.

Berlin, den 3. Februar 1893.

Der Direktor

H e n r y G i l l.

**5. Instruktion für die Materialien-Verwalter der städtischen
Wasserhebe-Werke.**

1. Der Materialienverwalter ist Bureaubeamter und dem Betriebsingenieur des Werkes unterstellt.

2. Er hat den Anordnungen des Betriebsingenieurs[1]) Folge zu leisten, namentlich mit Bezug auf die Buchführung bei der Herausgabe und Kontrolle der Vorräte.

3. Er hat auf Anweisung des Betriebsingenieurs die Bestellung und Einnahme der Materialien pp., welche auf dem Werke zur Verwendung kommen, zu bewirken. Falls der Betriebsingenieur bei Abwesenheit des Materialienverwalters in dringenden Fällen oder bei Bestellung von technischen Artikeln, um Irrtümer in Bezeichnung und Maß zu vermeiden, die Bestellung selbst ausführt, ist er verpflichtet, von der erfolgten Bestellung dem Materialienverwalter Kenntnis zu geben.

Im übrigen ist es Pflicht des Materialienverwalters, dafür zu sorgen, daß die erforderlichen Artikel stets in genügender, doch nicht unnötig großer Menge vorhanden sind. Er hat hierzu die Anweisungen des Betriebsingenieurs rechtzeitig einzuholen.

Alle Bestellungen erfolgen schriftlich. Bestellzettel sind mit dem Stempel des Werkes zu versehen.

Bei den kontraktlich vergebenen Materialien haben Betriebsingenieur und Materialienverwalter darauf zu achten, daß die Submissionsbedingungen streng innegehalten werden. Über die Qualität der eingegangenen Materialien entscheidet der Betriebsingenieur.

Die Ausgabe der Materialien erfolgt nach den Anweisungen des Betriebsingenieurs[1]).

Sollte in Abwesenheit des Materialienverwalters eine Ausgabe von Materialien erforderlich werden, oder eine Lieferung eingegangen sein, so ist demselben selbstverständlich nachträglich davon Mitteilung zu machen.

Der Materialienverwalter hat die erste kalkulatorische Feststellung aller einlaufenden Rechnungen und die Revision der Rechnungen über eingegangene Materialien zu bewirken.

Die Rechnungen über ausgeführte Arbeiten revidiert der Betriebsingenieur.

---

[1]) jetzt: „Betriebsdirigenten".

Sämtliche Rechnungen sind vom Betriebsingenieur sowie von dem Materialienverwalter gemeinschaftlich zu bescheinigen; dem Betriebsingenieur sind dabei die zur Prüfung der Rechnungen erforderlichen Grundlagen und Beläge von dem Materialienverwalter zu übermitteln.

Die Buchung der Materialien, Rechnungen, pp. geschieht nach den von dem Verwaltungsbureau erteilten Inftruktionen.

Der Materialienverwalter hat über den Eingang und die Ausgabe der Materialien sorgfältig Buch zu führen. Die bezüglichen Mitteilungen über die von Handwerkern ausgeführten Arbeiten erhält er vom Betriebsingenieur.

Vom Materialienverwalter ist ein Fakturenbuch zu führen, in welches sämtliche Rechnungen des Werkes kopiert werden, und der Tag der Abgabe an das Verwaltungsbureau vermerkt sein muß.

Im Hauptbuch sind die Eingänge lieferungsweise, dagegen die Ausgänge in monatlichen Posten zu notieren.

Jedes Material, welches unter dem Titel V o r r ä t e geht, hat darin ein besonderes Konto.

Nach Schluß jeden Monats hat der Materialienverwalter einen Auszug über die ausgegebenen Vorräte dem Verwaltungsbureau einzureichen, welchen der Betriebsingenieur mit unterzeichnet.

Sämtliche Bücher sind unter gemeinschaftlichem Verschluß zu halten und zwar so, daß Betriebsingenieur und Materialienverwalter zu jeder Zeit Einsicht in dieselben haben können.

V e r k a u f   v o n   A b g ä n g e n.

Von den auf dem Werke angesammelten Abgängen, wie alte Roften, Brucheisen, Schmelzeisen, Metall usw. hat der Materialienverwalter zur geeigneten Zeit dem Betriebsingenieur Mitteilung zu machen. Dieser benachrichtigt das Verwaltungsbureau hiervon, welches das weitere für den Verkauf veranlassen wird. Der Erlös ist bei Verabfolgung der Gegenftände von dem Materialienverwalter in Empfang zu nehmen, und sind bei Abführung der Gelder dem Verwaltungsbureau die nötigen Belege dafür mit einzuliefern.

A n f e r t i g u n g   d e r   L o h n l i f t e n.

Die Anfertigung der Lohnliften erfolgt seitens des Materialienverwalters wöchentlich nach den von dem Betriebsingenieur zu gebenden Grundlagen.

Erhebung der Wochenlöhne.

Der Materialienverwalter erhebt die Wochenlöhne des Werkes bei der Hauptkasse der städtischen Werke[1]) und überführt die Gelder nach dem Werke, sofern bei einzelnen Werken die Verwaltung nicht anders verfügt. Die Auszahlung der Löhne erfolgt gegen eine von dem Betriebsingenieur und dem Materialienverwalter bzw. deren Vertreter dahin abzugebende Bescheinigung, daß dieselbe an die berechtigten Empfänger erfolgt ist.

Der Materialienverwalter hat die wöchentlichen Kranken=kassenbeiträge der Arbeiter zu erheben und dieselben nebst dem gesetz=lichen Zuschuß allmonatlich an die betr. Ortskrankenkasse[2]) abzu=führen. Ebenso hat er die mit der Alters= und Invaliditätsver=sicherung der auf dem Werke beschäftigten versicherungspflichtigen Personen verbundenen laufenden Geschäfte in der gesetzlich vorge=schriebenen Weise zu bewirken. Er führt die erforderlichen Listen und hat über die Einnahme und Ausgabe Buch zu führen.

Allmonatlich ist dem Verwaltungsbureau unter Vorlegung der Originalquittungen Bericht zu erstatten, dieser Bericht aber zubor dem Betriebsingenieur zur Kenntnisnahme bzw. Prüfung vorzu=legen.

Alle übrigen Geschäfte, welche aus der Kranken= bzw. Alters= und Invaliditätsversicherung erwachsen, sind Sache des Betriebs=ingenieurs.

Kasse des Werkes.

Für die Kasse des Werkes erhält der Materialienverwalter einen Vorschuß, welcher seitens des Direktors der städtischen Wasserwerke, den derzeitigen Bedürfnissen des Werkes entsprechend, bestimmt wird.

Aus diesem Vorschuß sind kleine Ausgaben bis zum Betrage von Mark 30,00 sowie auf Anweisung des Betriebsingenieurs die Löhne plötzlich entlassener Arbeiter usw. auszulegen. Letztere Summen werden der Kasse des Werkes am Ende jeder Woche aus den Beträgen der Lohnliste zurückerstattet.

---

1) Jetzt: Stadthauptkasse.
2) Jetzt: Betriebskrankenkasse der Stadt Berlin.

Allmonatlich sind die bezüglichen Liquidationen der Kasse des Werkes mit den nötigen Belegen dem Verwaltungsbureau zur Zahlungsanweisung vorzulegen.

Damit der Materialienverwalter stets über alle den Betrieb des Werkes betreffenden Angelegenheiten unterrichtet ist, sind ihm sämtliche dahin bezüglichen einlaufenden oder abgehenden Schriftstücke zur Kenntnisnahme und eventuell zur Erledigung zu überweisen.

Gehen einlaufende Schriftstücke originaliter zurück, so hat der Materialienverwalter für die Akten des Werkes eine Kopie mit der geschehenen Notation anzufertigen und den Akten einzuverleiben.

Von allen abgehenden Schriftstücken ist Abschrift oder Kopie (im Kopierbuch) zurückzubehalten.

Die Instandhaltung der Akten des Werkes ist Sache des Materialienverwalters[1]).

4. Die zur Ausübung der vorstehenden Funktionen des Materialienverwalters erforderlichen Arbeitskräfte werden demselben auf sein Ansuchen von dem Betriebsingenieur aus der Zahl der auf dem Werke beschäftigten Arbeiter gestellt.

5. In nicht technischen Angelegenheiten hat der Materialienverwalter den Betriebsingenieur in dessen Abwesenheit zu vertreten.

Ebenso hat der Betriebsingenieur bei Abwesenheit des Materialienverwalters denselben zu vertreten.

Berlin, den 3. Februar 1893.

Der Direktor.

H e n r y   G i l l.

---

6. Geschäftsanweisung für die Wassermesser-Kontrolleure der städtischen Wasserwerke von Berlin.

§ 1.

Der Wassermesserkontrolleur hat die ihm zur Kontrolle übergebenen Wassermesser, soweit in besonderen Fällen nicht andere Bestimmungen getroffen werden, in regelmäßigen — gewöhnlich

---

[1]) Auf den größeren Werken sind für diesen Zweck besondere Bureaubeamte angestellt, die auch die meisten den Materialienverwaltern sonst obliegenden schriftlichen Arbeiten erledigen.

vierwöchentlichen — Zeitabständen zu besuchen, den Zustand sowie
die Zugänglichkeit derselben und ihre Gehäuse nach den Vor=
schriften des Regulativs zu prüfen und bei Abweichungen von diesen
Vorschriften oder dem Vorfinden einer Unordnung oder Be=
schädigung seinem Oberkontrolleur schriftlichen Bericht darüber
vorzulegen.

§ 2.

Bei jedem Besuch des Wassermessers hat der Kontrolleur den
Stand desselben richtig abzulesen und in sein Notizbuch einzu=
tragen. Aus diesem hat derselbe — in der Regel an demselben
Tage — die bei der Kontrolle notierten Stände der Wassermesser
nebst den verbrauchten Wassermengen in das im Betriebsbureau
befindliche Kontrollbuch zu übertragen.

§ 3.

Der Kontrolleur darf aus keinem irgendwelchen Grunde
eine Eintragung in seine Bücher machen, von der ihm bewußt ist,
daß dieselbe mit dem wirklichen Stande des Wassermessers nicht
übereinstimmt.

§ 4.

Beim Ablesen eines jeden Standes ist die Differenz mit dem
vorhergehenden zu bilden und der in derselben sich ergebende Wasser=
verbrauch seit der letzten Kontrolle mit dem auf dem betreffenden
Grundstücke bisher beobachteten durchschnittlichen Wasserverbrauch
zu vergleichen. Wird eine merkbare Abweichung von diesem ge=
funden, so ist der Ursache derselben nachzuforschen. Findet sich bei
einem Minderverbrauch eine für denselben sprechende Ursache nicht,
so ist der Wassermesser als mutmaßlich zu langsam gehend zur Aus=
wechselung zu bringen. Wird dagegen eine ungewöhnliche Steige=
rung des Konsums beobachtet, für welche natürliche Ursachen aus
der Einrichtung zur Wasserversorgung des Grundstücks nicht er=
sichtlich sind, so sind die Leitung des Hauses und die Ventile der=
selben, insbesondere die Klosettventile, einer Besichtigung zu unter=
werfen, ob nicht irgendwo durch einen Leck Wasser verloren geht.

über das Resultat dieser Untersuchung ist in jedem Falle, also auch wenn eine Ursache des veränderten Wasserdurchflusses nicht ermittelt worden ist, eine schriftliche Anzeige zu machen.

§ 5.

Die Untersuchungen der Hausleitungen haben in erster Linie den Zweck, die Angaben der Wassermesser zu prüfen, bzw. zu rechtfertigen, sodann aber auch die Konsumenten vor übermäßigem Wasserverbrauch möglichst zu wahren; es sind daher die Kontrolleure angewiesen, ihre Wahrnehmungen einer Abweichung vom natürlichen Verbrauch und den mutmaßlichen Grund derselben sofort ihrem Vorgesetzten zu weiterer Veranlassung mitzuteilen, im übrigen sich aller unnötigen Erörterungen darüber mit dem Besitzer oder den Bewohnern des Hauses zu enthalten.

§ 6.

In dem Verkehr mit dem Publikum hat sich der Kontrolleur größter Artigkeit und Entgegenkommens, sowie in allen seinen Angaben an die Vorgesetzten größter Gewissenhaftigkeit und Wahrheit zu befleißigen, die ihm mündlich erteilten Instruktionen für besondere Fälle pünktlich zu befolgen und bei jedem ungewöhnlichen Vorkommnis, sowie in jedem Zweifelfalle mündlich Anweisung und Anleitung von seinem Vorgesetzten einzuholen.

§ 7.

Zuwiderhandelnde werden nach dem Ermessen des Direktors mit sofortiger Entlassung bestraft werden.

Berlin, den 16. November 1897.

Der Direktor der städtischen Wasserwerke.

Beer.

---

7. Bestimmungen über die Einrichtung und Tätigkeit von Arbeiterausschüssen bei den Wasserwerken der Stadt Berlin.

Für jeden der nachstehenden Betriebe der städtischen Wasserwerke, nämlich:

1. das Wasserwerk in Tegel,
2. das Wasserwerk am Müggelsee,
3. das Wasserwerk in Charlottenburg,
4. das Wasserwerk in Lichtenberg,
5. das Wasserwerk in der Belforter Straße[1]),
6. die Werkstatt der städtischen Wasserwerke

wird ein Arbeiterausschuß eingesetzt.

§ 2.

Die Einrichtung der Arbeiterausschüsse bezweckt, den Arbeitern Gelegenheit zu geben, durch selbstgewählte Vertreter Anträge, Wünsche und Beschwerden vorzutragen und hierüber, sowie über sonstige, auf das Wohl der Arbeiter bezügliche Fragen auf Verlangen des Direktors gutachtliche Äußerungen abzugeben.

Die Anträge, Wünsche und Beschwerden müssen allgemeiner Natur sein und dürfen nicht lediglich die Angelegenheiten Einzelner betreffen.

Die Arbeiterausschüsse haben darauf hinzuwirken, daß unter den Arbeitern die gute Sitte und Kameradschaft gefördert, Streitigkeiten aber verhütet oder geschlichtet werden.

Sie müssen von dem Direktor gehört werden vor Erlaß oder Abänderung allgemeiner Bestimmungen des Dienstvertrages und der Arbeitsordnung.

§ 3.

Die Zahl der Mitglieder der Ausschüsse wird

für Werk Tegel	auf	5
„ Werk Müggelsee	„	5
„ Werk Charlottenburg	„	3
„ Werk Lichtenberg	„	5
„ Werk Belforter Straße	„	3[1])
„ die Werkstatt	„	7

festgestellt. Änderungen können vom Magistrat auf Antrag der Verwaltung vorgenommen werden. Entsprechend der Zahl der Mitglieder sind Ersatzmitglieder zu wählen.

---

[1]) Der Betrieb des Werkes Belforter Straße ist eingestellt, es besteht dort also kein Arbeiterausschuß mehr.

§ 4.

Wahlberechtigt ſind alle mindeſtens 21 Jahre alten, in dem betreffenden Betriebe beſchäftigten, verfügungsfähigen Arbeiter deutſcher Reichsangehörigkeit.

Wählbar ſind ſolche verfügungsfähigen Arbeiter deutſcher Reichsangehörigkeit, welche mindeſtens 25 Jahre alt, ſeit mindeſtens 2 Jahren ununterbrochen in dem betreffenden Betriebe beſchäftigt ſind und ſich im Beſitze der bürgerlichen Ehrenrechte befinden. Der ununterbrochenen zweijährigen Beſchäftigung im Betriebe wird es gleicherachtet, wenn Beiträge für mindeſtens 104 Arbeitswochen zur Invalidenverſicherung während der Beſchäftigung in dem be=treffenden Betriebe geleiſtet ſind.

Ausſchußmitglieder, welche wegen Ablaufs der Wahlzeit aus=ſcheiden (§ 15), ſind wieder wählbar.

§ 5.

Die Wahlberechtigten der 4 größeren Werke und der Werkſtatt werden in Gruppen eingeteilt, die wie folgt zuſammengeſetzt wer=den und aus ihrer Mitte die nachſtehend angegebene Zahl von Ausſchußmitgliedern zu wählen haben:

Werke Tegel, Müggelſee und Lichtenberg.

Gruppe   I Maſchinen= und Keſſelperſonal wählt 2 Mitglieder
   „   II Sonſtige Arbeiter   „ 2   „
   „   III Handwerker   „ 1 Mitglied

Werk Charlottenburg.

Gruppe   I Maſchinen= und Keſſelperſonal wählt 2 Mitglieder
   „   II Handwerker und ſonſtige Arbeiter „ 1 Mitglied

Werkſtatt.

Gruppe   I Handwerker   wählt 2 Mitglieder
   „   II Beſſere Arbeiter   „ 2   „
   „   III Kolonnenarbeiter   „ 3   „

Der Ausſchuß des Werkes Belforterſtraße beſteht aus 3 Mit=gliedern, die von ſämtlichen Wahlberechtigten gemeinſam zu wäh=len ſind[1]).

---

[1]) Siehe Anm. zu § 4.

§ 6.

Tag und Stunde der Wahl werden vom Leiter des Betriebes eine Woche vorher bekannt gemacht. Vor der Bekanntmachung ist ein Verzeichnis der Wahlberechtigten und der wählbaren Arbeiter des Betriebes, erforderlichen Falles unter Angabe der Wahlgruppen und der Zahl der aus jeder Gruppe zu wählenden Ausschußmitglieder bzw. Ersatzmitglieder, zur Einsicht auszulegen. Wird dieses Verzeichnis nicht binnen einer Woche vom Tage der Auslegung an bemängelt, so bildet dasselbe die Grundlage für die Zulassung zur Wahl.

Über Ausstellungen gegen das Verzeichnis entscheidet der Direktor. Gegen die Entscheidung des Direktors ist Berufung an die Deputation der städtischen Wasserwerke zulässig. Diese entscheidet endgültig.

§ 7.

Die Wahl wird von einem Beauftragten des Direktors geleitet; er hat zwei Wahlberechtigte als Beisitzer zuzuziehen.

§ 8.

Die Wahl der Ausschußmitglieder und der Ersatzmitglieder ist eine unmittelbare und geheime. Die Wähler haben diejenigen Personen, welche sie als Mitglieder bzw. als Ersatzmitglieder wählen wollen, gesondert auf Stimmzettel von weißer Farbe zu schreiben, welche zusammengefaltet dem Wahlleiter übergeben werden. Mittels Vervielfältigungsverfahrens hergestellte Stimmzettel sind zulässig. Ungültig sind Stimmzettel, die mehr Namen enthalten, als Mitglieder bzw. Ersatzmitglieder zu wählen sind.

§ 9.

Die Auszählung der Stimmen und die Feststellung des Wahlergebnisses erfolgen öffentlich unmittelbar nach Beendigung des Wahlakts. Über diesen ist ein Protokoll aufzunehmen, das von dem Wahlleiter und den Beisitzern zu unterzeichnen ist.

§ 10.

Gewählt sind diejenigen, welche die absolute Mehrheit der gültig abgegebenen Stimmen für das Amt als Mitglieder bzw. Ersatzmitglieder erhalten haben.

Soweit sich bei der ersten Wahl für soviel Personen, als zu wählen sind, die absolute Mehrheit nicht ergeben hat, hat eine engere Wahl stattzufinden. Für diese stellt der Wahlvorstand die Namen derjenigen Personen, welche nächst den Gewählten die meisten Stimmen erhalten haben, bis zur doppelten Zahl der noch zu wählenden Mitglieder bzw. Ersatzmitglieder zusammen. Diese Zusammenstellung bildet die Liste derjenigen, welche in der engeren Wahl allein wählbar sind.

§ 11.

Zur engeren Wahl werden die Wahlberechtigten vom Wahlvorstand durch eine das Ergebnis der ersten Wahl enthaltende Bekanntmachung binnen einer Woche eingeladen. Bei Stimmengleichheit entscheidet in der engeren Wahl das Los.

§ 12.

Das Ergebnis der Wahl ist vom Leiter des Betriebes durch Anschlag oder in sonst geeigneter Weise den Wählern bekannt zu geben.

§ 13.

Die Gewählten haben sich über die Annahme der Wahl binnen einer Frist von drei Tagen nach der Bekanntgabe des Wahlergebnisses schriftlich zu erklären.

Wird keine Erklärung abgegeben, so gilt die Wahl als abgelehnt. Eine Verpflichtung zur Annahme der Wahl besteht nicht.

§ 14.

Beschwerden über die Rechtsgültigkeit der Wahl sind binnen einer Woche von der Bekanntmachung der Wahl ab gerechnet an den Direktor zu richten; er trifft darüber Entscheidung.

Gegen die Entscheidung des Direktors ist Berufung an die Deputation der städtischen Wasserwerke zulässig. Diese entscheidet endgültig.

§ 15.

Die Wahl der Ausschußmitglieder und der Ersatzmitglieder erfolgt auf drei Jahre.

§ 16.

Das Amt als Ausschußmitglied oder Ersatzmitglied erlischt schon vor Ablauf der dreijährigen Periode:

a) durch den Verlust der Wählbarkeit,

b) durch freiwillige Niederlegung des Amtes.

§ 17.

Im Falle der Ablehnung des Amtes durch ein Ausschußmit= glied oder seines Ausscheidens (§ 16) oder im Falle vorübergehen= der Verhinderung ist ein Ersatzmitglied einzuberufen.

§ 18.

Die Ersatzmitglieder werden nach der Zahl der für sie bei der Wahl abgegebenen Stimmen in ein Verzeichnis eingetragen, das für die Einberufung an die Stelle eines Mitgliedes maßgebend ist. Sind für mehrere Mitglieder gleichviel Stimmen abgegeben, so ent= scheidet über ihre Einreihung das Los. Im Falle einer Vakanz ist dasjenige Ersatzmitglied einzuberufen, welches die höchste Stim= menzahl auf sich vereinigt hat, im Falle einer weiteren Vakanz das= jenige, welches die demnach höchste Stimmenzahl erhalten hat usw. Die Einberufung zur dauernden Vertretung eines ausgeschiedenen Mitgliedes geht derjenigen zur Vertretung eines vorübergehend behinderten Mitgliedes vor.

Ist die Wahl zum Ausschußmitglied nach Gruppen erfolgt, so regelt sich die Vertretung in derselben Weise innerhalb der betreffen= den Gruppe.

§ 19.

Ausschußmitglieder, welche behindert sind, an einer Sitzung des Ausschusses teilzunehmen, haben den Vorsitzenden rechtzeitig zu benachrichtigen; er hat wenn möglich die Einberufung eines Ersatz= mitgliedes zu bewirken.

§ 20.

Ist die für den Ausschuß vorgeschriebene Zahl von Mitgliedern infolge Ausscheidens von Mitgliedern und Ersatzmitgliedern nicht mehr vorhanden, so findet eine Ergänzung des Ausschusses für den Rest der Wahlperiode statt. Die Ergänzungswahl an Stelle der

fehlenden Mitglieder und Ersatzmitglieder erfolgt binnen Monats=
frist. Auf diese Wahl finden die Bestimmungen der §§ 4—14 An=
wendung.

§ 21.

Nach Ablauf der Einspruchsfrist ist der Ausschuß vom Leiter
des Betriebes zu einer ersten Sitzung einzuberufen, welche von
einem Beauftragten des Direktors geleitet wird. In dieser Sitzung
wählt der Ausschuß aus seiner Mitte einen Vorsitzenden, einen stell=
vertretenden Vorsitzenden und einen Schriftführer. Auf Wunsch des
Ausschusses wird der Schriftführer von der Betriebsleitung gestellt.

§ 22.

Der Ausschuß tritt nach Bedürfnis zusammen. Auf Verlangen
des Direktors oder auf Antrag von zwei Mitgliedern muß seine
Einberufung erfolgen.

§ 23.

Den Sitzungen des Ausschusses wohnen ein oder mehrere Be=
auftragte des Direktors mit beratender Stimme bei; sie sind auf
Verlangen jederzeit zu hören.

§ 24.

Die Einladung zu den Sitzungen ist mit der Tagesordnung von
dem Vorsitzenden mindestens fünf Tage vor dem Zusammentritt
zu erlassen und gleichzeitig dem Leiter des Betriebes mitzuteilen.

§ 25.

Der Ausschuß ist beschlußfähig, wenn mindestens 3 Mitglieder
anwesend sind. Beträgt die Hälfte der Ausschußmitglieder mehr
als 3, so muß mindestens die Hälfte anwesend sein. Er entscheidet
mit einfacher Stimmenmehrheit der anwesenden Mitglieder. Stim=
mengleichheit gilt als Ablehnung.

§ 26.

Über die Beratungen des Ausschusses sind Niederschriften auf=
zunehmen, welche die Namen der Anwesenden, ein Verzeichnis der
verhandelten Gegenstände und das Ergebnis der Abstimmung ent=

halten sollen. Die Protokolle sind von den Mitgliedern des Aus=
schusses zu vollziehen und von dem Direktor, welchem sie von dem
Leiter des Betriebes einzureichen sind, aufzubewahren.

§ 27.

Die Beschlüsse der Verwaltung, welche auf die Anträge des
Arbeiterausschusses ergehen, sind diesem schriftlich mitzuteilen.

§ 28.

Auf Anordnung des Direktors können zur Beratung und Be=
gutachtung von Fragen, welche den gesamten Betrieb angehen,
sämtliche Arbeiterausschüsse zu einer gemeinschaftlichen Sitzung
einberufen werden. Eine solche Einberufung findet auch statt, falls
die Mehrzahl der Arbeiterausschüsse sie unter Angabe des Be=
ratungsgegenstandes bei dem Direktor beantragt.

In der gemeinsamen Sitzung führt ein Beauftragter des Di=
rektors den Vorsitz, ein anderer das Protokoll.

Die Beratung des gemeinsamen Ausschusses tritt in Bezug auf
die zur Tagesordnung gestellten Gegenstände an die Stelle der Be=
ratung der Sonderausschüsse.

§ 29.

Aus Anlaß der Dienstversäumnis gelegentlich der Wahlhand=
lung und der Teilnahme an den Sitzungen finden Lohnkürzungen
nicht statt.

§ 30.

Zur Entlassung oder zur Aufkündigung des Dienstverhält=
nisses der Mitglieder und der Ersatzmitglieder des Arbeiteraus=
schusses bedarf es der Genehmigung des Magistrats.

§ 31.

Arbeiterausschüsse, welche sich zur Erfüllung der ihnen ge=
stellten Aufgaben als ungeeignet erwiesen haben, können auf An=
trag der Deputation vom Magistrat aufgelöst werden.

Im Falle der Auflösung ist eine Neuwahl binnen vier
Wochen anzuberaumen.

§ 32.

Auf Grund dieser Bestimmungen findet im Laufe des Monats März 1913 eine Neuwahl sämtlicher Arbeiterausschüsse statt. Im übrigen treten die Bestimmungen mit dem 1. April 1913 in Kraft.

Berlin, am 19. Februar 1913.

Deputation der städtischen Wasserwerke.

Venzky.

———

Vorstehende Bestimmungen werden genehmigt.

Berlin, den 5. März 1913.

Magistrat hiesiger Königl. Haupt= und Residenzstadt.

Reicke.

J.=Nr. 840 Wasser 13 —

Frühere Bestimmungen in Bd. V d. Gemeinderechts v. 1903. S. 160—163.

———

8. Arbeitsordnung für den Betrieb der städtischen Wasserhebe= werke [1]).

Für die auf dem hiesigen Städtischen Wasserwerk beschäftigten Arbeiter wird hiermit die nachfolgende Arbeitsordnung erlassen.

Dieselbe tritt am 8. Mai 1892 in Kraft.

I. Annahme der Arbeiter.

Die Annahme der Arbeiter und Handwerker erfolgt durch den Leiter des Werkes. Bei der Annahme hat der Arbeiter die Aner= kennung dieser Arbeitsordnung durch eigenhändige Eintragung seines Namens in das hierfür bestimmte Buch, welchem die Arbeitsordnung vorgeheftet ist, zu bekunden.

Jeder beim hiesigen Werk beschäftigte Arbeiter pp. ist ver= pflichtet, der auf Grund des Reichsgesetzes vom 1. Juni 1883, be= treffend die Krankenversicherung der Arbeiter, errichteten O r t s = K r a n k e n k a s s e f ü r d e n A m t s b e z i r k T e g e l als Mit= glied beizutreten [2]).

———

[1]) Für die Werke Tegel, Charlottenburg, Müggelsee und Lichten= berg sind gleichlautende Arbeitsordnungen erlassen. Abgedruckt ist diejenige für Tegel.

[2]) Für sämtliche städtischen Arbeiter ist die „Betriebskrankenkasse der Stadt Berlin" errichtet.

II. Auflösung des Arbeitsverhältnisses[1]).

Eine gegenseitige Aufkündigung des Arbeitsverhältnisses findet nicht statt; dasselbe kann vielmehr von beiden Teilen zu jeder Zeit gelöst werden. Die Entlassung der Arbeiter erfolgt durch den Leiter des Werkes.

III. Arbeitszeit.

Die tägliche Arbeitszeit dauert in der Regel von 6 Uhr früh bis 6 Uhr abends. Von 8—8½ Uhr früh, 12—1 Uhr mittags und 4—4½ Uhr nachmittags ist Pause.

Das Maschinenpersonal (Putzer, Heizer pp.) hat seine Mahlzeiten und Ruhepausen den Erfordernissen des Betriebes anzupassen.

Für die beim Außenbetriebe (Filter pp.) beschäftigten Arbeiter tritt in den Wintermonaten eine vom Tageslicht pp. abhängige Verkürzung der Arbeitszeit bis zu 8½ Arbeitsstunden und eine entsprechende Änderung der Pausen ein.

Für die beim Maschinenbetriebe beschäftigten Putzer, Heizer und Kohlenkarrer, sowie für die Filterwärter tritt der Schichtwechsel jeden Sonntag ein. Die gesetzlichen Bestimmungen hinsichtlich der Sonntagsruhe der Arbeiter sollen dabei jederzeit beachtet werden.

Etwa notwendig werdende, durch außergewöhnliche Betriebsverhältnisse bedingte andere Arbeitszeiten werden den Arbeitern besonders mitgeteilt und sind von diesen innezuhalten. Auch sind die Arbeiter verpflichtet, soweit es der Betrieb des Werkes erfordert, an Sonn- und Festtagen in den gesetzlich zulässigen Fällen zu arbeiten.

Jeder Arbeiter hat an seiner Arbeitsstelle so zeitig zu erscheinen, daß er seine Arbeit zur festgesetzten Zeit beginnen kann; auch darf er die Arbeit nicht vor Schluß der festgesetzten Arbeitsstunde niederlegen. Das Maschinenpersonal hat seinen Platz nicht eher zu verlassen, als bis der ablösende Arbeiter zur Stelle ist. Beim Ausbleiben des letzteren hat er seinem Vorgesetzten sogleich Meldung zu erstatten und dessen Anordnung zu befolgen.

Für die Zeitbestimmungen sind die Uhren in den Maschinenhäusern maßgebend.

Bei Verspätungen hat der Arbeiter eventuell die Zurückweisung für den betreffenden Arbeitstag zu gewärtigen.

---

1) Nach Mag.-Verfügung v. 1. Febr. 04 — J.-Nr. 1376 GB. I 03 — kann eine 8tägige Kündigungsfrist vereinbart werden.

IV. Urlaub und Krankheit.

Einen notwendigen Urlaub hat jeder Arbeiter zuvor nach Meldung bei seinem direkten Vorgesetzten, beim Betriebsleiter, nachzusuchen. Beurlaubte haben für die Dauer des Urlaubes keinen Anspruch auf Lohn. [1]

Im Krankheitsfalle hat jeder Arbeiter sofort seinen Vorgesetzten Anzeige zu erstatten; besonders beim Maschinenpersonal, den Filterwärtern und Nachtwächtern hat dies so zeitig zu geschehen, daß noch für seine Vertretung gesorgt werden kann.

Bleibt ein Arbeiter ohne Urlaub, oder ohne sich krank gemeldet zu haben, von der Arbeit fort, so wird derselbe als willkürlich Feiernder angesehen und hat eventuell seine Entlassung zu gewärtigen.

V. Lohnberechnung und Lohnzahlung.

Der Lohn wird entweder nach einem vorher vereinbarten Stundenlohnsatz oder nach einem jedesmal vor Beginn der betreffenden Arbeit festzustellenden Akkordsatze berechnet.

Während der Dauer eines Akkords, welcher durch mehr als eine Lohnwoche hindurchgeht, erhalten die Beteiligten angemessene Abschlagszahlungen. Die Auszahlung des Restes erfolgt am Zahltage der Lohnwoche, in welcher der Akkord beendigt worden ist.

Jeder Arbeiter, der eine übernommene Akkordarbeit durch eigenes Verschulden nicht beendigt, hat für die verwendete Zeit nur Anspruch auf denjenigen Lohn, welcher ihm bei Beschäftigung im Tagelohn zusteht.

Die Lohnzahlung findet an jedem Sonnabend statt; an diesem Tage kommt der bis zum vorhergegangenen Donnerstag Morgen erlangte Arbeitsverdienst in barem Gelde zur Auszahlung.

Jeder Arbeiter ist verpflichtet, seinen Lohn selbst in Empfang zu nehmen; nur in Krankheitsfällen kann gegen eine glaubwürdige Anweisung des Erkrankten der Lohn desselben an einen Vertreter ausbezahlt werden.

---

[1] Die Rechtswirkung des § 616 BGB., betr. die Weiterzahlung des Lohnes in Krankheitsfällen und bei sonstigen Verhinderungen an der Arbeitsleistung ist ausgeschlossen. Doch wird in Beurlaubungs- und Krankheitsfällen der Lohn für bestimmte Zeiträume entsprechend den bezügl. Bestimmungen freiwillig weitergezahlt.

Vom Lohn werden in Abzug gebracht: die dem Arbeiter gesetz=
lich zur Last fallenden Beiträge zur Krankenkasse, Invaliditäts=
und Altersversicherung pp., etwaige Ersatzleistungen für Beschädi=
gung an Werkzeug, Material oder sonstigem Eigentum der Städti=
schen Wasserwerke, etwaige Auslagen oder Vorschüsse.

Der Empfänger hat sich von der Richtigkeit des Betrages zu
überzeugen; etwaige Einwendungen gegen die Richtigkeit des ge=
zahlten Betrages sind sofort, gegen die Richtigkeit der Lohnberech=
nung spätestens am folgenden Arbeitstag anzubringen. Spätere
Einwendungen können nur berücksichtigt werden, wenn Krankheit
oder dergleichen die rechtzeitige Reklamation verhinderte.

VI. Verhalten bei Ausführung der Arbeit.

Jeder auf dem hiesigen Werk beschäftigte Arbeiter pp. hat An=
spruch auf eine gute und angemessene Behandlung seitens seiner
Vorgesetzten. Er hat seinem Vorgesetzten im Dienst unbedingten
Gehorsam zu leisten und die ihm zuerteilten Arbeiten und Aufträge
gewissenhaft auszuführen.

Alle Wünsche und Beschwerden sind von den Arbeitern bei
ihrem nächsten Vorgesetzten anzubringen, erst dann eventuell beim
Leiter des Werkes.

Mit den ihm anvertrauten Materialien hat der Arbeiter ge=
treulich und sparsam umzugehen.

Unbrauchbar gewordene Geräte und Werkzeuge hat der Ar=
beiter an seinen Vorgesetzten abzuliefern und von letzterem die Er=
satzstücke zu empfangen.

Wer ein Verzeichnis der ihm übergebenen Werkzeuge erhalten
hat, darf in demselben keine Eintragung oder Änderung vornehmen.

Die Werkzeugkästen und Schränke sind in gutem Zustande und
Verschluß zu halten.

Das Borgen und Verborgen von Werkzeugen ist untersagt.
Allgemeine nicht dem Einzelnen zugeteilte Werkzeuge und Geräte
sind vom Vorgesetzten zu fordern und nach Gebrauch an denselben
zurückzugeben. Ohne Meldung dürfen derartige Gegenstände nicht
an einen anderen Arbeiter weiter gegeben werden.

VII. Wahrung der allgemeinen Sicherheit und Ordnung.

Die Kesselhäuser, Maschinenräume und alle mit „Eintritt verboten" bezeichneten Räume dürfen nur von den in diesen Räumen beschäftigten oder dazu speziell von ihren Vorgesetzten beauftragten Arbeitern betreten werden. Die Unfallverhütungs= vorschriften (siehe Plakate) sind streng zu befolgen.

Auf Feuer und Licht, sowie auf feuergefährliche Gegenstände ist sorgsam achtzugeben. Gebrauchtes Putzmaterial (Putzfädern pp.) ist nur an den dazu bestimmten Orten aufzubewahren.

Die Beleuchtungseinrichtungen sind sorgfältig und sparsam zu benutzen, jede Schadhaftigkeit ist sofort beim Vorgesetzten zur Anzeige zu bringen.

Alle dem Werk drohenden Gefahren und Nachteile ist jeder Arbeiter verpflichtet, nach Möglichkeit abzuwenden und seinen Vorgesetzten ungesäumt zur Anzeige zu bringen.

Jede bei der Arbeit erhaltene Verletzung ist sogleich dem Vor= gesetzten zu melden; ernstere Verletzungen müssen sofort dem Leiter des Werkes zur Kenntnis gebracht werden.

Besuche von Verwandten und Freunden sind auf dem Werk nicht gestattet.

Den Arbeitern ist der Handel mit Eßwaren, Getränken, Tabak usw. innerhalb des Werkes verboten.

Zusammenkünfte, Beratungen in den Räumen, Höfen und Zugängen des Werkes sind ohne Genehmigung verboten. Das Sammeln von Unterschriften, der Verkauf von Losen, Einlaßkarten, Druckschriften, sowie die Vornahme von Geldsammlungen sind auf dem Werk verboten. Sammellisten dürfen nur mit Genehmigung des Betriebsleiters des Werkes in Umlauf gesetzt werden.

Jeder Arbeiter ist verpflichtet, alle durch Anschlag auf dem Werk bekannt gemachten Mitteilungen zu lesen.

VIII. Schadenersatzpflicht der Arbeiter.

Jeder Nachteil oder Schaden, der dem Werk absichtlich oder in fahrlässiger Weise durch einen Arbeiter zugefügt wird, sei es an Materialien, Werkzeugen, Geräten, Maschinen, Apparaten oder sonstigem Eigentum der Städtischen Wasserwerke, ist — abgesehen von den gesetzlichen und den durch die Arbeitsordnung vorgesehenen

Folgen zu erſetzen. Iſt der Schuldige nicht zu ermitteln, ſo haben
die in dem betreffenden Raum Arbeitenden für den Schaden ge=
meinſam aufzukommen.

Die zum Schadenerſatz dienenden, vom Leiter des Werkes feſt=
zuſtellenden Beträge werden bei der nächſten Lohnzahlung in Ab=
zug gebracht.

IX. Strafbeſtimmungen.

Tätlichkeiten gegen Vorgeſetzte oder Mitarbeiter haben ſo=
fortige Entlaſſung zur Folge.

Von den im Geſetz vorgeſehenen Geldſtrafen ſoll vorläufig
Abſtand genommen werden, da das verſtändige Verhalten unſerer
Arbeiter bisher keine Veranlaſſung zur Einführung derſelben ge=
geben hat. Eine Mahnung und eventuell eine Warnung wird bei
dem vorhandenen Ehr= und Pflichtgefühl unſerer Arbeiter voraus=
ſichtlich auch für die Zukunft genügen.

Wer das erforderliche Pflichtgefühl nicht beſitzt, hat es ſich
ſelbſt zuzuſchreiben, wenn er ſeine Entlaſſung erhält.

X. Zuſätze und Abänderungen der Arbeits= ordnung.

Zuſätze und Abänderungen der vorſtehenden Arbeitsordnung
werden durch Anſchlag bekannt gemacht. Etwaige Einwendungen
ſind nur innerhalb 14 Tagen nach Bekanntmachung zuläſſig. Nach
Ablauf dieſer Friſt bilden die neuen Beſtimmungen einen Teil der
gegenwärtigen Arbeitsordnung und ſind wie dieſe für jeden Ar=
beiter verbindlich.

Jedem Arbeitnehmer wird bei ſeinem Eintritt in die Beſchäf=
tigung ein Exemplar dieſer Arbeitsordnung behändigt, welches der=
ſelbe bei ſeinem Ausſcheiden aus dem Betriebe zurückzugeben oder
im Falle des Verluſtes oder grober Beſchädigung mit 25 Pf. zu
vergüten hat.

Tegel, im April 1892.

Der Direktor der Städtiſchen Wafferwerke.

Henry Gill.

Der Betriebsleiter:

G. Anklam.

9. Arbeitsordnung für die Werkstatt der städtischen Wasserwerke.

Für die Werkstatt der Städtischen Wasserwerke wird hiermit nachstehende Arbeitsordnung erlassen.

Dieselbe tritt mit dem 1. Juli 1898 in Kraft.

I. Annahme der Arbeiter.

Bei der Aufnahme in die Werkstatt hat der Arbeiter seine Legitimationspapiere vorzulegen und die Anerkennung dieser Arbeitsordnung durch eigenhändige Namenseintragung in das hierfür bestimmte Buch, welchem die Arbeitsordnung vorgeheftet ist, zu bekunden.

Jeder Arbeiter empfängt bei seiner Aufnahme in die Werkstatt einen Abdruck der Arbeitsordnung.

II. Auflösung des Arbeitsverhältnisses.

Eine gegenseitige Aufkündigung des Arbeitsverhältnisses findet nicht statt, vielmehr kann dasselbe von beiden Teilen zu jeder Zeit gelöst werden[1]. Wer die Arbeit ohne Urlaub verläßt, wird als ausgeschieden angesehen und erhält seine Entlassung.

III. Arbeitszeit.

Die regelmäßige tägliche Arbeitszeit beginnt des Morgens im Sommer um 6 Uhr, im Winter um 7 Uhr und endet abends im Sommer um 6 Uhr, im Winter um 5 bzw. 6 Uhr.

Während dieser Zeit finden Arbeitspausen statt: Mittag von 12—1 Uhr, vormittags von 8—½9 Uhr im Sommer, von ½9—9 Uhr im Winter, nachmittags, wenn bis 6 Uhr gearbeitet wird, von 4—½5 Uhr.

Eine etwa notwendig werdende Verlängerung oder Verkürzung der Arbeitszeit wird so zeitig wie möglich besonders mitgeteilt und muß eingehalten werden, auch sind die Arbeiter verpflichtet, an Sonn- und Festtagen in den gesetzlich zulässigen Fällen zu arbeiten.

Maßgebend für Beginn und Ende der Arbeitszeit ist die Werkstattuhr.

---

[1] Nach Magistratsverfügung vom 1. 2. 04 — J.-Nr. 1376 GB. I 03 — kann eine 8tägige Kündigungsfrist vereinbart werden.

Jeder Arbeiter hat so zeitig an seiner Arbeitsstelle zu erscheinen, daß er mit dem Zeichen zum Arbeitsbeginn seine Arbeit aufnehmen kann; er darf die Arbeit nicht früher niederlegen, als bis das Zeichen dazu gegeben ist. Das Rüsten zum vorzeitigen Verlassen der Arbeits- stelle, ebenso wie die verspätete Aufnahme der Arbeit ist verboten.

IV. Lohnberechnung und Lohnzahlung.

Der Lohn wird entweder nach einem vorher vereinbarten Stundenlohnsatz oder nach einem jedesmal vor dem Beginn der betreffenden Arbeit festzustellenden Stücklohnsatz bezahlt.

Während der Dauer eines Stücklohns erhalten die Beteiligten mindestens ihren gewöhnlichen Stundenlohnsatz als Abschlags- zahlung.

Die Auszahlung des Restes erfolgt am Zahltage der Lohn- woche, in welcher der Stücklohn beendet ist.

Jeder Arbeiter, der eine übernommene Stücklohnarbeit ohne sein Verschulden nicht beendigen kann, erhält für die geleistete Ar- beit eine auf Grund seines durchschnittlichen Arbeitsverdienstes zu bemessende Entschädigung.

Jeder Arbeiter, der eine übernommene Stücklohnarbeit durch eigenes Verschulden (wozu auch Verstöße gegen die Werkstatts- ordnung gehören) nicht beendet, hat für die verwendete Zeit nur Anspruch auf den durchschnittlichen Tagelohn, wie solcher durch das betreffende Krankenkassenstatut für ihn festgesetzt ist.

Die Auszahlung der Arbeitslöhne bis zum Abrechnungstage erfolgt regelmäßig alle 8 Tage am Sonnabend in barem Gelde. Abrechnungstag ist der vorhergehende Mittwoch.

Fällt ein Zahltag auf einen Feiertag, so wird am vorher- gehenden Werktage gelöhnt.

Vom Lohn werden in Abzug gebracht: die Beträge von Ersatz- leistungen und Auslagen, sowie die dem Arbeiter gesetzlich zur Last fallenden Beiträge[1]).

---

[1]) Die Rechtswirkung des § 616 BGB. — betreffend die Weiter- zahlung des Lohnes in Krankheitsfällen und bei sonstigen Verhinderungen an der Arbeitsleistung — ist ausgeschlossen, doch wird in Beurlaubungs- und Krankheitsfällen der Lohn entsprechend den bestehenden Be- stimmungen weiter gezahlt.

Jeder Arbeiter soll das empfangene Geld sofort nachzählen und etwaige Beanstandungen sogleich anbringen. Später werden dieselben nicht mehr berücksichtigt.

Einwendungen gegen die Richtigkeit der Lohnberechnung sind sogleich oder am folgenden Arbeitstage zu erheben. Spätere Einwendungen finden nur Berücksichtigung, wenn die Verspätung durch Abwesenheit oder Krankheit veranlaßt wurde.

V. Verhalten bei Ausführung der Arbeit.

Jeder in der Werkstatt beschäftigte Arbeiter hat Anspruch auf eine angemessene Behandlung seitens seiner Vorgesetzten; derselbe ist verpflichtet, den Vorgesetzten in bezug auf die Arbeit und alle Einrichtungen der Werkstatt Gehorsam zu leisten, die ihm zugewiesenen Arbeiten und Aufträge gewissenhaft auszuführen und das Beste der städtischen Verwaltung in jeder Beziehung zu vertreten und zu wahren.

Etwaige Beschwerden sind bei dem Werkführer oder Inspektor bzw. dem Vorsteher der Werkstatt anzubringen.

Sämtliche Arbeiten sind mit größter Sorgfalt und Gewissenhaftigkeit auszuführen, mit den erhaltenen Materialien soll getreulich und sparsam umgegangen werden, die übrig gebliebenen Materialien, Abfallstücke und Spähne sind ungemischt zu sammeln und an die dafür bestimmten Stellen abzuliefern.

Zeigen sich an einem Arbeitsstück irgend welche Fehler, welche entweder im Material liegen, oder durch Bearbeitung, gleichviel, ob durch eigene oder fremde Schuld, entstanden sind, so müssen dieselben sofort angezeigt werden.

Die zur Beurteilung der geleisteten Arbeit, der verwendeten Zeit und des verbrauchten Materials von den Vorgesetzten verlangten Aufzeichnungen hat jeder Arbeiter gewissenhaft zu machen.

Zeichnungen und Modelle sind mit besonderer Sorgfalt zu behandeln.

Materialien, Werkzeuge und sonstige Gegenstände sind aus den Lagerräumen nur gegen Anweisung zu entnehmen.

Es ist untersagt, Werkzeuge oder Material, gleichviel unter welchem Vorwand, mit fortzunehmen, wenn dies nicht für Betriebszwecke erforderlich und durch Anweisung gerechtfertigt wird.

Jeder Arbeiter kann beim Zutritt zur Arbeitsstelle oder beim Verlassen derselben angehalten werden, um sich wegen etwa unrechtmäßig mitgenommener Gegenstände auszuweisen.

Über die Werkzeuge erhält der Arbeiter ein Verzeichnis bei Übernahme der Arbeit.

Es ist ihm nicht gestattet, in dem Verzeichnis der Werkzeuge Eintragungen zu machen.

Unbrauchbar gewordene Werkzeuge hat er abzuliefern und dafür Ersatzstücke zu erbitten, so daß sein Bestand vollzählig bleibt. Jedes fehlende Stück hat der Arbeiter zu ersetzen.

Ein jeder hat darauf zu achten, daß der ihm zugeteilte Werkzeugkasten in gutem Zustande und Verschluß erhalten bleibt.

Das Ver- und Erborgen von Werkzeugen sowie das Öffnen fremder Werkzeugkasten ist streng verboten.

Allgemeine Werkzeuge, welche den einzelnen Arbeitern nicht zugeteilt werden können, sind vom Werkmeister zu fordern und nach Gebrauch an denselben zurückzugeben. Ohne Anweisung dürfen derartige Werkzeuge nicht einem anderen Arbeiter überlassen werden.

Jeder Arbeiter innerhalb der Werkstatt hat die von ihm zu bedienende Werkzeugmaschine während der dafür festgesetzten Zeit zu reinigen sowie die Arbeitsstelle aufzuräumen.

Veränderungen oder Ausbesserungen an den anvertrauten Maschinen und Werkzeugen dürfen nicht eigenmächtig vorgenommen werden.

Es ist den Arbeitern verboten, ohne ausdrückliche Genehmigung der Vorgesetzten andere Maschinen als diejenigen zu benutzen, welche ihnen zur Bedienung überwiesen sind.

VI. Wahrung der allgemeinen Sicherheit und Ordnung.

Die Unfallverhütungsvorschriften (siehe Anschläge) sind streng zu befolgen.

Auf Feuer und Licht, wie auf feuergefährliche Gegenstände muß sorgfältig achtgegeben werden; insbesondere sind die gebrauchten Putzlappen und Putzfäden stets an der Ausgabestelle gegen Empfangnahme neuen Materials abzuliefern.

Die Beleuchtungseinrichtungen sind sorgsam und sparsam zu benutzen, jede mißbräuchliche Anwendung, sowie eine jede Schad=haftigkeit derselben sofort zur Anzeige zu bringen.

Tabakrauchen in den Räumen, in denen Holz bearbeitet wird, ist verboten.

Überhaupt ist jeder Arbeiter verpflichtet, alle drohenden Ge=fahren oder Nachteile nach Möglichkeit abzuwenden und seinen Vorgesetzten darüber unverweilt Anzeige zu machen.

Die Anfertigung von Gegenständen zum eigenen Nutzen oder für Rechnung dritter Personen ist verboten.

Kein Arbeiter darf den ihm angewiesenen Platz verlassen oder in der Werkstatt durch andere Räume gehen, wenn es nicht seine Arbeit fordert.

Besuche von Verwandten und Freunden in den Werkstatt=räumen und an den Arbeitsstellen sind nicht gestattet.

Den Arbeitern ist jeder Handel innerhalb der Werkstatt, wie an allen Arbeitsstellen, namentlich mit Eßwaren, Getränken, Ta=bak, Zigarren usw. verboten.

Zusammenkünfte, Beratungen und Versammlungen in den Räumen, Höfen und Zugängen der Werkstatt, wie an allen Ar=beitsstellen sind ohne Genehmigung verboten, ebenso das Sammeln von Unterschriften, der Verkauf von Losen und Einlaßkarten, sowie die Vornahme von Geldsammlungen.

Jeder Arbeiter ist verpflichtet, alle Mitteilungen zu lesen, welche durch Anschlag bekannt gemacht werden.

VII. Schadenersatzpflicht der Arbeiter.

Jeder Nachteil oder Schaden, welcher der Werkstatt absichtlich oder fahrlässiger Weise durch einen Arbeiter zugefügt wird, sei es an Materialien, Zeichnungen, Werkzeugen, Maschinen und anderem Werkstattzubehör, sei es an Arbeitserzeugnissen, ist von dem Ar=beiter, abgesehen von den gesetzlichen und den in dieser Arbeits=ordnung vorgesehenen Folgen, zu ersetzen. Außerdem wird für fehlerhafte, unbrauchbare Arbeit kein Lohn bezahlt.

Die zum Schadenersatz dienenden Beträge werden bei der nächstfolgenden Lohnzahlung zum Abzug gebracht.

VIII. Zusätze und Abänderungen der Arbeitsordnung.

Zusätze und Abänderungen vorstehender Arbeitsordnung werden durch Anschlag in der Werkstatt bekannt gemacht und treten
zwei Wochen nach demselben in Geltung.

Berlin, den 24. Mai 1898.

Der Direktor der Städtischen Wasserwerke:

gez. Beer.

Der Vorsteher der Werkstatt:

gez. Eisner.

**10. Geschäftsordnung, betreffend die Entnahme von Wasser aus
den städtischen Wasserwerken.** [1]

§ 1.

Die städtischen Wasserwerke liefern das Wasser nur an Grundstückseigentümer und unter Anwendung von der Stadt gehörigen
Wassermessern.

§ 2.

Es sind zu zahlen:

a) für jedes Kubikmeter Wasser . . . . 0,15 $\mathscr{M}$;

b) von jedem an die Wasserleitung angeschlossenen
   Grundstücke für jedes Kalendervierteljahr ein
   Grundbetrag von . . . . 4,00 $\mathscr{M}$.

Die Zahlung ist mit dem Ablauf des Vierteljahrs fällig.

§ 3.

Die Deputation der städtischen Wasserwerke ist berechtigt,
Sicherheit durch Hinterlegung von Geld oder Wertpapieren zu fordern, und zwar:

a) für die Wasseranschlußkosten,

b) für die Kosten des zu liefernden Wassers und der Unterhaltung
   der laut § 12 dem Eigentümer gehörigen Anlagen sowie für
   den kostenlos vorgehaltenen Wassermesser nebst Zubehör.

Bar hinterlegte Sicherheiten werden nicht verzinst.

---

[1] Diese Geschäftsordnung wird in Kürze durch eine neue Ordnung
ersetzt werden, die den inzwischen veränderten Verhältnissen angepaßt
werden wird.

§ 4.

Beſitzt ein Grundſtück mehrere Waſſerzuleitungen, ſo wird eine gemeinſame Rechnung aufgeſtellt und nur einmal der Grundbetrag erhoben. Werden jedoch für ein Grundſtück mehrere Rechnungen verlangt, ſo wird bei jeder einzelnen Rechnung der Grundbetrag von 4 ℳ erhoben.

Für das durch Undichtigkeiten der Hauswaſſerleitung verloren gegangene Waſſer wird eine Entſchädigung nicht gewährt.

§ 5.

Der Stand des Waſſermeſſers wird gegen Ende eines jeden Vierteljahres aufgenommen und auf 10 cbm abgerundet, ſo daß weniger als 5 cbm nicht, 5 cbm und darüber bis 10 cbm als 10 cbm berechnet werden.

§ 6.

Wechſelt ein Grundſtück den Eigentümer, ſo bleibt der Beſteller der Waſſerlieferung deſſenungeachtet verpflichtet, für das an ſeinen Nachfolger weiter gelieferte Waſſer zu zahlen, und zwar ſo lange, bis er die Lieferung abbeſtellt. Die nach § 3 etwa hinterlegte Sicherheit haftet ſo lange, bis die etwaigen Rückſtände bezahlt ſind, und durch den Erwerber eine neue Sicherheit hinterlegt iſt. Es ſteht jedoch der Deputation der Waſſerwerke ſchon beim Eintritt eines ſolchen Eigentumswechſels frei, die ſofortige Zahlung für das ſchon gelieferte Waſſer von dem neuen Beſteller zu verlangen und bei Nichtzahlung die Lieferung einzuſtellen.

§ 7.

Erheben ſich Zweifel über die Richtigkeit der Angaben des Waſſermeſſers, ſo wird derſelbe abgenommen, in der Werkſtatt der ſtädtiſchen Waſſerwerke hierſelbſt, und zwar auf Wunſch des Grundſtückseigentümers in deſſen Beiſein, mittelſt des dazu aufgeſtellten Apparats geprüft, und danach evt. die Angabe des Waſſermeſſers berichtigt.

Dem Ergebnis dieſer Prüfung haben ſich ſowohl die Entnehmer wie die Waſſerwerke zu unterwerfen.

Ergibt ſich hierbei eine Unrichtigkeit der Angabe des Waſſermeſſers von mehr als 2 Proz., ſo wird die durch denſelben für das

vorige Vierteljahr und bis zur Prüfung zuvielangezeigte Wasser=
menge dem Entnehmer in Abzug gebracht, bzw. das zu wenig Ge=
zeigte nachträglich berechnet; die Wasserwerke tragen alsdann die
Kosten der Prüfung. Im entgegengesetzten Fall hat der Ent=
nehmer, insofern die Prüfung von ihm beantragt worden ist, die
Kosten derselben zu zahlen.

Diese betragen einschließlich Transport:

Für die Prüfung eines 12—25 mm Messers 6 ℳ,

"	"	"	"	40	"	"	9 "
"	"	"	"	50	"	"	12 "
"	"	"	"	75	"	"	15 "
"	"	"	"	100	"	"	18 "
"	"	"	"	150	"	"	24 "

§ 8.

Jede Bestellung über Wasserlieferung gilt auf unbestimmte
Zeit. Kündigungen müssen schriftlich von seiten der Wasserent=
nehmer erfolgen, von seiten der Deputation der Wasserwerke er=
folgen sie entweder durch Bekanntmachung in den von dem Ma=
gistrat zu seinen Bekanntmachungen benutzten öffentlichen Blättern
oder durch Zuschrift.

Wird eine Leitung nicht mehr benutzt, so kann dieselbe von
seiten der Wasserwerke geschlossen werden.

Die Kosten der Absperrung einer Leitung und aller dadurch ver=
ursachten Arbeiten hat der Eigentümer des Grundstücks zu tragen.

§ 9.

Die Deputation der städtischen Wasserwerke ist ermächtigt,
vorbehaltlich sonstiger Entschädigungsansprüche, sofort den ferne=
ren Wasserzufluß abzuschneiden:

a) bei Nichtbeachtung der Geschäftsordnung;

b) bei Nichtzahlung der den Eigentümer etwa gemäß § 7 dieser
Geschäftsordnung treffenden Kosten;

c) bei Nichtzahlung der Kosten für Einrichtungen und Repara=
turen an Röhren und Wasserleitungsapparaten.

§ 10.

Sollte durch ungewöhnliche, von den Wasserwerken nicht ver=
schuldete Zufälligkeiten die Zuführung oder Benutzung des Wassers
unterbrochen werden, so begründet diese Unterbrechung keinen
Entschädigungsanspruch für die Entnehmer.

§ 11.

Kein Grundstück darf von einem Neben= oder Nachbargrund=
stück aus gespeist werden. Ein jedes muß seine besondere Ver=
bindung mit den Straßenröhren der Wasserwerke haben.

§ 12.

Die Zuleitung vom Hauptrohr auf der Straße bis zu einer
Entfernung von zwei Metern von der Haus= bzw. Grundstücks=
grenze wird auf Kosten der Wasserwerke, von diesem Punkte ab jedoch
bis einen Meter hinter dem Wassermessergehäuse, einschließlich der
Herstellung desselben, der Aufstellung des kostenlos vorgehaltenen
Wassermessers, der Absperrhähne usw. nebst Zubehör auf Kosten
des Eigentümers durch die städtischen Wasserwerke nach Ermessen
derselben eingerichtet, nach Vorschrift derselben in Stand gehalten
und auf Verlangen derselben abgeändert. Werden auf Antrag
des Eigentümers unter Zustimmung des Direktors der städtischen
Wasserwerke noch weitere Zuleitungen zu einem Grundstück
(Feuerlöschleitungen usw.) gemacht, oder die bestehende Leitung
verändert oder vergrößert, so trägt der Eigentümer die gesamten
dadurch entstehenden Kosten.

§ 13.

Die Wassermesseranlage muß an der Stelle, wo das Zuleitungs=
rohr in das Grundstück eintritt, wo möglich nicht weiter als 1 m von
der Straßengrenze des Grundstücks entfernt, angebracht werden.

§ 14.

Bei der Anlage der Leitungen muß dafür gesorgt werden, daß
die Wassermesseranlage zwar nahe beim Eintritt des Zuleitungs=
rohrs in das Grundstück, aber doch an einer solchen Stelle aufge=
stellt werden kann, wo:

    a) Grundwasser, Abflußwasser, Schmutz usw. nicht in das Ge=
       häuse dringen;

b) der Messer nicht dem Froste oder andern schädlichen Ein=
flüssen ausgesetzt ist, wie z. B. in Bier= oder Essigkellern;

c) der Zutritt zu dem Messer, das Ablesen der Angaben vom
Zifferblatt und die Aufstellung und Abnahme ohne Behinde=
rung erfolgen kann.

§ 15.

Der Entnehmer darf an dem Wassermesser und dessen Zubehör
keinerlei Veränderungen vornehmen und hat für jede durch seine
Schuld oder Vernachlässigung entstandene Beschädigung derselben
aufzukommen. Er ist verpflichtet, das Messergehäuse nebst Zube=
hör frostfrei, rein, stets zugänglich und in gutem Zustande zu er=
halten und darf dasselbe zu keinem andern Zwecke benutzen, als zu
dem, zu welchem es bestimmt ist.

§ 16.

Vor dem Messer oder innerhalb des Wassermessergehäuses und
bis zu einer Entfernung von weniger als 1 m hinter dem Gehäuse
darf keinerlei Veränderung oder Zusatz zu der Leitung gemacht,
namentlich weder Hahn noch Abzweig angebracht werden.

§ 17.

Die Hauptleitungsröhren im Innern der Grundstücke müssen
eine ihrer eigenen Länge, der Größe des Verbrauches bzw. dem
Durchmesser und der Anzahl der Abflußhähne (Öffnungen) ent=
sprechende Weite haben. Als Regel gilt hierbei, daß bei einer
Länge des horizontalen Hauptzuführungsrohres von unter 30 m
und Anlage von

1—2 Stück 8—13 mm weiten Zapfhähnen ein Hauptrohr von
          mindestens 20 mm Durchmesser

3—20 „   „   „ weiten Zapfhähnen ein Hauptrohr von
          mindestens 25 mm Durchmesser

21—40 „   „   „ weiten Zapfhähnen ein Hauptrohr von
          mindestens 30 mm Durchmesser

41—60 „   „   „ weiten Zapfhähnen ein Hauptrohr von
          mindestens 40 mm Durchmesser

über 60 Stück 8—13 mm weiten Zapfhähnen ein Hauptrohr von
          mindestens 50 mm Durchmesser

angewendet werden muß, wobei

1 Kloſetthahn gleich 2 Zapfhähnen,
1 Piſſoir für den Stand gleich 2 Zapfhähnen,
1 Badewanne gleich 1 Zapfhahn,
1 Waſchtiſchhahn gleich 1 Zapfhahn

gerechnet werden ſoll; Schwimmkugelhähne, Springbrunnen uſw. werden nach beſonderer Abſchätzung in Anſchlag gebracht. Beträgt die Länge des Zuführungsrohres mehr als 30 m, ſo darf dieſes Rohr überhaupt nicht unter 40 mm Weite haben.

§ 18.

Für größere Einrichtungen, insbeſondere zu gewerblichen Zwecken, wird die erforderliche Minimalweite der Hauptröhren in jedem einzelnen Falle durch den Direktor der ſtädtiſchen Waſſer=werke beſtimmt.

§ 19.

Es ſteht dem Grundſtückseigentümer frei, größere als die vor=geſchriebenen Minimal=Rohrdurchmeſſer zur Anwendung zu bringen.

§ 20.

Die Beſtimmung der Weite des Verbindungsrohres zwiſchen dem Straßenrohre und dem Anſchluß an das Hauptrohr jedes Grundſtücks, ſowie der Größe des Waſſermeſſers bleibt in allen Fällen dem Ermeſſen des Direktors der ſtädtiſchen Waſſerwerke vorbehalten.

§ 21.

Die Wandſtärke der im Innern der Häuſer oder Grundſtücke als Zuleitungsröhren zu verwendenden Bleiröhren iſt dem Er=meſſen des Hauseigentümers überlaſſen.

Es wird jedoch dringend empfohlen, nur Röhren zu verwen=den, welche gleichmäßige Wandſtärke und mindeſtens nachſtehendes Gewicht haben:

Bleirohr mit 12	mm	Durchlaß, pro Meter			2,2	kg
"	" 20	"	"	"	5,0	"
"	" 25	"	"	"	6,6	"
"	" 30	"	"	"	7,7	"
"	" 40	"	"	"	11,0	"

§ 22.

Die zu verwendenden gußeisernen Röhren müssen asphaltiert sein.

§ 23.

Unverzinktes schmiedeeisernes Rohr darf in keinem Falle zur Anwendung kommen; verzinktes schmiedeeisernes Rohr darf nur mit Genehmigung des Direktors der städtischen Wasserwerke verwandt werden.

§ 24.

Eine direkte Verbindung der städtischen Wasserleitung miteinander oder mit anderen Leitungen irgend welcher Art, auch mit Entleerungsleitungen, ist nicht gestattet, selbst nicht bei Einbau von Rückschlagventilen, Hähnen usw., vielmehr müssen alle von dem Rohrsystem der Wasserwerke abgezweigten Zapfstellen das Wasser mit freiem, sichtbaren Strahle oberhalb des Oberwasserspiegels der Reservoirs, Behälter, Becken, Wannen usw. austreten lassen, so daß das einmal ausgeflossene Wasser nicht wieder in die Zuleitungsröhren bzw. in das Rohrsystem zurücktreten kann.

§ 25.

Dampfkessel und Heizungsanlagen dürfen unter keinen Umständen, hydraulische Hebemaschinen, Wasserstrahlpumpen und Motoren nur mit besonderer Genehmigung des Direktors mit den durch die Wasserwerke gespeisten Zuleitungsröhren in direkte Verbindung gebracht werden.

§ 26.

Zum Abschließen des Wasserzuflusses zu Reservoirs, sowie als Abzapf- und Durchlaßhähne, gleichviel, ob dieselben in Küchen oder Wohnungen oder in Gärten, auf Höfen, in Fabriken oder sonstwo angebracht werden, dürfen nur Hähne verwendet werden, welche ohne Rückschlag schließen.

§ 27.

Der Entnehmer ist verpflichtet, den Beamten der städtischen Wasserwerke jederzeit freien Zutritt zu der Wasserleitung, Messer und Zubehör zu verschaffen und die Umwechselung oder Reinigung des Wassermessers jederzeit zu gestatten.

Berlin, den 20. Dezember 1902.

Deputation der städtischen Wasserwerke.

Haack.

Vorstehende Geschäftsordnung wird von uns genehmigt.

Berlin, den 9. Januar 1903.

Magistrat hiesiger Königl. Haupt- und Residenzstadt.

Kirschner.

— J. Nr. 1912 Wasser 02 —

Gem.-Bl. Nr. 5 b. 1902 S. 71—73.

11. Vorschriften für die Erhebung von Sicherheiten von den Bestellern der Wasserlieferung.

Grundsätze.

Nach den Beschlüssen der Deputation der Wasserwerke vom 26. November 1903 und des Magistrats vom 12. Februar 1904.

1. Von den bereits an die Wasserleitung bis 1. Oktober 1902 angeschlossen gewesenen Grundstücken ist eine Kaution nicht einzufordern.

Bei allen neuen Anträgen auf Wasseranschluß ist allgemein Kaution für die Anschlußarbeiten zu fordern.

2. Liegen Gründe vor, welche eine prompte Bezahlung der Wasserlieferung zweifelhaft erscheinen lassen, oder erweist sich ein Besteller der Wasserlieferung als säumiger Zahler, so ist die Lieferung bzw. Weiterlieferung von Stellung einer Sicherheit abhängig zu machen.

3. Die Höhe der Sicherheit ist in der Regel nach dem vermutlichen Wasserverbrauch eines Halbjahres einschl. dem Wert des Wassermessers zu bemessen und nach oben abzurunden.

Die Sicherheit ist von dem Direktor der Wasserwerke[1] unter

---

[1] Die Einforderung der Sicherheit erfolgt entsprechend dem Nachtrag zur Geschäftsordnung für den Direktor — s. Seite 215 — durch den Vorsteher des Verwaltungsamts.

der Kontrolle der Deputation der Wasserwerke und nach den von ihr aufgestellten Grundsätzen einzufordern.

4. den Bestellern, von denen eine Sicherheit nach den vorstehenden Bestimmungen erfordert wird, ist bei der Aufforderung zur Stellung der Sicherheit zu eröffnen, daß die Bewässerungs=Kaution bestehen bleibt, so lange die Entnahme von Wasser aus den städtischen Wasserwerken dauert und bis die etwaigen Rückstände bezahlt sind.

5. Die für die Anschlußarbeiten eingeforderte Sicherheit ist bei Begleichung der betreffenden Rechnung zurückzugewähren.

6. Von Behörden ist eine Sicherheit nicht zu fordern.

Ausführungsbestimmungen.

A. Beim Eigentumswechsel.

Es ist zunächst zu prüfen, ob der neue Eigentümer schon anderweite Grundstücke in Berlin besitzt.

1. Ist dies der Fall, so ist an Hand der Akten zu prüfen, ob die Wasserrechnungen bisher prompt bezahlt sind, und wenn dieses geschehen, ist von der Einforderung einer Sicherheit für die Wasserlieferung Abstand zu nehmen.

Hierbei sind vereinzelte Mahnungen als unerheblich zu erachten. Erst fortgesetzte unpünktliche Zahlung, Erlaß von Zahlungsbefehlen oder dergl. sind als Grund zur Einforderung von Sicherheit zu betrachten.

2. Besitzt der neue Eigentümer noch kein anderes Grundstück in Berlin, so wird, wenn er seinen Wohnsitz in Berlin hat, und nichts Nachteiliges über ihn bekannt ist, was eventl. durch eine Rückfrage bei der Revierinspektion der Gaswerke festzustellen wäre, von Einforderung der Sicherheit für die Wasserlieferung ebenfalls abgesehen.

3. Wohnt er außerhalb Berlins, so wird von der Einforderung der Sicherheit nur dann Abstand genommen, wenn er als notorisch leistungsfähig bekannt ist.

4. Andernfalls wird Sicherheit erfordert und von der Stellung derselben nur auf etwaige Reklamationen Abstand genommen, wenn die Leistungsfähigkeit unzweifelhaft nachgewiesen wird.

5. Von Banken, Aktiengesellschaften, gemeinnützigen Gesell=
schaften, Stiftungen oder dergl. wird in der Regel eine Sicherheit
nicht erfordert.

6. Bei Erbgang wird von den Erben in der Regel eine Sicher=
heit dann nicht gefordert, wenn von dem Erblasser die Rechnungen
pünktlich bezahlt worden sind (s. oben zu 1).

7. Ist von dem bisherigen Eigentümer eine Sicherheit bestellt,
so wird sie — nach Begleichung aller Rechnungen — zurückgegeben:

a) wenn von dem neuen Eigentümer keine Sicherheit gefordert
wird, nach Unterschrift der Wasserbestellung seitens desselben,

b) wenn von dem neuen Eigentümer Sicherheit gefordert wird,
nach Stellung der letzteren und Unterschrift der Wasserbe=
stellung — ohne Antrag —.

8. Wird eine bestehende Sicherheit ohne Aufforderung seitens
der Wasserwerke von dem alten Eigentümer dem neuen Eigentümer
zediert (in der Regel erfolgt die Übertragung durch einfache Anzeige),

a) so wird, falls die Sicherheit in einem Barbetrage oder in
Wertpapieren besteht, dieselbe ohne weiteres auf den neuen
Eigentümer umgeschrieben.

b) Besteht die Sicherheit in einem Sparkassenbuch, so hat der
neue Eigentümer eine neue Sicherheit zu leisten, falls nach
obigen Grundsätzen von ihm eine solche zu fordern ist, wäh=
rend das Sparkassenbuch dem Besteller zurückzugewähren ist.

B. Bei Neuanschlüssen.

Ist das Grundstück bebaut gewesen, und wird es von dem bis=
herigen Eigentümer wieder bebaut, so wird, falls keine besonderen
Gründe hierzu vorliegen, d. h. falls die Wasserrechnungen bisher
pünktlich bezahlt sind, keine Sicherheit für Wasserlieferung erhoben.

Handelt es sich um ein bisher unbebautes Grundstück, so
finden die Vorschriften zu A 1 entsprechende Anwendung, wenn der
Eigentümer schon anderweite Grundstücke in Berlin besitzt.

Solche Eigentümer — Bauherrn — hingegen, welche noch
keine Grundstücke in Berlin besitzen, haben grundsätzlich Sicherheit
zu leisten, sofern nicht nach ihren Vermögensverhältnissen anzu=
nehmen ist, daß die Wasserrechnungen pünktlich werden bezahlt
werden.

C. Für auswärtige Grundstücke.

Für alle in den angeschlossenen Vororten belegenen Grundstücke wird — soweit nicht die Wasserwerke an die Vorortgemeinden statt an die einzelnen Eigentümer Wasser liefern — grundsätzlich Sicherheit für Wasserlieferung erhoben.

D. Bei unpünktlicher Zahlung.

Von solchen Eigentümern, welche sich häufig mahnen lassen oder erst auf einen Zahlungsbefehl zahlen, ist in der Regel Sicherheit einzufordern.

Die betreffenden Akten sind der Deputation zur Entscheidung darüber, ob die Einforderung erfolgen soll, vorzulegen.

E. Höhe der Sicherheit.

Die Höhe der Sicherheit für Wasserlieferung soll derartig bemessen werden, daß sie zur Deckung zweier Vierteljahrsrechnungen und des Wassermesserwertes ausreicht.

Demgemäß ist sie:

a) bei Neubauten nach der Anzahl der Wohnungen und zwar:[1]

bis 5	Wohnungen auf	75	ℳ
„ 10	„	„ 100	„
„ 20	„	„ 150	„
„ 30	„	„ 200	„
„ 40	„	„ 250	„

über 40 Wohnungen und für gewerbliche Zwecke nach besonderer Vereinbarung,

b) bei Hausverkäufen nach dem höchsten Quartalsverbrauch des letzten Jahres,

c) bei Lieferung von Bauwasser auf 200 ℳ zu bemessen.

Anmerkung: Sicherheiten für die Kosten der Anschlußarbeiten und der Veränderung von Zuleitungen werden in jedem Falle unter Zugrundelegung des Kostenanschlages mit einem Zuschlage von 20 Proz. der Endsumme erhoben.

---

[1] Diese Sätze erhöhen sich bei Häusern mit Warmwasserversorgung und Zentralheizung.

F. Rückgabe der Sicherheiten.

Wenn die Wasserlieferung für ein Grundstück endgültig auf=
gehört hat, und die Zuleitung entfernt ist, erfolgt die Rückgabe der
Sicherheit ohne Antrag.   Wenn eine Sicherheit geleistet ist, die
nach den Bestimmungen zu A und B nicht mehr gefordert werden
würde, so ist sie auf Antrag zurückzugewähren.

**12. Oberverwaltungsgerichts=Entscheidung betreffend Aufhebung
eines Polizeiverbots, die Wasserleitung abzusperren.**

Im Namen des Königs.

In der Verwaltungsstreitsache des Königlichen Polizeiprä=
sidiums zu Berlin, Beklagten und Berufungsklägers,

wider

die Stadtgemeinde Berlin, vertreten durch den Magistrat,

Klägerin und Berufungsbeklagte,

hat das Königliche Oberverwaltungsgericht, Erster Senat, in seiner
Sitzung vom 4. Januar 1881 für Recht erkannt,

daß auf die Berufung des Beklagten die Entscheidung des
Königlichen Bezirksverwaltungsgerichts für den Stadtkreis
Berlin vom 10. Juli 1880 zu bestätigen, der Wert des
Streitgegenstandes auf 1000 ℳ festzusetzen, die baren Aus=
lagen des Verfahrens und der Klägerin in der Berufungs=
instanz dem Beklagten zur Last zu legen, im übrigen aber
die Kosten dieser Instanz außer Ansatz zu lassen.

Von Rechts Wegen.

Gründe:

Die Stadtgemeinde Berlin ist Eigentümerin der hierselbst
befindlichen Wasserwerke mit allem Zubehör, insbesondere auch
der Leitungsröhren in den Straßen und der von diesen Röhren zu
den einzelnen Grundstücken führenden Zuleitungsröhren. In den=
jenigen Stadtteilen, in denen die Grundstücke an die allgemeine
Kanalisation angeschlossen sind, besteht für diese nach einem Orts=
statut vom 4./8. September 1874 unter der Voraussetzung, daß ein

die Anlegung von Wafferklofetts ermöglichender Wafferbezug nicht
durch private Einrichtungen sichergestellt ist, ein Zwang zum
Anschluß an die Wafferwerke, und es wird die für den Wafferbezug
zu zahlende Abgabe erforderlichenfalls im Wege der administrativen
Exekution beigetrieben. Für die übrigen Grundstücke besteht kein
Zwang zum Anschluß, die Besitzer können sich den Bezug des
Waffers aber durch Abschluß eines Vertrages mit der Stadtgemeinde verschaffen. Diese Verträge enthalten die Bedingung, daß
die Stadtgemeinde befugt ist, bei nicht pünktlicher Zahlung der für
die Lieferung des Waffers vereinbarten Geldbeträge die Zuleitung
des Waffers durch Abschluß der Zuleitungsröhren einzustellen.

Die Handhabung dieser vertragsmäßigen Befugnis seitens des
Magistrats gab zu einem längeren Schriftwechsel zwischen dem
Königlichen Polizei-Präsidium zu Berlin, welches durch dieselbe
öffentliche Interessen, namentlich solche der Gesundheitspflege,
für gefährdet erachtet, und dem Magistrat sowie auch dazu Anlaß,
daß die erstere Behörde ein Einschreiten der Königlichen Regierung
zu Potsdam in Anspruch nahm, damit der Magistrat von Kom-
munalaufsichts wegen angehalten werde, überall die Zahlung der
Gegenleistung für geliefertes Waffer nicht durch Absperrung der
Leitung, sondern auf dem Wege der gewöhnlichen administrativen
Exekution zu erzwingen. Diese Verhandlungen, welche demnächst
noch näher zu erörtern sind, führten zu keiner Vereinbarung
zwischen dem Königlichen Polizei-Präsidium und dem Magistrat
über das von diesem zu beobachtende Verfahren.

Als demnächst der Eigentümer des außerhalb des Gebietes der
Kanalisation in der Hagelsberger Straße unter Nr. 17 gelegenen,
an die Wafferleitung vertragsmäßig angeschlossenen Wohnhaufes
mit der Zahlung des Wafferzinfes im Rückstande blieb, begann die
Direktion der Wafferwerke am 24. März 1880 mit den zur Absperrung des Zuleitungsrohrs erforderlichen Arbeiten auf der
Straße, wurde an der Fortsetzung derselben aber durch Exekutiv-
beamte des Königlichen Polizei-Präsidiums gehindert, und dies
Verfahren in der Verfügung des Letzteren an den Magistrat vom
13. April durch den Hinweis darauf gutgeheißen bzw. begründet,
daß nach der Entscheidung der Königlichen Regierung zu Potsdam
vom 11. Januar 1880 von der Absperrung der Wafferleitung in
keinem Falle mehr Gebrauch gemacht werden solle.

Der Magistrat hat darauf in einer bei dem Königlichen Poli=
zeipräsidium am 28. April eingegangenen Klage vom 23. April
beantragt,

> die Verfügung des Polizei=Präsidiums vom 13. April 1880,
> soweit sie sich auf die Absperrung der Wasserleitung zu dem
> Grundstücke Hagelsberger Straße 17 beziehe, aufzuheben.

Diesem Antrage entsprechend ist von dem Königlichen Bezirks=
verwaltungsgericht für den Stadtkreis Berlin am 10. Juli vorigen
Jahres erkannt worden.

In den Gründen des Urteils wird der Sachverhalt nach Lage
der Akten erster Instanz dargelegt und als für die Entscheidung
maßgebend hingestellt: einmal, daß die Wasserwerke Privateigen=
tum der Stadtgemeinde Berlin und keine öffentliche Anlage im
Sinne des § 4 der Städteordnung vom 30. Mai 1853 seien, und
daß demgemäß der Anschluß des hier fraglichen Hauses durch Ver=
trag „als unter Privatparteien" reguliert sei, sodann, daß die Be=
urteilung des vorliegenden Streitfalles von kommunalen Gesichts=
punkten völlig freizuhalten und allein aus polizeilichen Gesichts=
punkten zu gewinnen sei. Nun lasse sich zwar nicht prinzipiell
feststellen, daß die Polizei unter keinen Umständen befugt sei,
jemand in die Privatrechte desselben eingreifend zu zwingen, ihm
gehöriges Wasser Dritten zu überlassen. Es gebe Lagen dringen=
der Gefahr, welche eine solche der Regel nach momentan zu er=
greifende und vorübergehende Maßnahme rechtfertigten, wie z. B.
bei der Löschung von Feuersbrünsten. Immer aber seien dann
zwei Requisiten erforderlich, das eine, daß die Gefahr imminent
sei, das andere, daß sie sich auf keine andere Weise abwenden lasse,
als durch den Eingriff in die Eigentumsrechte und die daraus ent=
springenden Verfügungsbedürfnisse des Dritten, welcher sonst
weder bei der Erzeugung der Gefahr beteiligt noch ihr vorzubeugen
berufen sei. Das erste Requisit sei hier nicht erwiesen, ja nicht
einmal wahrscheinlich gemacht, das zweite liege sicher nicht vor. In
letzterer Hinsicht komme in Betracht, daß die Polizei mannigfache
Machtbefugnisse habe, welche ausreichten, um die sanitäre Be=
schaffenheit eines Grundstücks zu sichern oder dessen gesundheits=
widrige Benutzung zu hindern. Sie könne das Haus räumen lassen,
den Wirt zur Herstellung von Vorrichtungen für genügendes

Waffer zwingen. Für folche Anordnungen möge zur Vermeidung übermäßiger Härten oder fonft im öffentlichen Intereffe eine Frift= bewilligung notwendig werden und es könne vielleicht eine hierzu dienliche proviforifche Anordnung getroffen werden, welche einen Dritten in Mitleidenfchaft ziehe. Um eine folche handele es fich hier aber nicht, fondern die Stadt folle gezwungen werden, dauernd das Waffer herzugeben, ohne daß feitens der Polizeibehörde irgend eine Einwirkung auf den zunächft beteiligten Grundbefitzer aus= geübt werde. Und doch fei nicht behauptet, daß in Berlin Waffer nur aus den Wafferwerken befchafft werden könne; der tatfächliche Zuftand fpreche hiergegen, da es zahlreiche Häufer gebe, welche be= wohnt aber nicht an die ftädtifche Wafferleitung angefchloffen feien. Insbefondere fei hinfichtlich des hier in Rede ftehenden Haufes nicht behauptet, daß dasfelbe nicht anderswoher Waffer beziehen könne, und daß es dennoch im öffentlichen Intereffe jetzt und in Zukunft bewohnt werden müffe. Ein von der beklagten Behörde in diefer Hinficht in bezug genommener Revierpolizeibericht vom 25. März v. J. befage nichts weiter, als daß in dem Haufe Waffer= klofetts feien. Nicht aber fei dargetan, ja nicht einmal behauptet, daß der Gebrauch der Klofetts nicht unterfagt und die Unterfagung kontrolliert werden könne, wie es doch in vielen Fällen tatfächlich gefchehe, ohne daß die Polizei auch nur die Bewohnung der be= treffenden Grundftücke unterfage.

Gegen diefe Entfcheidung hat das Königliche Polizeipräfidium rechtzeitig die Berufung eingelegt. Die Auffaffung des erften Richters, — fo wird ausgeführt — wonach die Wafferwerke ledig= lich als Privateigentum der Stadtgemeinde angefehen werden müßten, und es diefer daher frei ftehen folle, die induftrielle An= lage als dem Gelderwerb dienftbar rückfichtslos auszunutzen, fei eine durchaus irrige. In dem fchon in erfter Inftanz angezogenen Erlaffe der Minifter des Innern und für Handel vom 17. Dezem= ber 1873 fei unter Nr. 7 ausdrücklich darauf hingewiefen, daß die Wafferleitung mit dem Zeitpunkt ihres Überganges an die Stadt den Charakter einer Kommunalanftalt anzu= nehmen habe und in gleicher Weife zu behandeln fei, wie jede andere Anftalt diefer Art.

Überdies gehe aus dem Ortsftatut vom 4. September 1874 unzweifelhaft hervor, daß der Magiftrat felbft die öffentliche

Wasserleitung nicht als Privateigentum, sondern als eine öffent=
liche Kommunalanstalt betrachte.

Nach § 6 desselben zwinge der Magistrat die Eigentümer der
Grundstücke, welche der allgemeinen Kanalisation angeschlossen
würden, das Wasser aus der ö f f e n t l i c h e n Wasserleitung zu
nehmen. Wäre der Magistrat nur Privatindustrieller und die
öffentliche Wasserleitung nur ein Privateigentum, so könne er
niemand zwingen, aus seiner Privatunternehmung das Wasser
zu kaufen.

Die öffentliche Wasserleitung sei gleich der Kanalisation kein
freies Privateigentum der Stadtgemeinde, sondern lediglich eine
dem öffentlichen Wohle und der öffentlichen Gesundheitspflege
dienende Kommunalanstalt.

Die entgegengesetzte Auffassung des Magistrats und deren
Durchführung schaffe in ordnungs=, sanitäts= und sicherheits=poli=
zeilicher Beziehung geradezu unhaltbare Zustände. So werde dem
Ausbruche von ansteckenden Krankheiten garnicht mit Erfolg ent=
gegengetreten werden können. Außerdem stehe zu befürchten, daß
die bedrohten, meistens der ärmsten Bevölkerungsklasse ange=
hörigen Bewohner in ihrer Not zur Selbsthilfe greifen und eigen=
mächtig die Hähne öffnen würden.

Demgegenüber sei die Ansicht des Vorderrichters unzu=
treffend, daß die Polizeibehörde vielfache Machtbefugnisse habe, um
die sanitäre Beschaffenheit eines Grundstücks zu sichern oder dessen
gesundheitswidrige Benutzung zu hindern, sowie daß es an dem
Nachweise der Unmöglichkeit fehle, in Berlin auf andere Weise das
nötige Wasser zu beschaffen.

Im vorliegenden Falle habe es nur zwei Möglichkeiten ge=
geben, entweder bei mangelnder Spülung der Klosetts das Haus
räumen zu lassen, oder das Polizeipräsidium hätte das dazu erfor=
derliche Wasser herbeischaffen müssen. Die erstere Maßnahme sei so
exorbitant, daß sie nur in Fällen größter Gefahr in Anwendung ge=
bracht werden könne. Außerdem würde sie den Magistrat selbst in
Verlegenheit setzen, da derselbe eventuell für Obdach sorgen müsse,
wozu er schwerlich imstande sein würde, namentlich wenn die Zahl
der Obdachlosen vielleicht zu Tausenden herangewachsen sein
würde.

Ferner liege die große Gefahr vor, daß die Bewohner sich
gegen eine derartige rücksichtslose Maßnahme auflehnen würden,
so daß unter Umständen öffentliche Ruheſtörungen und Widerſtand
gegen die Staatsgewalt zu befürchten seien. Das Polizeipräſi=
dium könne und werde sich mit einer solchen Maßnahme auf keinen
Fall einverſtanden erklären. Da die Spülung der Kloſetts, wenn sie
den sanitären Anforderungen entſprechen solle, nur durch die vor=
handene Wasserleitung ausgeführt werden könne, und jede proviſo=
rische Maßnahme durchaus keine Sicherheit biete, so habe das Po=
lizeipräſidium kein anderes Mittel, um einem sanitären Notſtand
abzuhelfen, als das in Anwendung gebrachte.

Endlich wird hervorgehoben, daß auch der Königliche Ober=
präſident der Provinz Brandenburg in einer gleichliegenden Be=
ſchwerdeſache der Auffaſſung des Polizeipräſidiums beigepflichtet
habe, und beantragt,

> die erſtinſtanzliche Entſcheidung aufzuheben und die Klage
> koſtenpflichtig abzuweiſen.

Der klagende Magiſtrat hat demgegenüber betont, wie er nur
an der von dem erſten Richter gebilligten Rechtsauffaſſung feſt=
halten könne, daß die Beurteilung des Streitfalles von kommu=
nalen Geſichtspunkten völlig freizuhalten sei. Daraus, daß die
Wafferwerke eine Kommunalangelegenheit seien, könne das Poli=
zeipräſidium für sein Verfahren nichts herleiten, da dasselbe nicht
Kommunalaufſichtsbehörde sei.

Weiter wird dargelegt, daß aus den Rechtsverhältniſſen der an
die Kanaliſation angeſchloſſenen Grundſtücke für die Beurteilung
des vorliegenden Falles nichts entnommen werden könne.

Wenn Übelſtände aus dem Entziehen des Waſſers entſtanden
seien, so trage daran die beklagte Behörde ſchuld. Früher sei es
faſt nie zu jener Maßnahme gekommen, es habe regelmäßig die
Drohung mit derſelben ausreicht, um die Zahlung der Waſſer=
beiträge zu erlangen. Jetzt, wo das Verfahren der beklagten Be=
hörde bei den säumigen Hauswirten bekannt geworden sei, häuften
sich die Fälle, in denen die Beiträge nicht gezahlt würden, derartig,
daß sie in der kurzen Zeit eines halben Jahres auf 200 geſtiegen
seien.

Irrig sei die Annahme, daß dem Polizeipräſidium ausſchließ=
lich das von demſelben angewendete Mittel zur Verfügung ſtehe,

um die befürchteten Mißstände zu beseitigen. Dasselbe könne zu=
nächst den säumigen Hausbesitzer zur Zahlung des Wasserzinses
zwangsweise anhalten. Müsse aber die Räumung des Hauses ein=
treten, so würden die Mieter nicht obdachlos werden.

Widersprochen wird endlich der Ausführung, daß die Spülung
der im Hause vorhandenen Klosetts, wenn sie den sanitären An=
forderungen genügen sollen, nur durch die vorhandene Wasser=
leitung ausgeführt werden könne.

Das Gegenteil ergebe der § 5 des Ortsstatutes vom 4./8. Sep=
tember 1874, welcher erkennen lasse, daß die gehörige Spülung der
Klosetts auch durch Privatleitungen herzustellen sei. Außerdem
könne der Beklagte Klosetts, die ohne Spülung in sanitätspolizei=
licher Hinsicht bedenklich seien, in wenigen Stunden unbenutzbar
machen lassen.

Nach alledem wird die Bestätigung der angefochtenen Ent=
scheidung beantragt.

Bei der mündlichen Verhandlung vor dem unterzeichneten Ge=
richtshofe ist von dem Vertreter der beklagten Behörde an erster
Stelle nochmals betont worden, daß die Königliche Regierung zu
Potsdam als Kommunalaufsichtsbehörde in ihrer schon in erster
Instanz in bezug genommenen Verfügung an den Magistrat vom
11. Januar 1880 entschieden habe, die Wasserleitung zu den einzel=
nen Häusern dürfe in keinem Falle mehr abgeschnitten werden, daß
diese Verfügung von dem Magistrat nicht innerhalb der im § 76 der
Städteordnung vom 30. Mai 1853 bestimmten Frist angefochten sei,
und dieselbe daher die rechtlich unantastbare Grundlage des ange=
fochtenen Verfahrens bilde. Sodann ist in tatsächlicher Beziehung
hervorgehoben, daß das Königliche Finanzministerium das Unter=
nehmen der Städtischen Wasserwerke als ein nicht gewerbesteuer=
pflichtiges anerkannt habe, endlich für die behauptete Gemeinge=
fährlichkeit des durch die Absperrung des Wassers entstandenen Zu=
standes, daß außer den Klosetts andere Aborte in dem fraglichen
Hause nicht vorhanden seien.

Es war, wie geschehen, zu erkennen. —

Die wiederholt in bezug genommene Verfügung der König=
lichen Regierung zu Potsdam vom 11. Januar 1880 an den klagen=
den Magistrat würde hier allerdings unzweifelhaft unter einer
zwiefachen Voraussetzung von Bedeutung sein; einmal unter der,

daß in derselben über die fortgesetzte Hergabe des Wassers an sämt=
liche Bewohner des in Rede stehenden Hauses als über eine Ange=
legenheit der städtischen Verwaltung Entscheidung getroffen wäre,
und sodann, daß die Kommunalaufsichtsbehörde zur etwaigen Voll=
streckung dieser ihrer Entscheidung die Ortspolizeibehörde um ein
bestimmtes Einschreiten requiriert hätte. Bei einer solchen Sachlage
stände weder eine selbständige polizeiliche Anordnung noch auch ein
selbständiges polizeiliches Zwangsverfahren zur Durchführung der
ersteren in Frage, und es fehlte dann an einem Gegenstande der
Rechtskontrolle im Sinne der §§ 30 ff. des Zuständigkeitsgesetzes
vom 26. Juli 1876. —

Im vorliegenden Falle trifft jedoch keine von jenen beiden
Voraussetzungen zu, und es erübrigt daher auch eine Erörterung der
Frage ob, wenn zwar die erstere, nicht aber die letztere derselben vor=
läge, die Polizeibehörde ihr selbständiges Einschreiten auf die in
einer städtischen Verwaltungsangelegenheit ergangene und endgül=
tige Entschließung der Kommunalaufsichtsbehörde mit der Wirkung
stützen könnte, daß die letztere auch von dem Richter im Streitver=
fahren als unanfechtbare Rechtsnorm anerkannt werden müßte.

Die Königliche Regierung zu Potsdam teilte ihre Verfügung
an den Magistrat vom 11. Januar d. J. mit einem von demselben
Tage datierten Schreiben dem beklagten Königlichen Polizeipräsi=
dium mit und führte dabei aus, wie zwar dem Antrage wegen
a b m i n i s t r a t i v e r Einziehung der rückständigen Wasserlei=
tungsabgaben in den gerade hier gemeinten Fällen nicht habe statt=
gegeben werden können, die „Entscheidung" sei aber dennoch im
Sinne der Auffassung des Polizei=Präsidiums erfolgt. „Das König=
liche Polizei=Präsidium" — so heißt es sodann — „ersuchen wir noch
besonders ergebenst, dem Magistrat die Absperrung der Wasser=
leitung mit allem Nachdruck gefälligst verbieten zu lassen, damit
der öffentliche Charakter der städtischen Wasserwerke sobald als
möglich zur vollen Geltung gebracht werde."

Es könnte hiernach scheinen, als solle die Polizeibehörde wegen
Vollstreckung einer von der Kommunalaufsichtsbehörde in einer von
ihr ressortierenden städtischen Verwaltungssache ergangenen Ent=
scheidung requiriert werden. Daß dem aber keineswegs so ist, er=
gibt der Erlaß der Behörde an den Magistrat von demselben Tage,
welcher Gegenstand jenes Schreibens ist. —

Das Königliche Polizei-Präsidium hatte die Königliche Regierung in seiner Requisition vom 28. Oktober 1879 selbstverständlich nicht um eine Entscheidung in einer polizeilichen Angelegenheit ersucht, sondern mit Rücksicht auf das konkurrierende sanitätspolizeiliche Interesse nach dem Wortlaute des Schlußantrages darum:

> den Magistrat von Aufsichtswegen anzuweisen, daß er künftighin die Zahlung der Wasserleitungsabgabe nicht durch Schließung der Zuleitungsröhren, sondern auf dem Wege der gewöhnlichen administrativen Exekution zu erzwingen sucht.

Der Magistrat wies hiergegen in einem Berichte vom 15. Dezember desselben Jahres nach, daß der vertragsmäßig vereinbarte Wasserzins nicht zu den der administrativen Exekution unterstehenden Abgaben gehöre, worauf die Abteilung des Innern der Königlichen Regierung zu Potsdam in der Verfügung an den Magistrat vom 11. Januar d. Js. diese Rechtsauffassung billigte und zu der Auffassung gelangte, daß, da bis jetzt zur Regulierung des Anschlusses der nicht in den Bereich der Kanalisation fallenden Grundstücke an die städtischen Wasserwerke lediglich die Form des Vertrages gewählt sei, der Magistrat allerdings für berechtigt zu erachten sei, in dem Falle der Nichterfüllung der stipulierten Zahlungen auch seinerseits die Erfüllung der Wasserzuführung zu sistieren.

Im Anschluß an den so gefaßten Bescheid heißt es sodann in der Verfügung weiter: „Eine wesentlich andere Frage aber ist es, ob es im städtischen und öffentlichen Interesse für zulässig erachtet werden kann, daß von dieser dem Magistrat auf Grund des Vertragsverhältnisses zustehenden Befugnis Gebrauch gemacht werden kann." In dieser Beziehung wird nun in der Verfügung ausgeführt: „Die Kanalisation solle nach und nach auf das ganze Stadtgebiet ausgedehnt werden, es trete also in einigen Jahren für jedes Grundstück einmal der Zeitpunkt ein, in welchem für dasselbe nach dem Ortsstatut vom 4. September 1874 die Verpflichtung zum Anschluß an die städtischen Wasserwerke entstehe. Dieser vorausseßbaren Verpflichtungslage sei es völlig entsprechend, wenn die Besitzer der noch nicht an die Kanalisation angeschlossenen Grundstücke schon vor jenem Zeitpunkt, und namentlich beim Neubau, die Gelegenheit zum Anschluß an die Wasserleitung suchten. Sie hätten

als Steuerzahler und Einwohner offenbar ein Recht auf möglichſt
baldige Ausführung jenes Anſchluſſes. Es ſei deshalb kein hin=
reichender Grund erkennbar, weshalb die Regelung dieſes An=
ſchluſſes nicht ebenfalls in den Formen und nach den Grundſätzen
des Ortsſtatutes vom 4. September 1874 erfolgen ſolle.“

„Außerdem“, heißt es weiter, „aber ſind die Waſſerwerke in der
Hand der Stadtgemeinde nicht mehr eine dem Gelderwerb dienſt=
bare induſtrielle Anlage, ſondern eine Gemeindeanſtalt, welche ganz
beſtimmte öffentliche Zwecke in der Richtung der Ernährung und
Geſundheit der ſämtlichen ſtädtiſchen Einwohner zu erfüllen hat.
Mit dieſem Charakter der Anſtalt iſt es nicht vereinbar, daß der An=
ſchluß einer großen Anzahl ſtädtiſcher Grundſtücke an die Waſſer=
werke und die Benutzung derſelben in dieſen Fällen lediglich nach
den Grundſätzen des Privatrechts beurteilt wird. Wie unrichtig
und bedenklich dies ſein würde, ergibt ſich aus der Erwägung, daß
die Abſperrung der Waſſerwerke durch den Magiſtrat in ihrer Wir=
kung weit über das auf Grund des Vertrages zwiſchen dem Grund=
ſtücksbeſitzer und dem Magiſtrate beſtehende Verhältnis hinausgeht,
indem durch die Abſperrung auch ſämtliche Mieter des bezüglichen
Grundſtücks betroffen werden, welche zu dem die Abſperrung be=
gründenden Vertrage in keiner Beziehung ſtehen, und welche als
Einwohner und Steuerzahler zur Mitbenutzung der Gemeindean=
ſtalten, alſo auch der Waſſerleitung, vollberechtigt ſind.“

An dieſe Ausführung ſchließt ſich nun keineswegs die Ent=
ſcheidung der Kommunalaufſichtsbehörde an, daß den Eigentümern
der durch Privatvertrag an die Leitung angeſchloſſenen Häuſer,
oder den Mietern in ſolchen Häuſern aus ihrer Zugehörigkeit zur
Gemeinde das Recht zuſtehe, das Waſſer ohne Rückſicht darauf zu
beziehen, ob der über den Bezug geſchloſſene Vertrag vom Eigen=
tümer erfüllt werde oder nicht, und daß demgemäß die Stadtge=
meinde überall das Waſſer ohne Rückſicht hierauf zu gewähren habe.
— Vielmehr fährt der Beſcheid fort:

„Die Auffaſſung des Königlichen Polizei=Präſidiums, daß durch
die Abſperrung der Waſſerleitung polizeilich ganz unhaltbare Zu=
ſtände geſchaffen werden und daß die von dem Magiſtrat in dieſer
Angelegenheit in Vorſchlag gebrachte exorbitante Maßregel der
Unbewohnbarkeitserklärung jener Grundſtücke mit Rückſicht auf den
öffentlichen Charakter der ſtädtiſchen Waſſerwerke unzuläſſig ſein

würde, müssen wir nach dem Vorstehenden für vollständig be=
gründet erachten.

Das Königliche Polizei-Präsidium wird deshalb nicht gehin=
dert werden können, den Magistrat im öffentlichen Interesse dazu
anzuhalten, daß von der Absperrung der Wasserleitung künftig in
keinem Falle mehr Gebrauch gemacht wird.

Um weitere Kollisionen und eine Gefährdung der städtischen
Interessen zu vermeiden, empfehlen wir deshalb dem Magistrat,
recht bald in Erwägung zu nehmen, in welcher Weise das Ortsstatut
vom 4. September 1874 zu ergänzen sein wird, um die Benutzung
der Wasserleitung seitens derjenigen Grundstücke, für welche eine
Verpflichtung zum Anschluß noch nicht besteht, ebenfalls nach den
Grundsätzen jenes Statuts zu regeln."

Diese ganze Schlußausführung des Bescheides enthält zunächst
nichts weiter, als die Erklärung, daß die Kommunalaufsichtsbe=
hörde der Beurteilung eines p o l i z e i l i ch e n Gegenstandes durch
die z u st ä n d i g e Polizeibehörde zustimmt, nicht aber die Ent=
scheidung der erörterten polizeilichen Frage durch die u n z u st ä n=
b i g e Kommunalaufsichtsbehörde. „Das Königliche Prolizei-Prä=
sidium — heißt es — wird deshalb nicht g e h i n d e r t werden
können, den Magistrat i m ö f f e n t l i ch e n Interesse dazu anzu=
halten pp."

Und daran schließt sich die E m p f e h l u n g der Ausdehnung
des Statutes vom 4. September 1874. Hiermit steht jene wörtlich
wiedergegebene Requisition der Polizeibehörde in dem Schreiben
vom 11. Januar in einem klaren Zusammenhange. Das Polizei=
Präsidium wird ersucht, dem Magistrat die Absperrung des Wassers
verbieten zu lassen, „damit der öffentliche Charakter der städtischen
Wasserwerke sobald als möglich zu vollen Geltung gebracht werde".

Hierunter kann nur verstanden werden, daß so die Empfehlung
der Ausdehnung der bezüglichen Bestimmungen des Statutes vom
4. September 1874 unterstützt werden sollte.

Hätte die Kommunalaufsichtsbehörde über das kommunale
Recht zum Bezuge des Wassers von Hauseigentümern und Mietern,
die sich gar nicht beschwert und kein Recht in Anspruch genommen
hatten, entscheiden wollen, so enthielt die Entscheidung das Verbot
der Absperrung des Wassers; es bedurfte dann weder eines solchen
seitens der Polizeibehörde, noch hätte füglich „der öffentliche Cha=

rakter der Wasserwerke" noch mehr „zur vollen Geltung gebracht" werden können, als es durch solche Entscheidung geschehen wäre. —

Daß endlich das beklagte Königliche Polizei=Präsidium ur= sprünglich die Verfügung der Königlichen Regierung zu Potsdam selbst nicht im Sinne solcher Entscheidung aufgefaßt hat, erhellt aus seinem Schreiben an den Magistrat vom 2. Februar d. Js., welches eine Regelung des Verfahrens für die Fälle anbahnen wollte, in denen die städtische Verwaltung das Wasser länger als 24 Stunden abzusperren beabsichtige.

Nach alledem ist das hier zum Gegenstande der Entscheidung ge= machte Verbot der Absperrung der Wasserleitung des Hauses Hagels= berger Straße Nr. 17 nicht die auf Requisition erfolgende Durch= führung der Anordnung einer dritten Behörde, sondern eine selbst= ständige polizeiliche Verfügung der beklagten Behörde, für deren Beurteilung jener Bescheid vom 11. Januar 1880 nicht maß= gebend ist.

An das erwähnte Schreiben des Königlichen Polizei=Präsi= diums vom 2. Februar schloß sich am 3. März eine Verhandlung von Kommissarien dieser Behörde und des Magistrats an, in welcher die städtischen Vertreter ein Verfahren vorschlugen, wonach das König= liche Polizei=Präsidium von jedem Falle der bevorstehenden Wasser= entziehung in Kenntnis gesetzt werden solle, damit dasselbe den Hauseigentümer zur Zahlung des Wasserzinses anhalte. Sollte der Hauseigentümer nicht sofort zu ermitteln oder außer Landes ge= gangen und die Administration des Grundstücks noch nicht einge= leitet sein, so werde selbstredend einstweilen die Absperrung sistiert. In einem solchen Falle seien aber die Mieter zu bedeuten, daß sie binnen angemessener Frist ihre Wohnungen zu räumen hätten, vorausgesetzt, daß nicht auf andere Weise, wie durch Abschaffung der Klosetts oder Herstellung eines Brunnens, geholfen werden könne.

Abschrift dieser Verhandlung teilte das Königliche Polizei= Präsidium dem Magistrat am 10. März unter dem Eröffnen mit, daß es sich der in derselben niedergelegten Anschauung nicht an= schließen könne. Es sei unerfindlich, weshalb der Magistrat den in der Verfügung der Königlichen Regierung zu Potsdam vom 11. Ja= nuar vorgeschlagenen Weg einer statutarischen Regelung der Wassergelderhebung zu beschreiten unterlasse. Das Polizei=Präsi=

dium habe keine Veranlassung, diese Maßregel durch die rechtlich bedenkliche exekutivische Einziehung rückständiger Wasserabgaben zu ersetzen und überflüssig zu machen. Nachdem ferner einmal „das Prinzip aufgestellt" sei, daß die Absperrung der Leitungen zu unterbleiben habe, könne es nicht als gerechtfertigt erscheinen, jeden einzelnen Fall darauf hin zu prüfen, ob wirklich sanitäre Nachteile zutage träten. Das Äußerste, was zugestanden werden könne, sei, daß in einzelnen seitens des Magistrats besonders zu rechtfertigenden Ausnahmefällen ausnahmsweise die Absperrung des Wassers von dem Polizei-Präsidium gestattet werde.

Mit Recht hat der erste Richter dieses Schreiben nicht als eine polizeiliche Verfügung im Sinne des § 30 des Zuständigkeitsgesetzes angesehen. Dasselbe bildet ein Glied in der Kette von Verhandlungen, die zum Zwecke der Vereinbarung allgemeiner Normen für das Verfahren der beiden beteiligten Behörden angeknüpft waren.

Der Magistrat konnte aus dem Schreiben wohl entnehmen, wie nach dem resultatlosen Verlauf dieser Verhandlungen seitens des Königlichen Polizei-Präsidiums in einzelnen Fällen nach Maßgabe des von ihm als festgestellt angesehenen „P r i n z i p s" werde verfügt werden, er fand aber in demselben keine allgemeine Verfügung, kein allgemeines Verbot der Absperrung der Wasserleitung vor. Der auch in der Berufungsinstanz in mündlicher Verhandlung wiederholte Einwand, daß das Schreiben vom 10. März nicht rechtzeitig durch Klage oder Beschwerde angefochten sei, und daher die hier streitig gewordene Anordnung nach ihrer materiellen Seite endgültig feststehe, kann daher als zutreffend nicht anerkannt werden.—

Die rechtliche Beurteilung, welche diese Anordnung durch den ersten Richter erfahren hat, ist in der Berufungsschrift mit dem Hinweis darauf angefochten worden, daß die städtischen Wasserwerke eine öffentliche Kommunalanstalt seien. — Dem ist insoweit beizutreten, als die Wasserwerke eine kommunale Anstalt sind. Auch mag der Betrieb derselben nicht gewerbesteuerpflichtig sein. Es folgt daraus aber nichts, was die Rechtsauffassung des Bezirksverwaltungsgerichts zu widerlegen geeignet wäre.

Die Wasserwerke sind jedenfalls insoweit, als sie für die privaten Zwecke der einzelnen Einwohner in deren Wohnungen nutzbar sind, nicht ö f f e n t l i ch e Kommunalanstalten in dem Sinne, daß sie im ö f f e n t l i ch e n Interesse zur Erhaltung der öffentlichen

Ordnung und Sicherheit, also zu polizeilichen Zwecken nach Maß=
gabe des bestehenden Bedürfnisses von der Gemeinde auf Grund
bestehender rechtlicher Verpflichtung hergestellt worden wären, sie
sind in jenem Umfange nicht p o l i z e i l i ch e Anstalten, die, wie
Wege, Plätze, Beleuchtung derselben usw., zur Verfügung der Poli=
zeibehörde auf Kosten des beteiligten Kommunalverbandes stehen.
Denn die Versorgung der Ortseinwohner mit Wasser zum Privat=
gebrauch ist keine gesetzliche Verpflichtung der Gemeinden, kein Teil
der Polizeilast. Der Vertreter der beklagten Behörde hat zwar das
Gegenteil ausgeführt, nämlich daß der Stadtgemeinde die Ver=
pflichtung obliege, die Einwohner mit Wasser zu versorgen. Allein
die Begründung dieses Satzes, wonach sich die Verpflichtung aus
dem Begriffe der städtischen Verwaltung nach Maßgabe der be=
stehenden Sitte ergeben soll, erscheint nicht zutreffend. Es ist mit
derselben nichts weiter dargetan, als daß es sich die Gemeinde Ber=
lin, wie zahlreiche andere Gemeinden, zur Aufgabe gemacht hat, die
Einwohner der Stadt in gewissem Umfange in dem Bezuge des
Wassers für ihren Haushalt zu unterstützen. Unter welchen Rechts=
verhältnissen dies geschieht, dafür ist weder aus dem Begriffe der
städtischen Verwaltung, noch auch, zumal dieselben anderweit völlig
klargestellt sind, aus der bestehenden Sitte zu entnehmen.

Die Wafferwerke der Stadt Berlin gehören zu der umfassenden
Kategorie von Kommunalanstalten, welche in größter Mannigfal=
tigkeit je nach dem örtlichen Bedürfnis von Städten und Landge=
meinden im Interesse der bürgerlichen Wohlfahrt in das Leben ge=
rufen werden (Markthallen, Warenhäuser, Lagerhäuser, Docks und
Hafenanlagen, Schlachthäuser, Bade= und Waschanstalten, Pferde=
bahnen, Omnibus= und Abfuhrunternehmungen, Gasanstalten,
höhere Unterrichtsanstalten und dergleichen mehr).

Die Verwaltung dieser kommunalen Anstalten ist von den
Kommunalaufsichtsbehörden gleich der Verwaltung der Gemein=
den überhaupt zu überwachen. — Der p o l i z e i l i ch e n Aufsicht
und Einwirkung unterstehen sie nach den für diese gegebenen, zwi=
schen Kommunen und Privaten n i ch t unterscheidenden allge=
meinen gesetzlichen Bestimmungen, welche auf jede einzelne An=
stalt nach Maßgabe ihrer Organisation anzuwenden sind.

Anlangend die Rechtsverhältnisse der Berliner Wafferwerke,
so ist zunächst von dem Beklagten aus den Verhandlungen über den

Übergang der Wafferwerke von einer Privatgefellfchaft auf die Stadt in den Jahren 1873 und 74 nichts dargetan worden, was eine mit den allgemeinen gefetzlichen Beftimmungen im Widerfpruch tretende polizeiliche Auffichtsbefugnis begründen könnte. Wenn insbefondere in der Verfügung der Minifter des Innern und der öffentlichen Arbeiten vom 17. Dezember 1893 gefagt worden ift, daß von da ab, wo die Wafferleitung eine Kommunalanftalt der Stadt Berlin bilden werde, diefelbe bezüglich der ftaatlichen Oberaufficht nicht anders zu behandeln fei, wie jede andere Kommunalanftalt, fo folgt hieraus nach obigem für befondere Rechte der Polizeibehörde nichts.

Weiter ift es richtig, daß die ftädtifche Wafferleitung mit der ftädtifchen Kanalifation durch Ortsftatut vom 4. September 1874 derartig in Verbindung gebracht worden ift, daß die ftädtifche Behörde die Befitzer der an die Straßenkanäle angefchloffenen Häufer zum Anfchluß an die Wafferleitung zwingt, wenn die Spülung der Wafferklofetts nicht durch private Einrichtungen fichergeftellt ift.

Ob die Polizeibehörde die Stadtgemeinde zwingen kann, demgemäß zu verfahren und in der Hergabe des Waffers unter allen Umftänden fortzufahren, ift hier nicht zu entfcheiden. Denn keinesfalls erleiden die Normen diefes Statuts eine weitere Anwendung als auf diejenigen Stadtteile, in denen die Kanalifation nach Maßgabe desfelben mit der Wafferleitung in Verbindung gebracht ift.— Soweit das noch nicht gefchehen, und insbefondere für das hier in Rede ftehende Haus, wird das Waffer von der Stadt an den Befitzer auf Grund eines P r i v a t v er t r a g e s verabfolgt. Derfelbe begründet P r i v a t r e ch t e des Hausbefitzers wie der Stadt, insbefondere das der letzteren, kein Waffer zu gewähren, wenn der vertragsmäßig ausbedungene Wafferzins nicht gezahlt wird. Das beklagte Königliche Polizei-Präfidium hat demnach hier die Stadtgemeinde unter Verletzung ihrer Privatrechte gezwungen, Waffer ohne Bezahlung zu verabfolgen.

Indem der erfte Richter dies reprobiert, verkennt derfelbe nicht, daß die Polizei unter Umftänden berechtigt ift, in das Privateigentum einzelner bei vorhandenen Gefahren Nichtbeteiligter einzugreifen, um diefe Gefahren zu befeitigen. Er befchränkt diefe Befugnis jedoch nach zwei Seiten hin, indem er als die Vorausfetzungen für deren Übung hinftellt: einmal, daß die Gefahr unmittelbar

bevorstehend und sodann, daß sie auf keine andere Weise abzuwen=
den sei, als durch den Eingriff in die Eigentumsrechte des Dritten,
welcher sonst weder bei der Erzeugung der Gefahr beteiligt, noch ihr
vorzubeugen berufen ist. Diese Rechtsauffassung ist zutreffend, man
kann sie nicht aufgeben, ohne der Polizeigewalt eine unbegrenzte
Verfügungsgewalt über das Privateigentum aller Rechtssubjekte
zur Förderung des gemeinen Wohles einzuräumen, für welche das
Gesetz keinerlei Anhalt bietet. In dieser Beziehung könnten etwa
nur §§ 33 und 34 Titel 8 Teil I des Allgemeinen Landrechts in Be=
tracht kommen. Dieselben enthalten jedoch nicht sowohl eine Defi=
nition der Machtbefugnisse der Polizeigewalt, insbesondere der
Ortspolizeibehörden, als vielmehr allgemeine Prinzipien für die
Spezialgesetzgebung. Außerdem handeln sie von Einschränkungen
der freien Verfügung des Einzelnen über sein Eigentum zur Beför=
derung und Erhaltung des gemeinen Wohles nicht zugunsten be=
stimmter einzelner Personen.

Endlich wird aber auch vom Vorderrichter mit Recht verneint,
daß jene beiden unerläßlichen Voraussetzungen für das Recht der
beklagten Behörde zu dem von ihr gewählten Einschreiten hier vor=
lägen.

Zunächst ist es verfehlt, die städtische Verwaltung als den U r =
h e b e r der sich etwa aus dem Mangel an Wasser ergebenden Übel=
stände bezeichnen zu wollen. Nur dann könnte dies mit Recht ge=
schehen, wenn eine rechtliche Verpflichtung der Stadtgemeinde zur
Beschaffung des Wassers bestände, was, wie gesagt, nicht der Fall ist.

Die beklagte Behörde ist unter diesen Umständen darauf hin=
gewiesen worden, daß sie gegen den Hauseigentümer polizeilichen
Zwang zu üben habe, um denselben zur Zahlung des Wasserzinses
und so zur Fortgewähr des Wassers zu nötigen. Dieselbe hat in
den Vorverhandlungen ein solches Einschreiten als rechtlich bedenk=
lich bezeichnet, ohne ihre Auffassung näher zu begründen.

Eine definitive Entscheidung der Frage kann hier weder er=
folgen, noch ist sie erforderlich. Nur das mag hervorgehoben wer=
den, daß solchem Einschreiten da am wenigsten Bedenken entgegen=
stehen mögen, wo es sich um die Erhaltung des Wasserzuflusses als
der notwendigen Voraussetzung für die Benutzung polizeilich ge=
statteter und an sich notwendiger baulicher Einrichtungen, wie na=
mentlich der Wasserklosetts handelt. Solche mögen nun aber in

einem Hause vorhanden sein oder nicht, unter allen Umständen
kommt in Betracht, daß auch ein jeder Einwohner verpflichtet ist,
s e l b st für das zu seinem Haushalt nötige Wasser zu sorgen. Da=
nach ist die Polizeibehörde in jedem Falle berechtigt, gegen den
Haushaltungsvorstand einzuschreiten, sobald die Beschaffung des
nötigen Wassers nicht so erfolgt, wie es das öffentliche Interesse,
namentlich das der Gesundheitspflege, erfordert, und dieses Ein=
schreiten kann bis dahin gesteigert werden, daß der Betroffene zur
Aufgabe der Wohnung genötigt wird. Gegenüber einem solchen
Verfahren, auf welches die beklagte Behörde durch das bestehende
Recht unabweisbar zunächst hingewiesen wird, vermag dieselbe
nichts geltend zu machen, als die M ö g l i ch k e i t , daß durch das=
selbe Notstände nicht ferngehalten werden. Allein die Annahme
solcher Möglichkeit kann der Natur der Verhältnisse nach nur eine
völlig unbestimmte und daher nicht zu berücksichtigende sein, solange
die Behörde es von vornherein abweist, die gesetzlich zunächst ge=
wiesenen Wege einzuschlagen. Alle Befürchtungen, die aufgestellt
sind, daß dem Umsichgreifen von Seuchen nicht vorzubeugen sein
werde, daß Wohnungsnot entstehen könne, daß Tumulte hervorge=
rufen werden möchten, beruhen auf einer durch nichts gerechtfertig=
ten Gleichstellung der Verhältnisse aller Einwohner von Häusern,
wie sie hier in Betracht kommen können. Sie lassen ferner völlig
unberücksichtigt, daß, je strenger die Polizeibehörde die gewiesenen
Wege innehält, umsomehr die Fälle werden eingeschränkt werden,
in denen die Stadtbehörde zur Entziehung des Wassers zu schreiten
Anlaß finden kann, und endlich berühren sie gar nicht den zutreffen=
den Hinweis des ersten Richters darauf, daß es sich eventuell doch
immer nur darum handeln könnte, von der Kommune die vorüber=
gehende Gewährung von Wasser bis zur Abhilfe des dringendsten
Notstandes zu fordern, während das Einschreiten der beklagten Be=
hörde unzweifelhaft auf der Auffassung beruht, daß das Wasser
unter allen Umständen dauernd geliefert werden soll. Es ergibt sich
endlich aus dem Vorstehenden, daß die Entscheidung des vorliegen=
den Streitfalles auch nicht aus der Beurteilung der tatsächlichen
Verhältnisse des gerade hier mit der Absperrung des Wassers be=
drohten Hauses entnommen werden kann. Nicht die Tatsache ist
hier maßgebend, ob in dem Hause nur Wasserklosetts sind oder
nicht, vielmehr zunächst das rechtliche Moment, daß die Polizeiver=

waltung nicht die freie Wahl hat, die Beseitigung der etwa entstehenden sanitären Mißstände von den Mietern oder von dem Hauseigentümer oder endlich von der städtischen Verwaltung zu fordern, daß sie vielmehr die letztere zur Fortgewährung des Wassers unter Aufopferung städtischer Rechte nur dann und nur soweit anhalten kann, als ihr Einschreiten gegen die Nächstbeteiligten den Eintritt offenbarer Notstände nicht fern zu halten vermag. Ob ein solcher Fall eintreten k a n n, ist zurzeit überhaupt nicht, vielmehr erst dann zu übersehen, wenn die Polizeiverwaltung die ihr zunächst zustehenden Mittel zur Abwehr derselben erschöpft hat. Hiernach war die Vorentscheidung lediglich zu bestätigen.

Der Kostenpunkt regelt sich nach §§ 72 und 76 Nr. 1 des Verwaltungsgerichtsgesetzes vom 3. Juli 1875.

Urkundlich unter dem Siegel des Königlichen Oberverwaltungsgerichts und der verordneten Unterschrift.

(L. S.)

Persius.

Ober=Verw.=Ger.=Entsch. 1881 Bd. VII Nr. 59 (Auszug.)

III. Verträge
mit Nachbargemeinden über Wasserlieferung
aus den städtischen Wasserwerken.

1. Vertrag zwischen der Stadtgemeinde Berlin und dem Gemeindevorstand Treptow wegen Ausdehnung des Wasserrohrnetzes der Berliner städtischen Wasserwerke auf den Gemeindebezirk Treptow.

Zwischen der Stadtgemeinde Berlin, vertreten durch den Magistrat, und der Gemeinde Treptow, vertreten durch den Gemeindevorstand, ist der nachfolgende Vertrag auf die Dauer von 30 Jahren abgeschlossen worden:

§ 1.

Die Stadtgemeinde Berlin verpflichtet sich, aus den ihr gehörigen Wasserwerken der Gemeinde Treptow sowie deren Einwohnern das zum öffentlichen und Privatgebrauch notwendige Wasser zu liefern. Diese Verpflichtung erlischt, sofern die Stadtgemeinde Berlin den Betrieb der Wasserwerke einstellt.

§ 2.

Die Lieferung des Wassers sowohl an die Gemeinde Treptow, als auch an die Bewohner des Gemeindebezirks erfolgt nach Maß= gabe des dem Vertrage beigefügten Tarifs und Regulativs der städtischen Wasserwerke vom 16./31. Mai 1878 und der Bekannt= machungen vom 14. April 1883 und 17. April 1894.

Sofern von den städtischen Behörden zu Berlin später Abände= rungen des Tarifs und Regulativs festgesetzt werden, treten diese Abänderungen unter Berücksichtigung dieses Vertrages mit dem= selben Tage, an welchem dieselben für die Stadt Berlin Gültigkeit erlangen, auch für die Gemeinde Treptow in Kraft.

§ 3.

Die Stadtgemeinde Berlin verpflichtet sich, die zur Zuführung des Wassers erforderlichen Rohrleitungen in den Straßen des Ge= meindebezirks auf eigene Kosten zu legen und zu unterhalten.

In denjenigen Straßen, welche in dem, dem Vertrage ange= hängten Verzeichnisse aufgeführt sind, sollen die Rohrleitungen so= fort gelegt werden. Die weitere Ausdehnung des Rohrnetzes bleibt der ferneren Vereinbarung vorbehalten, indes soll die Verpflichtung der Stadtgemeinde Berlin zur Legung der Rohrleitungen nur für diejenigen Straßen bzw. Straßenstrecken eintreten, in welchen auf je 60 m Straßenrohr mindestens ein Hausanschluß vorhanden ist.

§ 4.

Für die Benutzung des Straßenlandes zur Legung von Röhren hat die Stadtgemeinde Berlin irgendwelche Abgaben oder Leistun= gen nicht zu gewähren, jedoch hat dieselbe nach Vollendung der Rohrlegungen das Straßenland in demselben Zustand wieder her= zustellen, wie dasselbe vor der Aufgrabung bestanden hat.

Ebenso ist die Stadtgemeinde verpflichtet, alle innerhalb eines Jahres erforderlich werdenden Reparaturen an dem Straßenlande, welche durch die Aufgrabung und Rohrlegung veranlaßt sind, auf eigene Kosten auszuführen.

§ 5.

Die sämtlichen, auf Kosten der Stadtgemeinde Berlin zu legen= den Rohrleitungen usw. bleiben Eigentum derselben.

Die Stadtgemeinde ist berechtigt, bei etwaigem Ablauf des

Vertrages oder Eingehen der ſtädtiſchen Wafferwerke (§ 1) die ge=
ſamten Rohrleitungen uſw. wieder fortzunehmen.

§ 6.

Die Gemeinde Treptow gewährt der Stadtgemeinde Berlin
das ausſchließliche Recht, die Straßen des Gemeindebezirks zur
Legung von Röhren behufs Wafferabgabe zu benutzen. Während
der Dauer dieſes Vertrages iſt die Gemeinde Treptow nicht berechtigt, ſelbſt Rohrleitungen zu dieſem Zwecke zu legen, noch auch
irgendeinem anderen die Legung von Röhren behufs Zuleitung
von Waffer zu geſtatten.

Wenn der Vertrag nach deſſen Ablauf nicht verlängert werden
ſollte, verbleibt doch der Stadtgemeinde Berlin das Recht, die alsdann vorhandenen Rohrleitungen dauernd für die Abgabe von
Waffer zu benutzen, auch dieſelben, ſoweit es nach ihrem Ermeſſen
notwendig wird, durch neue bzw. ſtärkere Röhren zu erſetzen und jede
Reparatur bzw. Änderung vorzunehmen. Dieſes Recht erliſcht jedoch, ſofern die Stadtgemeinde den Betrieb der Wafferwerke ein-
ſtellt.

Die der Stadtgemeinde Berlin aus dieſem Vertrage zufließenden Einnahmen dürfen von der Gemeinde Treptow mit einer Ge-
meindeabgabe nicht belegt werden.

§ 7.

Die Gemeinde Treptow verpflichtet ſich zu den Ausgaben an
Zinſen für das auf die Rohrlegung aufzuwendende Kapital und
für die Unterhaltung der Rohrleitungen während der erſten zehn
Jahre nach Inkrafttreten des Vertrages einen jährlichen Beitrag
von 500 ℳ (Fünfhundert Mark) zu entrichten, welcher in halbjährlichen Raten poſtnumerando an die Hauptkaſſe der ſtädtiſchen Werke
zu Berlin zu zahlen iſt.

§ 8.

Die Koſten für das aus den Leitungen zu öffentlichen Zwecken
entnommene Waffer, welches für 15 Pf. pro Kubikmeter abgegeben wird, ſowie die Mieten für etwa entliehene Hydranken,
Standrohre, Schläuche uſw. ſind vierteljährlich poſtnumerando
ebenfalls an die Hauptkaſſe der ſtädtiſchen Werke[1] zu zahlen.

---

[1] Jetzt: Städtiſche Werks-Einziehungsabteilung.

§ 9.

Beiden Teilen steht das Recht zu, ein Jahr vor Ablauf dieses Vertrages denselben zu kündigen; erfolgt eine Kündigung nicht, so gilt der Vertrag als auf weitere 10 Jahre verlängert.

§ 10.

Den Stempel für das Hauptexemplar des Vertrages trägt die Gemeinde Treptow, denjenigen für das Nebenexemplar die Stadtgemeinde Berlin.

Berlin, den 10. November 1894.

Magistrat hiesiger Königl. Haupt= und Residenzstadt.

(L. S.)

Zelle.   Haack.

Treptow, den 2. November 1894.

Der Gemeindevorstand.

(L. S.)

Hoffmann. Dr. L. Schad. J. Gerhardt.

— J.=Nr. 2678 Wasser 94. —

Stadtv.=Beschl. v. 11. 10. 94. Prot. Nr. 15. Gem.=Bl. Nr. 41 v. 1894 S. 451.

---

2. Vertrag zwischen der Stadtgemeinde Berlin und dem Gemeinde= vorstand Stralau wegen Ausdehnung des Wasserrohrnetzes der Berliner städtischen Wasserwerke auf den Gemeindebezirk Stralau.

Zwischen der Stadtgemeinde Berlin, vertreten durch den Magistrat, und der Gemeinde Stralau, vertreten durch den Gemeinde= vorstand, ist der nachfolgende Vertrag auf die Dauer von 30 Jahren abgeschlossen worden.

§ 1—6 und 8—10 wie beim Vertrag mit Treptow. S. 272 mit folgenden Zusätzen

zu § 2: Die Stadtgemeinde Berlin ist berechtigt, die Wasser= lieferung von der vorherigen Bestellung einer ange= messenen Kaution seitens des betreffenden Grundstücks= eigentümers abhängig zu machen.

zu § 8: Das aus Hausanschlüssen entnommene Wasser fällt nicht unter diese Bestimmung.

Berlin, den 11. Mai 1895.

(L. S.)

Magistrat hiesiger Königl. Haupt= und Residenzstadt.

Zelle.   Haack.

Stralau, den 4. Mai 1895.

(L. S.)

Der Gemeindevorstand.

Kracht.   Machts.   Lehmann.

— J.=Nr. 983 Wasser 95. —

Stadtv.=Beschluß vom 18. April 1895. Prot. Nr. 24. Ge=meinde=Bl. Nr. 17 von 1895 S. 171.

---

3. Vertrag zwischen der Gemeinde Berlin und der Gemeinde Nieder = Schöneweide wegen Wasserversorgung der letzteren durch die erstere.

Zwischen der Gemeinde Berlin und der Gemeinde Nieder=Schöneweide wird der nachfolgende Vertrag geschlossen.

§ 1.

Die Gemeinde Berlin verpflichtet sich, aus den ihr gehörigen Wasserwerken der Gemeinde Nieder=Schöneweide i n d e r e n j e t z i g e n b z w. s p ä t e r e r w e i t e r t e n G r e n z e n , sowie den Einwohnern dieser Gemeinde, das zum öffentlichen und Pri=vatgebrauche notwendige Wasser zu liefern.

Diese Verpflichtung erlischt, sofern die Gemeinde Berlin den Betrieb der Wasserwerke einstellt.

§ 2.

Das von der Gemeinde Berlin zu liefernde Wasser muß zum Genusse für Menschen brauchbar, der Gesundheit nicht nachteilig sein und in so ausgiebigem Maße zugeführt werden, daß außer den für öffentliche Zwecke erforderlichen Mengen ein den jeweilig vor=handenen bzw. auf Verlangen neu einzurichtenden Anschlüssen entsprechender Bedarf vollständig gedeckt wird.

§ 3.

Die Gemeinde Nieder=Schöneweide gewährt der Gemeinde Berlin, soweit der ersteren ein solches Verfügungsrecht zusteht, das ausschließliche Recht, in Gemäßheit der nachfolgenden Bestimmungen die Straßen des Gemeindebezirks in dessen jetzigen bzw. später erweiterten Grenzen zur Legung von Röhren behufs Wasserabgabe zu benutzen. Während der Dauer dieses Vertrages ist die Gemeinde Nieder=Schöneweide nicht berechtigt, selbst Rohrleitungen zu diesem Zwecke zu legen oder irgend einem Dritten die Legung von Röhren behufs Zuleitung von Wasser zu gestatten.

Soweit die Straßen im Gemeindebezirke dem Kreise Teltow gehören und ihre Benutzung zur Verlegung von Röhren erforderlich ist, wird die Gemeinde Berlin die notwendigen Genehmigungen nachsuchen; die Gemeinde Nieder=Schöneweide erbietet sich jedoch, diese Anträge, als in ihrem eigenen Interesse gelegen, nach allen Kräften zu unterstützen.

Die Befugnis der Grundbesitzer, auf ihren Grundstücken eigene Anlagen zur Gewinnung von Wasser zu machen, wird durch diesen Vertrag nicht betroffen.

§ 4.

Die Lieferung des Wassers sowohl an die Gemeinde Nieder=Schöneweide als auch an deren Bewohner erfolgt nach Maßgabe des dem Vertrage angehängten Tarifs und Regulativs der städtischen Wasserwerke Berlins vom 16./31. Mai 1878, 25. April 1883, 8. April 1898 und 3. März 1899 und den dort geltenden Vorschriften usw.

§ 5.

Die Gemeinde Berlin verpflichtet sich, die zur Zuführung des Wassers erforderlichen Rohrleitungen in den Straßen des Gemeindebezirks Nieder=Schöneweide in dessen jetzigen bzw. später erweiterten Grenzen auf eigene Kosten zu verlegen und zu unterhalten.

In der Berliner Straße, der Wasserstraße, der Grünauer Straße (bis zur Hasselwerder Straße), der Hasselwerder Straße und der Sedanstraße sollen die Rohrleitungen, sofern die behördlichen Genehmigungen erteilt werden, sofort gelegt werden, derart, daß spätestens nach Ablauf von 4 Monaten nach Abschluß und Ge=

nehmigung des Vertrages bzw. nach Eingang der oben erwähnten behördlichen Genehmigungen die in jenen Straßen belegenen Grundstücke an die Wasserleitung angeschlossen werden können.

Die Gemeinde Berlin ist ferner verpflichtet, in jede andere Straßenstrecke Wasserleitungsröhren zu legen und ihren Betrieb dahin auszudehnen, sobald auf 60 m Straßenlänge von dem End= punkte der bisherigen Leitung ein Grundstücksbesitzer den Anschluß verlangen sollte.

Die Gemeinde Berlin ist zu einer solchen Rohrlegung auch dann verbunden, sobald in einer anderen Entfernung mehrere Anschlüsse verlangt werden sollten, welche eine durchschnittliche Entfernung von höchstens 60 m für den Anschluß von dem End= punkte der bestehenden Leitung ergeben. Über 60 m bzw. je 60 m überschießende Längen müssen von dem Antragsteller mit 5 $\mathcal{M}$ für das laufende Meter an die Gemeinde Berlin à fond perdu bezahlt werden.

§ 6.

Der Gemeindevorsteher von Nieder=Schöneweide wird der Gemeinde Berlin das in seinem Besitze befindliche Kartenmaterial zur Einsichtnahme und Kopierung vorlegen. Ehe mit der Rohr= legung begonnen wird, ist seitens der Gemeinde Berlin dem Ge= meindevorsteher von Nieder=Schöneweide ein Lageplan zu behän= digen, aus welchem außer der vom Gemeindevorsteher zu ge= nehmigenden Trasse die Lichtweite der Rohre, deren Anschlüsse an die Nachbarstraßen, sowie die Hydranten ersichtlich sind; auch hat die Gemeinde Berlin dem Gemeindevorsteher von Nieder=Schöne= weide auf Verlangen die für etwaige Nachträge erforderlichen Unterlagen zur Verfügung zu stellen.

§ 7.

Die Beschaffung der polizeilichen Genehmigung zur Vor= nahme irgend welcher Arbeiten ist Sache der Stadt Berlin; doch stellt die Gemeinde Nieder=Schöneweide auch hierzu ihre guten Dienste zur Verfügung.

§ 8.

Die Leitungen sind frostfrei und, wie alle Arbeiten an den Röhren, derart sachgemäß und beschleunigt auszuführen, daß Be=

läſtigungen des Straßenverkehrs, ſowie Beſchädigungen von Bau=
lichkeiten und Anpflanzungen der im Straßenkörper bereits vor=
handenen Anlagen, insbeſondere anderer Rohrleitungen tunlichſt
vermieden werden. Die Gemeinde Berlin iſt verpflichtet, die ent=
ſtandenen Beſchädigungen irgend welcher Art auf ihre Koſten aus=
zubeſſern.

Bezüglich der Rohrleitungen iſt die Gemeinde Berlin wäh=
rend der Dauer des Vertrages befugt, in den Straßen und Plätzen
der Gemeinde Nieder-Schöneweide durch ihre Werkleute überall
die nötigen Aufgrabungen zur Legung und Unterhaltung der das
Waſſer leitenden und verteilenden Röhren jeder Art ohne Aus=
nahme und zwar, ſoweit es der Tarif vorſchreibt, auf eigene Koſten
und Gefahr bewerkſtelligen zu laſſen, verpflichtet ſich aber, ſowohl
bezüglich der erſtmaligen Verlegung der Röhren als auch bei ſpäte=
ren Anſchluß=, Ausbeſſerungs= und Erweiterungsarbeiten die
Straßen einſchließlich der Bürgerſteige genau in derſelben guten
Verfaſſung wieder herzuſtellen, wie ſie vorher geweſen ſind, und
übernimmt dafür jedesmal eine einjährige Gewähr.

§ 9.

Irgendwelche Abgaben oder Leiſtungen anderer Art als die
vorgedachten, insbeſondere auch eine Steuerabgabe nach den aus
dieſem Vertrage zufließenden Einnahmen, hat die Gemeinde Ber=
lin ebenſowenig zu gewähren, als umgekehrt der Gemeinde Nieder=
Schöneweide und deren Einwohnern irgend welche Abgaben und
Leiſtungen auferlegt werden, die in dieſem Vertrag bzw. dem ange=
hängten Tarif und Regulativ nicht ausdrücklich vorgeſehen ſind.

Vor Ausführung des A n ſ c h l u ſ ſ e s eines Privatgrund=
ſtücks iſt ſeitens des Eigentümers eine ihrer Höhe nach von der
Direktion zu bemeſſende Kaution in bar oder Effekten für die
Koſten des Anſchluſſes zu beſtellen, dieſe wird nach geleiſteter Zah=
lung der in Rechnung geſtellten Anſchlußkoſten zurückgezahlt.

Zur Sicherung der Koſten der Waſſerlieferung iſt ebenfalls
eine dem wahrſcheinlichen jährlichen Verbrauche entſprechende,
gleichfalls von der Direktion zu bemeſſende Kaution zu beſtellen,
welche für die Dauer des Anſchluſſes des Grundſtücks an die
ſtädtiſche Waſſerleitung verhaftet bleibt.

§ 10.

Die Gemeinde Berlin hat bei Legung der Röhren, Hydranten und Absperrschieber in genügender Anzahl aufzustellen, jedoch sollen erstere in einer Entfernung von weniger als 150 m Straßenlänge voneinander nicht verlangt werden dürfen.

Die Hydranten und Standrohrverschraubungen müssen mit denen der Stadt Berlin übereinstimmen; Hydrantenschlüssel in erforderlicher Anzahl sind der Gemeinde Nieder=Schöneweide unentgeltlich zu übergeben.

Die Unterhaltung der Hydranten geschieht von der Gemeinde Berlin auf Kosten der Gemeinde Nieder=Schöneweide.

§ 11.

Die Kosten für das aus den Leitungen zu öffentlichen Zwecken entnommene Wasser, welches zu 15 Pf. für das Kubikmeter abgegeben wird, sowie die Mieten für Hydranten, Standrohre usw. sind vierteljährlich nachträglich an die Hauptkasse der städtischen Werke zu Berlin[1]) zu bezahlen.

§ 12.

Dieser Vertrag gilt auf die Dauer von 30 Jahren. Beiden abschließenden Teilen steht das Recht zu, ihn ein Jahr vor seinem Ablauf zu kündigen; erfolgt eine Kündigung nicht, so gilt der Vertrag auf weitere 10 (zehn) Jahre verlängert.

§ 13.

Genügen die Anlagen der Gemeinde Berlin zur hinreichenden Versorgung der Gemeinde Nieder=Schöneweide mit Wasser nicht mehr und werden nicht binnen Jahresfrist nach geschehener Aufforderung Vorkehrungen zur Abhilfe der Übelstände getroffen, so steht der Gemeinde Nieder=Schöneweide das Recht zu, vom Vertrage zurückzutreten.

§ 14.

Wenn der Vertrag nach dessen Ablauf nicht verlängert werden bzw. der Fall des § 13 eintreten sollte, so ist die Gemeinde Berlin

---

1) Jetzt: Städtische Werks=Einziehungsabteilung.

berechtigt, die gesamten Rohrleitungen usw., die ihr Eigentum geblieben sind, wieder fortzunehmen; andrerseits verbleibt aber der Gemeinde Berlin das Recht, die alsdann vorhandenen Rohrleitungen liegen zu lassen und dauernd für die Abgabe von Wasser zu benutzen, auch dieselben, soweit es nach ihrem Ermessen notwendig wird, durch stärkere Röhren zu ersetzen und jede Ausbesserung und Änderung mit Ausnahme einer weiteren Ausdehnung der vorhandenen Rohrleitungen vorzunehmen. Dieses Recht erlischt jedoch, sofern die Gemeinde Berlin den Betrieb der Wasserwerke einstellt.

§ 15.

Den Stempel für die Hauptausfertigung des Vertrages trägt die Gemeinde Nieder-Schöneweide, denjenigen für die Nebenausfertigung die Gemeinde Berlin.

In Ausführung der Beschlüsse der Gemeindevertretung vom 1. Juni 1899 Nr. 4 und vom 21. Juni 1899 Nr. 3.

Nieder-Schöneweide, den 14. Juli 1899.

(L. S.)

Der Gemeindevorsteher.

Theitge.

Der Schöffe.

Max Buntzel.

Berlin, den 21. Juli 1899.

(L. S.)

Magistrat hiesiger Königl. Haupt- und Residenzstadt.

J. V.:

Hübner.   Hirsekorn.

Stadtv.-Beschluß vom 29. Juni 1899. Prot. Nr. 20. Gemeinde-Bl. Nr. 27 von 1899. S. 277.

4. Vertrag zwischen der Stadtgemeinde Berlin und der Gemeinde Neu=Weißensee[1]) wegen Lieferung von Wasser aus dem Rohr=system der Wasserwerke der Stadt Berlin.

Zwischen der Stadtgemeinde Berlin, vertreten durch den Magistrat, und der Gemeinde Neu=Weißensee, vertreten durch den Gemeindevorstand, ist der nachstehende Vertrag auf die Dauer von 30 Jahren geschlossen worden.

§ 1.

Die Stadtgemeinde Berlin verpflichtet sich, aus den ihr ge=hörigen Wasserwerken der Gemeinde Neu=Weißensee das zum öffentlichen und Privatgebrauche erforderliche Wasser zu liefern.

Die Lieferung erfolgt bis zur Weichbildgrenze an der Königs=Chaussee, wo die Meßapparate aufgestellt sind. Die Verteilung des Wassers an die einzelnen Abnehmer auf dem Gemeindegebiete bewirkt die Gemeinde Neu=Weißensee selbst für eigene Rechnung.

Die Gemeinde Neu=Weißensee verpflichtet sich, während der Dauer des Vertrages Wasser nur noch von der Stadtgemeinde Ber=lin zu beziehen und weder ein eigenes Wasserwerk anzulegen, zu betreiben oder betreiben zu lassen, noch einem anderen zu gestatten, Wasserröhren in den Straßen der Gemeinde zu legen.

§ 2.

Die Verpflichtung der Stadtgemeinde Berlin zur Lieferung von Wasser ist auf die im § 1 des Vertrages vom 14./20. September 1893 näher bezeichneten Reviere von Neu=Weißensee beschränkt.

Die im § 1 Absatz 3 bezeichnete Verpflichtung erstreckt sich auch auf alle übrigen Reviere der Gemeinde Neu=Weißensee; sie kommt jedoch für diese letzteren Reviere in Fortfall, wenn und soweit die Stadtgemeinde Berlin auf Erfordern der Gemeinde Neu=Weißen=see die Abgabe von Wasser für diese Reviere ablehnt.

§ 3.

Die gelieferte Wassermenge wird durch Meßapparate, welche an der in § 1 näher bezeichneten Anschlußstelle eingebaut sind, fest=gestellt.

---

[1]) Jetzt: Weißensee.

Die Gemeinde Neu-Weißensee ist verpflichtet, für jedes Kubik=
meter Wasser, welches nach Maßgabe der Meßapparate geliefert
worden ist, den Betrag von v i e r z e h n Pfennigen[1] und außer=
dem für die Meßapparate die für Berlin geltenden Mietssätze an
die Stadtgemeinde Berlin zu zahlen. Die Zahlung des für jedes
verflossene Vierteljahr schuldigen Betrages hat binnen 4 Wochen
nach Zustellung der bezüglichen Rechnung zu erfolgen.

§ 4.

Für den Fall, daß eine Herabsetzung des Wassertarifs für
Berlin eintritt, soll auch eine dem herabgesetzten Preise des Wassers
im Durchschnitt entsprechende Ermäßigung des Wassertarifs für
Neu-Weißensee stattfinden. Der Gemeindevorstand verpflichtet
sich, das Wasser seinen Abnehmern während der Dauer des Ver=
trages niemals zu billigeren Preisen zu liefern oder zuzusagen, als
der jedesmal bestehende Tarif für Berlin vorschreibt.

§ 5.

Bei Feststellung des Ergebnisses der Meßapparate ist der
hierzu bestellte Vertreter des Gemeindevorstandes zu Neu-Weißen=
see zuzuziehen.

Erheben sich Zweifel über die Richtigkeit der Angaben der
Meßapparate, so werden dieselben nach Maßgabe der für Berlin
geltenden Bestimmungen einer Prüfung unterzogen. Dem Ergeb=
nisse dieser Prüfung haben sich beide Teile zu unterwerfen und ist
eventuell diesem Ergebnisse entsprechend die Forderung der Stadt=
gemeinde Berlin anderweitig zu berechnen.

Die Kosten der Prüfung der Meßapparate fallen der Gemeinde
Neu-Weißensee zur Last, wenn die Prüfung von ihr beantragt
worden ist, aber eine Unrichtigkeit der Angabe der Apparate nicht
ergeben hat.

§ 6.

Sollte durch Ursachen, an welchen die Verwaltung der städti=
schen Wasserwerke keine Schuld trägt, die Lieferung des Wassers
unterbrochen werden, so kann die Gemeinde Neu-Weißensee keiner=
lei Entschädigung beanspruchen.

---

[1] Durch Beschluß des Magistrats vom 7. April 1899 gemäß § 4
auf 12 Pfennige für jedes Kubikmeter ermäßigt.

§ 7.

Die Gemeinde Neu-Weißensee verpflichtet sich, sämtliche für die dortige Wasserleitung erforderlichen Röhren, Schieber, Hydranten, Standrohre, Wassermesser und andere Vorrichtungen in bezug auf Gewicht, Abmessung, Form und Bauart genau nach den Normen der Wasserwerke der Stadt Berlin herstellen bzw. verlegen zu lassen.

§ 8.

Dieser Vertrag tritt mit dem 1. Oktober 1896 in Kraft; mit diesem Tage verliert der gegenwärtig bestehende Wasserlieferungsvertrag mit der Gemeinde Neu-Weißensee vom 14./20. September 1893 seine Gültigkeit.

§ 9 wie bei Treptow S. 275.

§ 10.

Die Stempelkosten des Vertrages trägt die Gemeinde Neu-Weißensee.

Berlin, den 17. Juli 1896.

(L. S.)

Magiftrat hiesiger Königl. Haupt- und Residenzstadt.

Zelle.   Haack.

Neu-Weißensee, den 9. Juli 1896.

(L. S.)

Der Gemeindevorstand.

Feldmann.   Rauenbusch.

— J.-Nr. 1772 Wasser 96. —

Stadtv.-Beschl. v. 11. Juni 1896. Prot. Nr. 21. Gem.-Bl. Nr. 24 v. 1896 S. 296.

5. Vertrag zwischen der Stadtgemeinde Berlin und der Gemeinde Friedrichshagen wegen Lieferung von Wasser aus dem Wasserwerk der Stadt Berlin.

Zwischen der Stadtgemeinde Berlin, vertreten durch den Magistrat, und der Gemeinde Friedrichshagen, vertreten durch den Gemeindevorstand, ist der nachstehende Vertrag auf die Dauer von 50 Jahren vom Tage des Abschlusses ab geschlossen worden.

§ 1.

Die Stadtgemeinde Berlin verpflichtet sich, aus dem ihr gehörigen Wasserwerk am Müggelsee der Gemeinde Friedrichshagen das zum öffentlichen und Privatgebrauche erforderliche Wasser zu liefern und zwar bis zur Minimalhöhe des hydrostatischen Druckes von + 60 über N. N. Die Verpflichtung der Wasserlieferung erlischt, sofern die Stadtgemeinde Berlin den Betrieb des Wasserwerks am Müggelsee oder der Wasserwerke überhaupt aufgibt.

§ 2.

Das Wasser wird mittelst Wassermesser, welche an der Grenze der Wasserwerke nach beiliegendem Plan eingebaut werden, abgegeben. Die Verteilung des Wassers an die einzelnen Abnehmer auf dem Gemeindegebiete bewirkt die Gemeinde selbst.

§ 3.

Die Gemeinde Friedrichshagen verpflichtet sich, während der Dauer des Vertrages Wasser nur von der Stadtgemeinde Berlin zu beziehen und weder ein eigenes Wasserwerk anzulegen und zu betreiben, noch betreiben zu lassen.

§ 4.

Die Gemeinde Friedrichshagen ist verpflichtet, für jedes Kubikmeter Wasser, welches nach Maßgabe der Meßapparate geliefert worden ist, den Betrag von 10 (zehn) Pfennigen an die Stadtgemeinde Berlin zu zahlen.

Die Zahlung des Betrages für das gelieferte Wasser ist mit dem Ablaufe jedes Vierteljahres fällig und hat binnen 4 Wochen nach Zustellung der Wasserrechnung zu erfolgen.

§ 5 wie bei Weißensee S. 283.

§ 6.

Sollte die Entnahme von Wasser aus dem Rohrsystem der Gemeinde Friedrichshagen obligatorisch werden, so bleiben die Wasserwerke der Stadtgemeinde Berlin am Müggelsee von diesem Zwange frei.

§ 7 wie § 6 bei Weißensee S. 283.

§ 8.

Die aus der Abgabe von Wasser an die Gemeinde Friedrichs= hagen der Stadtgemeinde Berlin zufließenden Einnahmen dürfen mit einer Steuerabgabe nicht belegt werden.

§ 9.

„Die Gemeinde Friedrichshagen gewährt der Stadtgemeinde Berlin das Recht, Rohrleitungen jeder Art, sowohl für die Wasser= versorgung, als auch für andere Zwecke in den Straßen des Ge= meindebezirks Friedrichshagen ohne Entschädigung zu verlegen.

Die Stadtgemeinde Berlin bleibt jedoch verpflichtet, das Straßenland in demselben Zustande wieder herzustellen, in welchem dasselbe sich vor Legung der Rohrleitungen befunden hat, auch alle innerhalb eines Jahres nach Legung der Röhren etwa erforderlich werdenden Reparaturen, soweit dieselben durch diese Arbeiten veranlaßt sind, auf ihre Kosten auszuführen.

Dieses Recht soll der Stadtgemeinde Berlin dauernd ver= bleiben, auch wenn der gegenwärtige Vertrag aus irgend einem Grunde aufgehoben oder nicht verlängert werden sollte.“

§ 10.

Dieser Vertrag tritt mit dem 1. September 1902 in Kraft.

§ 11.

Beiden Teilen steht das Recht zu, ein Jahr vor Ablauf des Vertrages denselben zu kündigen; erfolgt eine Kündigung nicht, so gilt der Vertrag als auf weitere 10 Jahre verlängert.

§ 12.

Die Stempelkosten des Vertrages trägt die Gemeinde Friedrichshagen.

Berlin, den 19. August 1902.

(L. S.)

Magistrat hiesiger Königl. Haupt- und Residenzstadt.

J. V.

gez. Kirschner.   gez. Hirsekorn.

Friedrichshagen, den 1. September 1902.

gez. Klut.   am Ende.

Gemeindevorsteher.   Schöffe.

— J.-Nr. 2171 Wasser 02. —

Stadtv.-Beschl. v. 26. Juni 1902.   Prot. Nr. 28.   Gem.-Bl. Nr. 27 v. 1902 S. 297.

---

6. Vertrag zwischen der Stadtgemeinde Berlin und der Landgemeinde Berlin-Pankow.

§ 1.

Die auf Grund des Vertrages vom $\frac{\text{25. August}}{\text{2. September}}$ 1908 erfolgende Wasserlieferung für die eisenbahnfiskalische Ölgasanstalt in Berlin-Pankow durch die Berliner Wasserwerke wird seitens der Stadt Berlin unter Verzicht auf die Einhaltung der kontraktlich ausbedungenen Kündigungsfrist alsbald nach Vertragsabschluß eingestellt.

§ 2.

Die vorhandenen 4 Anschlüsse des Wasserrohrnetzes von Berlin-Pankow an die Rohrleitungen der Berliner Wasserwerke werden vom 1. Oktober 1913 ab noch 12 Jahre lang zur Wasserabgabe an die Gemeinde Berlin-Pankow in Notfällen beibehalten.

Die Wasserabgabe durch die Berliner Wasserwerke an die Ge=
meinde Berlin-Pankow erfolgt, soweit es die bestehenden Rohr=
anlagen ohne Schädigung der Interessen Berlins gestatten, bis
zu einer Höchstmenge von 1500 cbm täglich.

§ 3.

Der Preis für das von der Gemeinde Berlin-Pankow ent=
nommene Wasser wird nach Maßgabe des für Berlin gültigen
Tarifs berechnet.

§ 4.

Die Gemeinde Berlin-Pankow hat eine jährliche Entschädi=
gung von 600,— ℳ (Sechshundert Mark) für die Dauer des Be=
stehens der 4 Rohranschlüsse an die Stadt Berlin zu entrichten,
die für die Zeit vom 1. Oktober 1913 bis 31. März 1914 mit
300,— ℳ alsbald nach Vertragsabschluß für die Folge in halb=
jährlichen Raten im voraus Anfang April und Anfang Oktober
jeden Jahres an die Stadthauptkasse in Berlin zu zahlen ist.

§ 5.

Die Wassermesser werden von der Stadt Berlin ohne beson=
deres Entgelt vorgehalten und instandgehalten.

Die übrigen Teile der Anschlußanlagen, die Eigentum der
Gemeinde Pankow sind, werden von der Stadt Berlin auf Kosten
der Gemeinde Pankow unterhalten.

§ 6.

Die Stadt Berlin behält sich das Recht vor, die Anschlüsse
vor dem im § 2 genannten Zeitpunkt aufzuheben, falls die städti=
schen Wasserwerke nach Deckung des eigenen Bedarfs von Berlin
nicht in der Lage sein sollten, die gewünschte Wassermenge an
Berlin-Pankow zu liefern.

§ 7.

Die Wiederentfernung der Anschlüsse erfolgt nach Ablauf
des Vertrages oder nach seiner etwaigen früheren Aufhebung
durch die Stadt Berlin auf Kosten der Gemeinde Berlin-Pankow.

§ 8.

Die Stempelkosten dieses Vertrages trägt die Gemeinde Berlin-Pankow.

Berlin-Pankow, den 25. Oktober 1913.

Vollzogen auf Grund des Gemeindebeschlusses Nr. 7 vom 11. März 1913.

Der Gemeindevorstand.

(L. S.)

Kuhr,   Stawitz,
Bürgermeister.   Beigeordneter.

Berlin, den 4. November 1913.

Magistrat der Königl. Haupt- und Residenzstadt.

(L. S.)

Reicke.   Preuß.

---

7. Zwischen der Stadtgemeinde Berlin und der Stadtgemeinde Spandau wird folgender Vertrag geschlossen:

§ 1.

Die Stadtgemeinde Berlin verpflichtet sich vorbehaltlich ihres jederzeitigen Widerrufs, der Stadt Spandau für den Stadtteil Nonnendamm bis zu 2000 cbm Wasser täglich zu liefern, wenn und solange die Wasserzuführung aus dem Wasserwerk der Stadt Spandau infolge Rohrbeschädigung unterbrochen ist.

Eine Wasserabgabe in anderen Fällen als bei vollständiger Unterbrechung der Wasserzufuhr von dem Spandauer Wasserwerk infolge Rohrbeschädigung insbesondere bei Druckmangel oder für andere Stadtteile als Nonnendamm ist ausgeschlossen.

§ 2.

Die Stadtgemeinde Berlin gestattet zu diesem Zweck der Stadtgemeinde Spandau, die Druckrohrleitung der Berliner Wasserwerke mit dem Wasserzuleitungsrohr des Spandauer

Wasserwerks durch ein Verbindungsrohr von 225 mm lichter Weite zu verbinden.

§ 3.

Der Rohranschluß ist entsprechend dem diesem Vertrage an= gehefteten Plan an der Kreuzung der Nonnendamm Allee und der Straße Rohrdamm im Spandauer Stadtteil Nonnendamm herzustellen.

Das Verbindungsrohr ist so zu legen, daß unmittelbar hinter der Anschlußstelle in dem Spandauer Zuleitungsrohr größere Wasserentnahmestellen sich befinden.

§ 4.

Die sämtlichen durch den Anschluß entstehenden Kosten, Her= stellung einer Wassermessergrube, Einbau eines Wassermessers und dergl. trägt die Stadt Spandau.

Die Ausführung übernimmt die Stadt Berlin zu den Preisen des Werkstattarifs der Wasserwerke.

Der Wassermesser ist von den Berliner Wasserwerken vor= zuhalten und instandzuhalten. Die Stadtgemeinde Spandau zahlt hierfür vom 1. April 1913 ab eine Gebühr von 50 $\mathcal{M}$ jähr= lich, welche am 1. April jeden Jahres im voraus zahlbar ist. Eine Rückzahlung der Gebühr ist bei Widerruf der Genehmigung aus= geschlossen.

§ 5.

Das Spandauer Wasserwerk ist verpflichtet, nach Öffnen des Schiebers jedesmal den Berliner Wasserwerken Nachricht zu geben.

§ 6.

Als Wasserpreis hat die Stadt Spandau für jedes ihr ge= lieferte Kubikmeter Wasser den für die Einwohner Berlins je= weils geltenden Tarifsatz zu zahlen.

§ 7.

Die Stadtgemeinde Spandau haftet der Stadt Berlin für alle Schäden unabhängig vom Verschulden, die an den Anlagen der Stadt Berlin infolge des Bestehens des Anschlusses entstehen.

§ 8.

Die Stadt Berlin ist bei eintretenden Betriebsstörungen oder sonstigen vorübergehenden Unterbrechungen der Wasserlieferung zu einem Schadensersatz wegen Nichterfüllung der in § 1 übernommenen Verpflichtung nicht verpflichtet.

§ 9.

Macht die Stadt Berlin von dem ihr nach § 1 zustehenden Widerrufsrechte Gebrauch oder endigt der Vertrag aus einem anderen Grunde, so hat die Stadt Berlin das Recht, die Anschluß-anlage der Stadt Spandau auf deren Kosten zu beseitigen.

§ 10.

Die Stempelkosten für diesen zweimal auszufertigenden Vertrag übernimmt die Stadt Spandau.

Berlin, den 6. Mai 1913.

Magistrat der Königl. Haupt- und Residenzstadt.

Reicke.   Venzky.

(L. S.)

Spandau, den 15. April 1913.

Magistrat.

Koeltze.   Gamsleber.

(L. S.)

---

8. Verzeichnis der außerhalb des Weichbildes von Berlin belegenen Grundstücke, die von den städtischen Wasserwerken mit Wasser versorgt werden.

A. Städtische Anstalten.

1. im Stadtbezirk Berlin-Lichtenberg:
    a) das städtische Arbeitshaus,
    b) die städtische Waisen-Erziehungsanstalt
    c) die Irrenanstalt Herzberge.

2. im Gutsbezirk Hellersdorf:
    die Anstalt für Epileptische Wuhlgarten.

B. Privat=Grundstücke.

3. im Stadtbezirk Berlin=Schöneberg:

   Teile der Bülowstraße, der Motzstraße und der Zietenstraße.

4. im Stadtbezirk Charlottenburg:

   2 Grundstücke in der Kurfürstenstraße an der Weichbildgrenze.

5. im Stadtbezirk Neukölln:

   das städtische Unfallkrankenhaus Hasenheide 80—87.

6. im Gemeindebezirk Berlin=Pankow:

   der Sophienkirchhof in der Freienwalder Straße.

7. im Gemeindebezirk Berlin=Tempelhof:

   das Steuerhäuschen an der Bellealliancestraße.

8. im Gutsbezirk Köpenick Forst:

   das Königliche Institut für Binnenfischerei,
   die Königliche Seezeichen=Versuchsanstalt.

Zentrale Buch.

1. Zweck der Zentrale.

Durch Beschluß der Gemeindebehörden vom 12. VI./26. VI. 03 — Vorlage 548/03 — wurde im April 1906 für sämtliche auf dem städtischen Gelände in Buch erbauten städtischen Anstalten, wie die III. Irrenanstalt, das Hospital und die Heimstätte für Genesende eine gemeinschaftliche Zentrale zur Bereitung des Dampfes für Heiz- und Wirtschaftszwecke, zur Bereitung von Warmwasser, zur Wasserbeschaffung überhaupt und zur Erzeugung des elektrischen Stromes, ferner eine Zentrale für den Wäschereibetrieb und eine Bäckerei errichtet, welche nunmehr auch für die in Buch weiterhin in Aussicht genommenen städtischen Anstalten und Verwaltungen, wie die IV. Irrenanstalt und die Heilstätte nutzbar gemacht wird.

Der Zweck der Errichtung einer solchen Zentrale war hauptsächlich darin begründet, daß gegenüber von Einzelanlagen sowohl an Ausführungs- wie auch an Betriebskosten wesentliche Ersparnisse erzielt würden.

Wenn auch die Zentrale zunächst für die III. Irrenanstalt, das Hospital und die Heimstätte projektiert und ausgeführt worden ist, so wurden dennoch weitere Anstalten bei der Anlage berücksichtigt. So wird beispielsweise auch das Rieselgut Buch nebst Hobrechtsfelde von der Zentrale mit elektrischer Kraft gespeist.

Unter dieser Voraussetzung wurden seitens der Hochbauverwaltung die speziellen Entwürfe zu einer Zentrale ausgearbeitet und hiernach der Bau vollzogen. Er enthält im einzelnen:

1. das Kesselhaus mit z. Zt. 20 Kesseln und einer Bunkeranlage,

2. das Maschinenhaus für die elektrischen Maschinen und für die Akkumulatoren,

3. Dampfschornsteine,

4. Waschküche mit Roll= und Plätträumen. Das Gebäude
selbst mußte schon in seinem ganzen, auch dem künftigen
Bedarf genügenden Umfange ausgeführt werden.

5. die Bäckerei,

6. die Pumpstation mit Reinwasserbassins,

7. Wasserturm, der zur Aufnahme eines etwa 500 cbm fassen=
den Behälters dient,

8. Rundkanal. Die Dampf=, Warmwasser= und Kondens=
leitungen sowie die Hauskabelleitungen werden den ein=
zelnen Anstalten von der Zentrale aus durch unterirdische
Rundkanäle zugeführt.

9. Anschlußgleis. Das ursprünglich vorhandene Anschluß=
gleis mußte infolge der Höherlegung der Bahnstrecke
Berlin—Bernau entsprechend umgebaut werden.

10. Zentraldispensieranstalt. Die Notwendigkeit der Erbauung
einer gemeinsamen Dispensieranstalt für sämtliche in Buch
errichteten und noch zu errichtenden Anstalten hat sich aus
ähnlichen Gründen ergeben; denn nicht nur die laufenden
Betriebskosten, sondern auch die Anlagekosten waren wesent=
lich geringer, als wenn sämtliche Anstalten mit gesonderten
Dispensieranstalten versehen worden wären. Weitere Vor=
teile waren darin zu erblicken, daß durch Errichtung eines
Tag= und Nachtbetriebes eine geregelte Arzneiversorgung
von der Zentralanstalt aus erfolgen kann, während die nur
mit je einem Apotheker besetzten Einzeldispensieranstalten
dies nicht zu leisten vermochten.

Die Genehmigung zur Eröffnung der Anstalt ist durch
Verfügung des Königlichen Regierungs=Präsidenten vom
31. XII. 06 erteilt worden.

Für die Apotheker ist unterm 27. VII. 07 eine Dienst=
anweisung erlassen[1]).

11. Fernsprechzentrale.

---

[1]) Vgl. Dienstanweisung für die Apotheker der Zentraldispensier=
anstalt in Buch vom 27. VII. 07.

2. Organisation.

Der Umfang der zahlreichen Betriebe machte die Einrichtung einer selbständigen Verwaltung notwendig[1]).

Für die Seelsorge der evangelischen Pfleglinge sämtlicher städtischen Anstalten in Buch ist am 1. April 1909 die Stelle eines Geistlichen neu eingerichtet und besetzt worden. Eine selbständige Parochie für die Anstalten wird hierdurch ebensowenig wie ein Pfarramt im Sinne der Kirchengesetze über das Diensteinkommen der Geistlichen gebildet. Die Übertragung der Stelle erfolgt durch Vertrag, der von beiden Teilen mit dreimonatlicher Frist aufgekündigt werden kann. Die Bewilligung von Ruhegeld und Hinterbliebenenversorgung richtet sich nach dem Gemeindebeschluß für die ohne Pensionsberechtigung im Dienste der Stadt dauernd beschäftigten Personen vom 16. Januar/13. März 1908.

Der Anstaltsgeistliche ist verpflichtet, in den beiden großen Anstalten (III. Irrenanstalt und Hospital) sonntäglich, in der Heimstätte allmonatlich Gottesdienst zu halten, das Abendmahl zu spenden, sowohl an gewissen Sonn- und Feiertagen den versammelten Pfleglingen als auch auf besonderen Wunsch an einzelne geistlichen Trost zu gewähren und für gestorbene Pfleglinge die Begräbnisfeier abzuhalten. Das Königl. Konsistorium der Provinz Brandenburg hat sich mit dieserSeelsorgeregelung einverstanden erklärt.

2. Verhandelt Berlin, den 26. Juni 1903, in der Sitzung der Stadtverordnetenversammlung.

Die Versammlung genehmigt den ihr vorgelegten speziellen Entwurf sowie den mit 2 985 000 ℳ abschließenden Kostenanschlag zum Neubau der Zentrale für Beleuchtung, Heizung und Wasserversorgung in Buch und stellt die im Spezialetat 35 pro 1903 Extraordinarium Titel II D a 4 für diesen Bau vorgesehene I. Baurate von 500 000 ℳ zur Verfügung.

---

1) Vgl. Geschäftsanweisung für die Verwaltung der städtischen Zentrale in Buch vom 30. X. 13.

3. Geschäftsanweisung für die Verwaltung der städtischen Zentrale in Buch.

Die unter dem Namen der Zentrale zusammengefaßten gemeinschaftlichen Einrichtungen der städtischen Anstalten in Buch bestehen aus folgenden Zweigen:

I. **Anlagen und Einrichtungen der Betriebszentrale**

   a) zur Lieferung von elektrischem Strom,

   b) zur Lieferung von kaltem und heißem Wasser,

   c) zur Lieferung von Dampf zur Heizung und für Kochzwecke,

   d) zur Lieferung von Backwaren und Mehl,

   e) zur Lieferung von Brennstoffen,

   f) zur Wäschereinigung,

   g) zu Ausbesserungen an den maschinellen und sonstigen Anlagen der städtischen Anstalten,

   h) zur Versorgung der Beleuchtungskörper, Leitungen und Motore der städtischen Anstalten,

   i) zur Entwässerung der städtischen Anstalten,

   k) für die Fernsprechvermittelung.

II. **Zentraldispensieranstalt**

zur Lieferung von Arzneien, kohlensäurehaltigen Getränken und Hausbedürfnissen.

III. **Sonstige Einrichtungen.**

A. Kuratorium der Zentrale.

§ 1.

Die Verwaltung der Zentrale und die Aufsicht über den Betrieb führt ein aus 4 Magistratsmitgliedern, 8 Stadtverordneten, einem Bürgerdeputierten und einem Magistratsrat (vgl. Ortsstatut vom 10. 3. 92/19. 3. 02) bestehendes Kuratorium, welches den Namen „Kuratorium der städtischen Zentrale Buch" führt, und zu welchem die Vorsteher des Entwurfsbureaus und des Heizbureaus der städtischen Hochbaudeputation als technische Beiräte hinzugezogen werden können.

Das Kuratorium ist dem Magistrat unterstellt. Es hat bei der Verwaltung der Zentrale den ihm zugefertigten Etat sowie die für die städtische Verwaltung und die Zentrale im besonderen erlassenen allgemeinen Anordnungen des Magistrats als Richtschnur zu nehmen.

Für das Geschäftsverfahren und die Stellung des Kuratoriums zum Magistrat sind die §§ 2 ff. der Instruktion für die Stadtmagistrate vom 25. 5. 1835 und die sonst erlassenen allgemeinen Bedingungen maßgebend.

<h3 style="text-align:center">§ 2.</h3>

Der Geschäftsbereich des Kuratoriums erstreckt sich auf:

1. allgemeine Angelegenheiten der Zentrale,

2. die Betriebe der Zentrale (Betriebszentrale, Zentraldispensieranstalt),

3. die Wahrnehmung der sonstigen gemeinschaftlichen Interessen der Bucher Anstalten, wie Seelsorge usw.

Das Kuratorium ist die nächste Aufsichtsinstanz für den Betriebsleiter, den Oberapotheker und den Bureauleiter. (Vgl. Abschnitt B—D.)

<h3 style="text-align:center">§ 3.</h3>

Zu den unmittelbaren einzelnen Geschäften des Kuratoriums gehören insbesondere:

a) die allgemeinen Verwaltungsangelegenheiten sowie alle Anträge und Berichte an den Magistrat und die Vorbereitung solcher an sonstige vorgesetzte Behörden,

b) die Aufstellung der Etatsentwürfe,

c) die Anweisung an die Kasse zur Vereinnahmung und Verausgabung von Geldbeträgen usw. gemäß den Bestimmungen und innerhalb der durch den Etat und besondere Bewilligungen zur Verfügung gestellten Mittel,

d) die Prüfung der Betriebskostenberechnungen sowie die Prüfung und Erläuterung der Jahresabschlüsse der Stadthauptkasse für den Bereich der Zentrale,

e) die Aufstellung der Vermögensübersichten,

f) die Erstattung der jährlichen Verwaltungsberichte,

g) die Einziehung der Forderungen für Lieferungen von
Dampf, Wasser, elektrischem Strom, Backwaren, gereinigter
Wäsche, Arzneimitteln usw. von den beteiligten Anstalten
und sonstigen Abnehmern,

h) die Entscheidungen über etwaige Abänderungen im Betriebe
der Zentrale, über den Ankauf von Chemikalien, Drogen und
Inventarienstücken für die Zentraldispensieranstalt, sowie
über Neuanschaffung von Maschinen, Maschinenteilen und
sonstigen Gegenständen von Bedeutung, ferner die Ent=
scheidung über die Leistung unvorhergesehener Ausgaben
und von Ausgaben für Versuche, sowie die Entscheidung über
die Verwendung der zur baulichen Unterhaltung im Etat
vorgesehenen Mittel nach Maßgabe des § 10 der Geschäfts=
anweisung der Hochbaudeputation vom 28. 6. 1909,

i) der Abschluß von Verträgen,

k) die Annahme der Apotheker, der Maschinenmeister, des
Backmeisters, des Materialienverwalters, der Oberwäscherin,
des 1. Apothekendieners und des Fernsprechpersonals nach
Anhörung des Betriebsleiters bzw. des Oberapothekers im
Wege des Privatdienstvertrages; die weiteren Apotheken=
diener werden durch den Oberapotheker angenommen; das
übrige Dienst= und Arbeitspersonal nimmt der Betriebsleiter
an; die Anstellung des Betriebsleiters und des Oberapothe=
kers erfolgt auf Vorschlag des Kuratoriums durch den Ma=
gistrat,

l) die Verwendung der zu einmaligen Unterstützungen und für
Seelsorge in den Etat eingestellten Mittel.

§ 4.

Das Kuratorium versammelt sich nach Bedürfnis zu Sitzun=
gen. Angelegenheiten von größerer Wichtigkeit, insbesondere solche,
die dem Magistrat vorzulegen sind, sollen in der Kuratoriums=
sitzung zur Beschlußfassung vorgetragen werden.

Der Vorsitzende beruft und leitet die Sitzungen nach den Be=
stimmungen der Geschäftsordnung für die Sitzungen der Ver=
waltungsdeputationen des Magistrats vom 20. Februar 1876,
jedoch müssen die Einladungen zu den Sitzungen nebst der Tages=

ordnung spätestens 3 Tage vor dem Sitzungstage in den Händen der Mitglieder sein.

Der Vorsitzende ist verpflichtet, eine Sitzung anzuberaumen, sobald 3 Mitglieder des Kuratoriums es beantragen.

§ 5.

Aus den Mitgliedern des Kuratoriums wird vom Vorsitzenden ein Hauskurator ernannt, dem die Prüfung der Material- und Inventarbestände obliegt, und der bei Inventarbeschaffung, baulicher Unterhaltung, Ausführung von Reparaturen mitzuwirken hat. Ebenso bedürfen die Rechnungen über diese Gegenstände seiner Bescheinigung. Zu den jährlichen Baubereisungen wird der Hauskurator eingeladen.

§ 6.

Die Mitglieder des Kuratoriums sind befugt, jederzeit den Betrieb der Zentrale zu besichtigen, sowie etwaige Baustellen zu betreten. Sie erhalten zu diesem Zweck auf Wunsch eine Legitimationskarte. Die etwa anwesenden Angestellten sind verpflichtet, den Kuratoriumsmitgliedern auf Verlangen Auskunft zu geben.

§ 7.

Das Kuratorium ist berechtigt, die Ausführung von Anordnungen und Maßregeln des Betriebsleiters zu beanstanden und befugt, in dringenden Fällen den Betriebsleiter seiner Tätigkeit zu entheben. In letzterem Falle ist es verpflichtet, sofort diejenigen Maßregeln zu treffen, die es zur Abwendung eines Nachteiles für die Stadtgemeinde für notwendig hält, und dem Oberbürgermeister von dem Geschehenen Kenntnis zu geben. Ist Eile geboten, so kann der Vorsitzende diese Befugnisse ausüben.

B. Betriebsleiter der Zentrale.

§ 8.

Der Betriebsleiter hat die Betriebszentrale (vgl. Vorbemerkung zu A) unter Aufsicht des Kuratoriums zu leiten. Er ist dafür verantwortlich, daß die Betriebszentrale in allen ihren Teilen jederzeit betriebsfähig ist und den an sie gestellten Anforderungen genügt. Er ist verpflichtet, seine ganze Zeit und Kraft dem Dienste der Stadt zu widmen. Sobald das Kuratorium der Zentrale oder eine der in Buch gelegenen städtischen Anstalten seines Rates oder seiner Mitarbeit bedürfen, ist er verpflichtet, dieselben zu gewähren, auch wenn es sich dabei nicht um seinen engeren Wirkungskreis handelt. Die Übernahme eines Nebenamtes oder einer Nebenbeschäftigung gegen Entgelt ist dem Betriebsleiter ohne vorherige Genehmigung des Magistrats nicht gestattet.

§ 9.

Der Betriebsleiter ist dem Kuratorium der Zentrale unterstellt; den Anordnungen desselben ist er Folge zu leisten schuldig. Er hat diesem von allen wichtigen Vorkommnissen Bericht zu erstatten und auf Einladung den Sitzungen des Kuratoriums mit beratender Stimme beizuwohnen.

Von besonders wichtigen Ereignissen, die in der Öffentlichkeit Aufsehen erregen könnten, hat er außer dem Vorsitzenden des Kuratoriums auch dem Oberbürgermeister auf kürzestem Wege Anzeige zu machen.

Das Bureau und die Kasse der Zentrale sind dem Betriebsleiter nicht unterstellt, vielmehr sind der Bureauleiter wie der Oberapotheker der Zentraldispensieranstalt dem Betriebsleiter gleichgestellt. Das Bureau hat aber die Registratur- und Kanzleiarbeiten für den gesamten dienstlichen Schriftwechsel des Betriebsleiters nach den Bestimmungen der ihm erteilten Geschäftsanweisung (vgl. Abschnitt D) zu erledigen.

§ 10.

Der Betriebsleiter ist verpflichtet, bei seiner dienstlichen Tätigkeit nach den Verfügungen des Magistrats und des Kuratoriums zu verfahren und den Etat zur Richtschnur zu nehmen. Sollte sich im Laufe des Etatsjahres herausstellen, daß eine Überschreitung der verfügbaren Mittel unvermeidlich wird, so hat der Betriebsleiter so zeitig wie möglich dem Kuratorium davon Anzeige zu machen und den Antrag auf Nachbewilligung der erforderlichen Mittel zu stellen.

§ 11.

Den Ankauf von Hausbedürfniſſen, Materialien und Reparaturgegenſtänden bis zum Betrage von 500 ℳ kann der Betriebsleiter unter Mitwirkung des Hauskurators ſelbſtändig ausführen. Darüber hinaus iſt das Kuratorium zu hören.

Bei Anſchaffungen im Werte von über 1000 ℳ hat Ausſchreibung zu erfolgen.

Alle Beſtellungen auf Lieferungen und Leiſtungen für die Betriebszentrale haben grundſätzlich auf Beſtellzettel, die der Betriebsleiter zu vollziehen hat, zu geſchehen. Die Beſtellzettel werden durch das Bureau der Zentrale nach Notierung im Beſtellbuch abgeſandt. Die gelieferten Gegenſtände und die geleiſteten Arbeiten hat der Betriebsleiter nach Güte, Preis und Beſchaffenheit zu revidieren, die Richtigkeit der Rechnungen hat er zu beſcheinigen.

Bei notwendigen größeren maſchinellen Reparaturen und Abänderungen, die über den Rahmen der gewöhnlichen Unterhaltung hinausgehen, ſowie bei erforderlichen Betriebserweiterungen hat der Betriebsleiter rechtzeitig beim Kuratorium Anträge zu ſtellen und zu begründen.

§ 12.

Alljährlich bis zu den vom Kuratorium beſtimmten Terminen hat der Betriebsleiter die Unterlagen für die Aufſtellung des neuen Etats und der Betriebskoſtenberechnung zu beſchaffen und dem Kuratorium vorzulegen, ſowie den Entwurf des auf ſeinen Geſchäftsbereich bezüglichen Teiles des jährlichen Verwaltungsberichtes zu fertigen.

§ 13.

Die Annahme und Entlaſſung des geſamten Betriebsperſonals der Zentrale, ſoweit dieſelbe nicht nach den Beſtimmungen über die Errichtung und Tätigkeit eines Arbeiterausſchuſſes oder nach den allgemeinen Beſtimmungen (§ 3) dem Magiſtrat oder dem Kuratorium vorbehalten iſt, erfolgt durch den Betriebsleiter innerhalb der Grenzen und nach den Beſtimmungen des Etats.

Der Betriebsleiter iſt der Vorgeſetzte des geſamten Betriebsperſonals, das er anzuleiten und zu beaufſichtigen hat. In dringenden Fällen ſteht ihm das Recht der vorläufigen Dienſtenthebung zu, jedoch hat er davon dem Vorsitzenden des Kuratoriums sofort unter Angabe der Gründe Mitteilung zu machen. Die Lohnlisten des ihm unterstellten Personals hat er zu prüfen und zu bescheinigen.

§ 14.

In seinem Geschäftsbereich ist der Betriebsleiter für den gesamten Betrieb allein verantwortlich. Bei Beschädigungen der Maschinenanlagen hat er die Entstehungsursache und eventuell den Täter sofort festzustellen und dem Kuratorium über das Ergebnis zu berichten.

§ 15.

Es ist die besondere Aufgabe des Betriebsleiters, darauf hinzuwirken, daß mit der größten Sparsamkeit an Personal und Betriebsmitteln der möglichst höchste Nutzeffekt erzielt wird.

§ 16.

Wenn der Betriebsleiter durch seine Beobachtungen die Überzeugung gewinnt, daß durch gewisse Änderungen, sei es an den Anlagen selbst, oder in der Betriebsführung, durch Einführung von Verbesserungen in Konstruktion oder Betriebsmaterial eine Erhöhung der Leistungsfähigkeit oder größere Übersichtlichkeit, Sicherheit und Kostenermäßigung des Betriebes erzielt werden können, so hat er entsprechende Vorschläge bei dem Kuratorium zu machen und zu begründen. Auch soll er bemüht sein, sich dauernd über technische Neuheiten zu unterrichten und zu prüfen, ob deren Einführung für den Betrieb von Vorteil ist.

§ 17.

Dem Betriebsleiter unterstehen mit Ausnahme der Zentraldispensieranstalt, für die besondere Bestimmungen in der vom Magistrat erlassenen Dienstanweisung für die Apotheker vom 27. Juli 1907 bestehen, sämtliche Gebäude und Baulichkeiten der Zentrale mit ihren inneren Einrichtungen, sowie die Be- und Entwässerungs-, Dampf-, Feuerungs-, Ventilations-, Beleuchtungs- und Telephonanlagen der in Buch südlich der Bahn gelegenen städtischen Anstalten und das Anschlußgleis. Er hat für die Instandhaltung dieser Anlagen und Einrichtungen und dafür zu sorgen, daß notwendig werdende Reparaturen rechtzeitig und sachgemäß ausgeführt werden, sowie den Betrieb auf der Anschlußbahn nach Maßgabe der für denselben erlassenen besonderen Dienstanweisung zu überwachen.

§ 18.

Der Betriebsleiter führt die Aufsicht über das gesamte Inventar der Betriebszentrale. Er hat dafür zu sorgen, daß es ordnungsmäßig instandgehalten und unter Mitwirkung des Hauskurators ergänzt wird. Ferner liegt ihm ob, dafür zu sorgen, daß jederzeit ausreichende Vorräte an Materialien und Inventarstücken vorhanden sind, und daß sie zweckmäßig und sicher aufbewahrt werden. Von der Richtigkeit der Inventarbestände und der Vorräte hat er sich Überzeugung zu verschaffen.

§ 19.

Der Betriebsleiter ist allein dafür verantwortlich, daß die seinen Wirkungskreis berührenden gesetzlichen und polizeilichen Bestimmungen genau befolgt werden, insbesondere die auf die Wartung und Revision der Kessel bezüglichen.

§ 20.

Er hat darauf zu achten, daß in allen Teilen der Betriebszentrale zu jeder Zeit die möglichste Sauberkeit herrscht, und daß das ihm unterstellte Personal stets in ordentlicher Kleidung erscheint.

§ 21.

Die Anwesenheit des Betriebsleiters hat sich in der Betriebszentrale den Betriebszeiten anzupassen. Bei Betriebsstörungen und unaufschiebbaren Arbeiten muß er jederzeit zur Verfügung stehen; auch an Sonn- und Feiertagen hat er den Betrieb zu kontrollieren.

In Krankheits- und sonstigen Behinderungsfällen hat der Betriebsleiter dem Vorsitzenden des Kuratoriums sofort Anzeige zu erstatten.

Für die Beurlaubung sind die Bestimmungen der Urlaubsordnung maßgebend.

§ 22.

Der Betriebsleiter ist nach der allgemeinen Feuerlöschordnung für die städtischen Anstalten in Buch vom 3. Juni 1908 Feuerlöschkommissar. Er hat in dieser Eigenschaft nach Maßgabe der in der Feuerlöschordnung enthaltenen Bestimmungen über die Feuersicherheit der Anstalten und der Zentrale zu wachen und dafür Sorge zu tragen, daß die Mannschaften der Anstaltswehren im Löschdienst gehörig ausgebildet werden.

C. Oberapotheker der Zentraldispensieranstalt.

§ 23.

Die dienstliche Tätigkeit des Oberapothekers ist in der vom Magistrat am 27. Juli 1907 erlassenen Dienstanweisung für die Apotheker der Zentraldispensieranstalt geregelt.

D. Bureau der Zentrale.

§ 24.

Sämtliche Angelegenheiten der Zentrale, zu denen auch die Registratur und Kanzleiarbeiten für den dienstlichen Schriftwechsel des Betriebsleiters und des Oberapothekers gehören, werden durch das Bureau der Zentrale erledigt. Außerdem werden im Bureau, solange der Bureauleiter zugleich Gutsvorsteher und Standesbeamter ist, die Bureau- und Kassengeschäfte des Gutsvorstandes und Standesbeamten besorgt.

§ 25.

Für das Bureau sind die Bestimmungen der allgemeinen Bureauordnung vom 28. Oktober 1874 und deren Abänderungen und Ergänzungen maßgebend.

Der Bureauleiter ist dafür verantwortlich, daß die Bureaugeschäfte nach den für die städtische Verwaltung erlassenen allgemeinen und den folgenden besonderen Bestimmungen pünktlich erledigt werden.

§ 26.

Der Bureauleiter ist gemäß der Bureauordnung der nächste Vorgesetzte des gesamten Bureaupersonals. Er hat die Arbeiten zu verteilen, deren sachgemäße Erledigung zu kontrollieren, die Geschäftsführung jedes einzelnen zu beaufsichtigen, mangelhafte oder nachlässige Wahrnehmung der Geschäfte oder vorkommende Unregelmäßigkeiten zu rügen und nach Umständen dem Kuratorium davon Anzeige zu machen. Er ist Expedient für die wichtigeren Kuratoriums- und Magistratssachen und hat erforderlichenfalls die Verfügungsentwürfe gemäß den allgemeinen oder besonderen Anweisungen der Dezernenten oder des Vorsitzenden des Kuratoriums zu fertigen.

§ 27.

Außer den den Bureaus der städtischen Verwaltungen im allgemeinen obliegenden Geschäften erledigt das Bureau der Zentrale nach folgende Geschäfte:

1. Führung des Bestellbuches zwecks Kontrolle über die verbrauchten Mittel und über den Eingang und Verbleib der Rechnungen.

2. Anlegung und Führung der Materialien- und Reparaturkontrollkarten, Buchung der Einnahme- und Ausgabebelege, Aufrechnung sämtlicher Karten nach Menge und Geldwert, Übertragung des Geldwertes (Ausgabe + Bestand) in das Betriebskostenmanual.

3. Aufstellen der Lohnlisten nach den Lohnbüchern, Personallisten und Aufnahmeverhandlungen mit dem vom Betriebsleiter einzustellenden Personal, Kontrolle für die Berufsgenossenschaft behufs Feststellung der Arbeitstage und der gezahlten Löhne, Rechnungskontrolle (Journal), Unfallmeldungen, Führung der An- und Abmeldelisten für das Meldebureau und dergleichen.

4. Führung des Betriebskostenmanuals und Aufstellung der Betriebskostenberechnung nach Abschluß der Materialkontrollen.

5. Vorschußkasse, wöchentliche und monatliche Lohnzahlungen, Führung des Heberegisters für die Betriebskrankenkasse. Einziehung der Kosten für Lieferung von elektrischem Licht,

Waffer, Backwaren und dergleichen von den Dienſtwoh=
nungsinhabern und privaten Abnehmern, Einziehen der
Staats=, Ergänzungs= und Kreisſteuern, ſowie der Beiträge
zu den Schulabgaben, Annahme von Begräbnisgebühren für
den Anſtaltsfriedhof.
6. Abſchluß der Backbücher, Berechnung der Koſten für die Ab=
gabe von Waſſer, Dampf, Strom, Backwaren und für Wäſche=
reinigung.
7. Erledigung ſämtlicher Arbeiten für den Gutsvorſtand.
8. Desgleichen für das Standesamt (Gut Buch, Gemeinde Buch,
Karow, Schwanebeck und Birkholz).

§ 28.

Der Bureauleiter hat allmonatlich eine Reviſion der Kaſſe vor=
zunehmen und etwaige Abweichungen zwiſchen den Ergebniſſen
der Bücher und dem Kaſſenbeſtande zur Kenntnis des Kuratoriums
zu bringen.

§ 29.

Der Bureauleiter hat namentlich den gehörigen Verſchluß des
Kaſſenlokals zu überwachen und gegebenenfalls rechtzeitig Anträge
zu ſtellen, damit die erforderlichen Vorkehrungen zur Sicherung
des Kaſſenlokals und der Kaſſenbehältniſſe gegen Feuersgefahr,
Einbruch und Diebſtahl getroffen werden können.

§ 30.

Sollten dort, wo die Gebiete der Tätigkeiten des Betriebs=
leiters, des Oberapothekers und des Bureauleiters ineinander
greifen, die von ihnen getroffenen Anordnungen ſich in einem be=
ſonderen Falle widerſprechen und eine Einigung nicht ſofort zu=
ſtande kommen, ſo iſt zwecks Regelung der Angelegenheit die Ent=
ſcheidung des Vorſitzenden des Kuratoriums herbeizuführen.

Berlin, den 31. Oktober 1913.

Magiſtrat hieſiger Königl. Haupt= und Reſidenzſtadt.
Reicke.

4. Dienſtanweiſung für die Apotheker der Zentraldispenſier= anſtalt in Buch.

§ 1.

Alle Apotheker der Zentraldispenſieranſtalt unterſtehen dem Kuratorium für die ſtädtiſche Zentrale Buch. Der Oberapotheker iſt dieſem unmittelbar unterſtellt, während die Apotheker zunächſt dem Oberapotheker untergeordnet ſind.

§ 2.

Der Oberapotheker leitet den geſamten, auch die Selterwaſſer= fabrikation umfaſſenden Apothekenbetrieb und iſt für die Leitung den ſtädtiſchen und ſtaatlichen Behörden verantwortlich. Bei Be= hinderung oder Beurlaubung des Oberapothekers geht die Vertre= tung mit der Verantwortung auf den dienſtälteſten Apotheker über.

§ 3.

Der Oberapotheker teilt den Dienſt für die Apotheker und die Apothekendiener ein und trifft innerhalb der ihm übertragenen Befugniſſe alle Anordnungen, die im Intereſſe des Apothekenbe= triebes geboten erſcheinen.

§ 4.

Die Zentraldispenſieranſtalt iſt an Wochentagen von 8 Uhr morgens bis 7 Uhr abends, an Sonn= und Feiertagen von 8 Uhr morgens bis 2 Uhr nachmittags geöffnet zu halten. Auch während der übrigen Stunden (ſowohl tags wie nachts) ſind Medikamente uſw. auf Verlangen zu verabfolgen, und zwar hat der den Tages= dienſt verſehende Apotheker dafür Sorge zu tragen, daß er durch die an der Haustür angebrachte Klingel herbeigerufen werden kann. Der Oberapotheker nimmt an dem Tagesdienſt teil, wenn außer ihm nur noch ein Apotheker dienſtlich tätig iſt.

§ 5.

Die Deckung des Bedarfs an Chemikalien, Drogen und In= ventarienſtücken wird an denjenigen Lieferanten übertragen, welchem auf dem Wege einer beſchränkten Submiſſion durch das Kuratorium der Zuſchlag erteilt iſt.

§ 6.

Die eingelieferten Drogen und Chemikalien hat der Ober=
apotheker auf Identität, Reinheit und richtiges Gewicht zu prüfen,
alle Wareneingänge in die Materialien= bezw. Inventarienkon=
trolle einzutragen und die eingegangenen Rechnungen, mit der
Richtigkeitsbescheinigung und eventuellen notwendigen Erläute=
rungen versehen, bis zum 6. eines jeden Monats dem Rechnungs=
revisor zu übersenden. Die von letzterem zurückgesandten Rechnun=
gen hat er darauf dem Kuratorium zur Zahlungsanweisung einzu=
reichen.

§ 7.

Am Anfange eines jeden Vierteljahres hat der Oberapotheker
die Rechnung für die Betriebskrankenkasse der Stadt Berlin auszu=
schreiben und mit den Rezeptbelegen einzusenden und auch den ein=
zelnen Anstalten Rechnungen über gelieferte Medikamente und
Selterwasser zugehen zu lassen. Ebenfalls vierteljährlich hat er der
Zentrale und den Anstalten Rechnungsaufstellungen über die von
ihren Angestellten gegen zu zahlendes Entgelt entnommenen Me=
dikamente usw. zu übermitteln.

§ 8.

Am Schluß des Rechnungsjahres ist der gesamte Warenbestand
aufzunehmen. Den Wert dieses wie auch den stattgehabten gesamten
Jahresverbrauch hat der Oberapotheker rechnerisch festzustellen und
eine Nachweisung hierüber anzufertigen. Bis zum 20. April eines
jeden Jahres hat er nach Maßgabe der hierfür getroffenen Be=
stimmungen den Anstalten die J a h r e s rechnung über ihren
Arzneiverbrauch auszuschreiben und einzureichen.

§ 9.

Anträgen der A n s t a l t s l e i t e r auf Untersuchung von Nah=
rungs=, Genußmitteln und Gebrauchsgegenständen hat der Ober=
apotheker Folge zu geben. Nach Fertigstellung des städtischen Unter=
suchungsamtes kommen für die Untersuchung in der Zentraldispen=
sieranstalt nur solche Nahrungsmittel usw. in Betracht, für die eine
beschleunigte Untersuchung geboten ist. (Insbesondere Milch.)

Die fortlaufende Unterſuchung der in der Zentrale verwandten Seife bzw. Seifenpulver obliegt dem Oberapotheker gleichfalls.

Von den Anſtaltsärzten beantragte chemiſch-phyſiologiſche und toxikologiſche Unterſuchungen hat der Oberapotheker gleichfalls auszuführen. Für größere Unterſuchungen dieſer Art iſt den Anträgen die Genehmigung des Anſtaltsleiters beizufügen.

§ 10.

Bezüglich notwendiger Reparaturen und Änderungen am Hauſe, der Waſſer-, Dampf- und Lichtanlage hat ſich der Oberapotheker an den Betriebsleiter der Zentrale zu wenden.

§ 11.

Alle Apotheker ſind für die von ihnen ausgeführten pharmazeutiſchen Arbeiten perſönlich verantwortlich. Die Amtsverſchwiegenheit haben ſie ſtreng zu beobachten und mit größter Gewiſſenhaftigkeit ihren Dienſtverpflichtungen nachzukommen. Die vorgeſchriebenen Dienſtſtunden haben ſie genau innezuhalten und in beſonderen Fällen auch darüber hinaus den Dienſt fortzuſetzen.

§ 12.

Die Beurlaubung des Oberapothekers und der Apotheker erfolgt nach der Urlaubsordnung (§ 2). Einen Urlaubsplan hat der Oberapotheker alljährlich bis zum 1. Mai dem Kuratorium einzureichen.

§ 13.

Zuſätze und Abänderungen dieſer Dienſtanweiſung bleiben vorbehalten.

Berlin, den 27. Juli 1907.

Magiſtrat hieſiger Königl. Haupt- und Reſidenzſtadt.

Reicke.

5. Arbeitsordnung für das Betriebspersonal der städtischen Zentrale Buch.

I. Annahme des Personals.

a) Die Annahme erfolgt durch den Betriebsleiter der Anstalt bzw. den dazu beauftragten Beamten. Jeder Neueingetretene hat zunächst die Quittungskarte der Invalidenversicherung, erforderlichenfalls die Belege über Krankenversicherung und das Arbeitsbuch vorzulegen, sodann die Arbeitsordnung, von welcher ihm ein Abdruck übergeben wird, genau einzusehen und zu unterschreiben. Der Neueintretende verpflichtet sich damit zu ihrer genauen Befolgung.

b) Jede beim hiesigen Werk beschäftigte Person ist verpflichtet, der auf Grund des Reichsgesetzes vom 1. Juni 1883 errichteten Betriebskrankenkasse der Stadtgemeinde Berlin als Mitglied beizutreten.

II. Auflösung des Arbeitsverhältnisses.

a) Die Aufkündigung des Arbeitsverhältnisses ist für beide Teile an eine Frist nicht gebunden. Nur mit den auf derselben Betriebsstätte ununterbrochen länger als 6 Monate beschäftigten Arbeitern ist auf ihr Ansuchen eine einwöchige, jedem Teile zustehende Kündigungsfrist zu vereinbaren. Die Entlassung erfolgt durch den Betriebsleiter bzw. durch seinen Stellvertreter.

b) Die Meldung von der Aufkündigung des Arbeitsverhältnisses hat nach Mitteilung an den nächsten Vorgesetzten im Bureau während der üblichen Bureaustunden zu erfolgen.

c) Ist der Entlassene 3 Jahre im Betriebe beschäftigt, so ist von seiner Entlassung dem Vorsitzenden des Kuratoriums unter Angabe der Gründe Kenntnis zu geben.

Zur Entlassung oder zur Aufkündigung des Dienstverhältnisses der Mitglieder und der Ersatzmitglieder des Arbeiterausschusses bedarf es der Genehmigung des Magistrats.

III. Arbeitszeit.

a) Die tägliche Arbeitszeit, in welche Ruhepausen nicht einge=
rechnet werden, dauert für das technische Betriebs= und Ar=
beitspersonal in der Regel 10 Stunden und wird dem Be=
dürfnis des Betriebes entsprechend auf die Tages=, und Nacht=
stunden verteilt.

Für das weibliche Wäschereipersonal, die Bäcker, Apothe=
kendiener, den Pförtner, Nachtwächter und Kutscher sind be=
sondere Dienstzeiten festgesetzt.

b) Etwa notwendig werdende, durch den Betrieb bedingte Ände=
rungen in den festgesetzten Arbeitszeiten, wie auch Über= und
Nachtstunden werden dem Personal besonders mitgeteilt
und sind von diesem einzuhalten.

c) Auch ist das Personal verpflichtet, wenn Gefahr im Verzuge
ist oder eine Betriebsstockung vermieden werden soll, auch an
Sonn= und Feiertagen in den gesetzlich zulässigen Fällen nach
den Anordnungen der Betriebsleitung Dienst zu tun.

d) Alle über die normale wöchentliche Arbeitszeit hinaus zu
leistende Sonn= und Feiertagsarbeit, sowie Überstunden wer=
den nach folgenden Sätzen bezahlt:

   1. Überstunden, die in der Zeit von morgens 6 bis abends
      9 Uhr geleistet werden, werden mit einem Lohnzuschlag
      von 25 Proz.,

   2. wenn dieselben von 9 Uhr abends bis 6 Uhr morgens zu
      leisten sind, mit einem Zuschlag von 50 Proz. entlohnt.

   3. Dieser letztere Zuschlagssatz gilt auch für alle an Sonn=
      und Feiertagen und an den wöchentlichen Ruhetagen der
      Schichtarbeiter zu leistende Arbeitszeit.

e) Die Beschäftigten haben sich pünktlich zur Arbeit einzufinden
und die ihnen übertragenen Arbeiten sorgfältig auszuführen;
auch dürfen sie die Arbeit nicht vor der festgesetzten Arbeits=
stunde niederlegen.

f) Das Maschinen= und Heizerpersonal hat seinen Platz nicht
eher zu verlassen, als bis die Ablösung zur Stelle ist. Beim
Ausbleiben derselben ist dem Maschinenmeister Meldung zu
erstatten und dessen Anordnung zu befolgen.

g) Während der Dauer der Arbeitszeit darf niemand die Ar=
beitsstelle ohne Erlaubnis des Vorgesetzten verlassen.

h) Die dem Personal übergebenen Materialien, Werkzeuge, Ge=
räte usw. müssen von diesem am Schluß der Arbeit in saube=
rem Zustand an die hierfür bestimmten Aufbewahrungsorte
gebracht werden.

i) Betreffs Verwendung und Ablieferung der Werkzeuge erfolgt
Anordnung in den besonderen Dienstvorschriften.

k) Für die Zeitbestimmungen sind die Uhren in der Anstalt
maßgebend.

IV. Urlaub und Krankheit.

a) Einen notwendigen Urlaub hat jeder Angestellte, zuvor nach
Meldung bei seinem direkten Vorgesetzten, beim Betriebs=
leiter nachzusuchen.

b) In Krankheitsfällen hat der Betreffende sofort seinem Vor=
gesetzten und dem Bureau Anzeige zu erstatten, und zwar hat
dies so zeitig zu geschehen, daß noch für eine Vertretung ge=
sorgt werden kann.

c) Der Kranke hat nach seiner Genesung vor Wiederaufnahme
der Arbeit sich im Bureau unter Vorzeigung des Kranken=
scheines persönlich gesund zu melden.

d) Unfälle und Verletzungen jeder Art, gleichviel, ob im Dienst
oder außerdienstlich geschehen, sind unter Nennung der
Zeugen dem Vorgesetzten auf dem schnellsten Wege zu melden.

e) Wer ohne Urlaub und ohne sich krank gemeldet zu haben, von
der Arbeit fortbleibt, wird als willkürlich Feiernder ange=
sehen und hat seine Entlassung zu gewärtigen.

f) Die durch Anschlag bekannt gegebenen Unfallverhütungsvor=
schriften, sowie die für die besonderen Berufsgruppen er=
lassenen Sonderdienstanweisungen sind im eigensten Inter=
esse sorgfältig zu beachten.

V. Lohnberechnung und Lohnzahlung.

a) Der Lohn wird nach einem vorher vereinbarten Stunden-
Tages- oder Wochenlohn oder nach einem bewilligten Mo-
natslohn berechnet.

b) Die Lohnzahlung erfolgt entweder wöchentlich, und zwar am
Freitag jeder Woche, oder bei Monatslöhnen am letzten Tage
des Monats. Falls der Lohnzahlungstag auf einen Sonn-
oder Feiertag fällt, wird der Lohn an dem vorhergehenden
Werktage ausgezahlt. Die Lohnzahlung erfolgt stets innerhalb der Arbeitszeit.

c) Der Lohn ist persönlich gegen Quittung in Empfang zu
nehmen, nur in Krankheitsfällen kann gegen eine einwandfreie Anweisung des Erkrankten der Lohn an einen Vertreter
ausbezahlt werden.

d) Vom Lohn werden in Abzug gebracht:

   1. Die dem Angestellten gesetzlich zur Last fallenden Beiträge
      zur Krankenkasse, Invaliditäts- und Altersversicherung
      usw.

   2. Etwaige Ersatzleistungen für vorsätzliche oder fahrlässige
      Beschädigung an Werkzeug, Material oder sonstigem
      Eigentum der städtischen Zentrale.

   3. Etwaige Auslagen oder Vorschüsse.

e) Der Empfänger hat sich von der Richtigkeit des Betrages zu
überzeugen, etwaige Einwendungen gegen die Richtigkeit des
gezahlten Betrages sind sofort, gegen die Richtigkeit der Lohnberechnung spätestens am folgenden Arbeitstag anzubringen.
Spätere Einwendungen können nur berücksichtigt werden,
wenn Krankheit oder dergleichen die rechtzeitige Reklamation
verhinderte.

f) Im Falle einer Erkrankung kann den Beschäftigten, soweit sie
noch nicht 1 Jahr im Betriebe tätig sind, auf die Dauer von
4 Wochen, bei längerer Beschäftigungsdauer für die Zeit von
6 Wochen die Differenz zwischen Lohn und Krankengeld ausgezahlt werden.

g) Unverheirateten Arbeitern, welche zu 12- bis 14 tägigen
Landwehrübungen eingezogen sind, ist der Lohn unverkürzt

fortzuzahlen. Den verheirateten Reservisten, welchen bei einer mehr als 2 jährigen Dienstzeit im städtischen Dienste bei längeren Friedensübungen während 4 Wochen die Hälfte des Lohnes zu zahlen ist, wird ein Abzug hiervon nicht gemacht.

h) Anträge auf Gewährung des Lohnzuschusses sind schriftlich an die Betriebsleitung zu richten.

i) Die Rechtswirkung des § 616 BGB., betreffend die Weiterzahlung des Lohnes in Krankheitsfällen und bei sonstigen Verhinderungen an der Arbeitsleistung, ist ausgeschlossen.

VI. Verhalten bei Ausführung der Arbeiten.

a) Jeder im hiesigen Betriebe Beschäftigte hat Anspruch auf eine gute und angemessene Behandlung seitens seiner Vorgesetzten. Er hat diesen im Dienst unbedingten Gehorsam zu leisten, ihnen wie auch den Beamten des Betriebes in und außer Dienst die gebührende Achtung zu erweisen, die ihm überwiesenen Arbeiten und Aufträge gewissenhaft auszuführen und das Beste des Betriebes in jeder Beziehung zu vertreten und zu wahren.

b) Alle Wünsche und Beschwerden sind bei dem nächsten Vorgesetzten in bescheidener Weise anzubringen, erst dann — falls noch erforderlich — beim Leiter des Betriebes.

c) Mit den ihm anvertrauten Materialien hat jeder getreulich und sparsam umzugehen.

d) Das Tabak- und Zigarrenrauchen wie das Trinken alkoholischer Getränke während der Arbeit ist streng untersagt.

e) Jeder kann beim Eintritt in die Anstalt oder beim Verlassen derselben angehalten werden, um sich wegen etwa unrechtmäßig mitgeführter Gegenstände auszuweisen

VII. Wahrung der allgemeinen Sicherheit und Ordnung.

a) Die Kesselhäuser, Maschinenräume und alle mit „Eintritt verboten" bezeichneten Räume dürfen nur von den in diesen Räumen Beschäftigten oder dazu ausdrücklich von ihren Vorgesetzten Beauftragten betreten werden.

b) Die Unfallverhütungsvorschriften sind streng zu befolgen.

c) Auf Feuer und Licht sowie auf feuergefährliche Gegenstände
   ist sorgsam achtzugeben. Gebrauchtes Putzmaterial ist nur
   an den dazu bestimmten Orten aufzubewahren.

d) Die Beleuchtungseinrichtungen sind sorgfältig und sparsam
   zu benutzen, jede Schadhaftigkeit ist sofort beim Vorgesetzten
   zur Anzeige zu bringen.

e) Alle dem Betriebe drohenden Gefahren und Nachteile ist jeder
   verpflichtet nach Möglichkeit abzuwenden und ungesäumt zur
   Anzeige zu bringen.

f) Besuche von Verwandten, Freunden und fremden Arbeitern
   sind ohne Genehmigung in der Anstalt nicht gestattet.

g) Das Betreten der übrigen städtischen Anstalten hier am Orte
   ohne dienstlichen Auftrag ist dem hier angestellten Personal
   strengstens untersagt. Desgleichen ist der Aufenthalt in der
   Zentrale außerhalb der Arbeitszeit nur den in der Anstalt
   Wohnenden erlaubt.

h) Jeder Handel mit Eßwaren, Getränken, Tabak usw. inner=
   halb der Anstalt ist verboten.

i) Versammlungen, Beratungen in den Räumen, Höfen und
   Zugängen der Anstalt sind ohne Genehmigung verboten.
   Das Sammeln von Unterschriften, der Verkauf von Losen,
   Einlaßkarten, Druckschriften, sowie die Vornahme von Geld=
   sammlungen sind in der Anstalt nicht erlaubt. Sammellisten
   dürfen nur mit der Genehmigung des Betriebsleiters in Um=
   lauf gesetzt werden.

k) Jeder ist verpflichtet, alle durch Anschlag in der Anstalt be=
   kannt gemachten Mitteilungen zu lesen.

l) Alle hier beschäftigten Personen haben Frieden und Eintracht
   unter sich zu bewahren und sich jeder Beleidigung, Drohung
   und Gewalttätigkeit gegeneinander strengstens zu enthalten.

m) Zuwiderhandlungen werden gegebenenfalls mit sofortiger
   Entlassung bestraft.

VIII. Schadenersatzpflicht.

a) Jeder Nachteil oder Schaden, welcher der Anstalt absichtlich
   oder fahrlässigerweise durch einen hier Beschäftigten zugefügt
   wird, sei es an Materialien, Werkzeugen, Geräten, Maschinen,

Betriebsapparaten oder anderem Eigentum der Anstalt, ist durch den Angestellten, abgesehen von den gesetzlichen und den in dieser Arbeitsordnung vorgesehenen Strafen, zu ersetzen.

b) Die zum Schadenersatz dienenden, vom Leiter der Zentrale festzustellenden Beträge werden bei den nächsten Lohnzahlungen in Abzug gebracht.

IX. Strafbestimmungen.

a) Mutwillige Verletzungen der Betriebseinrichtungen werden bei der Königlichen Staatsanwaltschaft zur Anzeige gebracht.

b) Von den im Gesetz vorgesehenen Geldstrafen soll vorläufig Abstand genommen werden. Wer das erforderliche Pflichtgefühl nicht besitzt, hat es sich selbst zuzuschreiben, wenn er seine Entlassung erhält.

X. Arbeiterausschuß.

Um den beschäftigten Personen Gelegenheit zu geben, durch selbstgewählte Vertreter Anträge, Wünsche und Beschwerden vorzutragen, ist für den Betrieb ein Arbeiterausschuß eingerichtet, über dessen Tätigkeit die vom Kuratorium der Zentrale Buch erlassenen Bestimmungen maßgebend sind.

XI. Ruhegeld, Hinterbliebenenversorgung.

Den ohne Pensionsberechtigung im Dienste der Stadt beschäftigten Personen kann ein Ruhegeld und eine Hinterbliebenenversorgung nur nach Maßgabe des Gemeindebeschlusses vom $\frac{16.\ \text{Januar}}{13.\ \text{März}}$ 1908 gewährt werden.

XII. Zusätze und Abänderungen der Arbeitsordnung.

Zusätze und Abänderungen der vorstehenden Arbeitsordnung werden durch Anschlag an den Arbeitsstellen bekannt gemacht.

Die Arbeitsordnung tritt mit dem 1. April 1913 in Kraft.

Berlin, den 22. November 1912.

Das Kuratorium.   Die Betriebsleitung.

gez. Mielenz.   gez. Abt.

6. Bestimmungen über die Errichtung und Tätigkeit eines Arbeiterausschusses in der städtischen Zentrale Buch.

§ 1.

Für die städtische Zentrale Buch wird ein Arbeiterausschuß eingesetzt.

§ 2.

Die Einrichtung des Arbeiterausschusses bezweckt, den Arbeitern Gelegenheit zu geben, durch selbst gewählte Vertreter Anträge, Wünsche und Beschwerden vorzutragen und hierüber, sowie über sonstige, auf das Wohl der Arbeiter bezügliche Fragen auf Verlangen der Verwaltung gutachtliche Äußerungen abzugeben.

Die Anträge, Wünsche und Beschwerden müssen allgemeiner Natur sein und dürfen nicht lediglich die Angelegenheiten Einzelner betreffen.

Der Arbeiterausschuß hat darauf hinzuwirken, daß unter den Arbeitern die gute Sitte und die Kameradschaft gefördert, Streitigkeiten aber verhütet und geschlichtet werden.

Der Arbeiterausschuß muß von der Verwaltung gehört werden vor Erlaß oder Abänderung allgemeiner Bestimmungen des Dienstvertrages und der Arbeitsordnung.

§ 3.

Der Arbeiterausschuß besteht aus 5 Mitgliedern. In gleicher Zahl sind Ersatzmitglieder zu wählen.

§ 4.

Wahlberechtigt sind alle mindestens 25 Jahre alten, in dem Betriebe beschäftigten, verfügungsfähigen Arbeiter und Arbeiterinnen deutscher Reichsangehörigkeit.

Wählbar sind solche verfügungsfähigen Arbeiter und Arbeiterinnen deutscher Reichsangehörigkeit, welche mindestens 25 Jahre alt, seit mindestens 2 Jahren ununterbrochen in dem Betriebe beschäftigt sind und sich im Besitze der bürgerlichen Ehrenrechte befinden. Der ununterbrochenen zweijährigen Beschäftigung im Betriebe wird es gleich erachtet, wenn Beiträge für mindeſtens 104 Arbeitswochen Invalidenverſicherung während der Beſchäftigung im Betriebe geleiſtet ſind.

Ausſchußmitglieder, welche wegen Ablaufs der Wahlzeit aus=
ſcheiden (§ 14), ſind wieder wählbar.

§ 5.

Tag und Stunde der Wahl werden eine Woche vorher bekannt
gemacht. Vor der Bekanntmachung iſt ein Verzeichnis der wahl=
berechtigten und wählbaren Arbeiter der Anſtalt, erforderlichen
Falles unter Angabe der Wahlgruppen und der Zahl der aus jeder
Gruppe zu wählenden Ausſchußmitglieder bzw. Erſatzmitglieder
zur Einſicht auszulegen. Wird dieſes Verzeichnis nicht binnen
einer Woche vom Tage der Auslegung an bemängelt, ſo bildet das=
ſelbe die Grundlage für die Zulaſſung zur Wahl.

Über Ausſtellungen gegen das Verzeichnis entſcheidet das
Kuratorium.

§ 6.

Die Wahl wird von dem Betriebsleiter oder einem Beauf=
tragten der Verwaltung geleitet, welcher 2 Wahlberechtigte als
Beiſitzer zuzuziehen hat.

§ 7.

Die Wahl der Ausſchußmitglieder und der Erſatzmitglieder iſt
eine unmittelbare und geheime. Die Wähler haben diejenigen
Perſonen, welche ſie als Mitglieder bzw. Erſatzmitglieder wählen
wollen, geſondert auf Stimmzettel von weißer Farbe zu ſchreiben,
welche zuſammengefaltet dem Wahlleiter übergeben werden.
Mittels Vervielfältigungsverfahrens hergeſtellte Stimmzettel ſind
zuläſſig. Ungültig ſind Stimmzettel, die mehr Namen enthalten
als Mitglieder bzw. Erſatzmitglieder zu wählen ſind.

§ 8.

Die Auszählung der Stimmen und die Feſtſtellung des Wahl=
ergebniſſes erfolgt öffentlich unmittelbar nach Beendigung des
Wahlaktes. Über dieſen iſt ein Protokoll aufzunehmen, das von
dem Wahlleiter und den Beiſitzern zu unterzeichnen iſt.

§ 9.

Gewählt find diejenigen, welche die abfolute Mehrheit der gültig abgegebenen Stimmen für das Amt als Mitglieder bzw. Erfaßmitglieder erhalten haben.

Soweit fich bei der erften Wahl für foviel Perfonen, als zu wählen find, die abfolute Mehrheit nicht ergeben hat, hat eine engere Wahl ftattzufinden. Für diefe ftellt der Wahlvorftand die Namen derjenigen Perfonen, welche nächft den Gewählten die meiften Stimmen erhalten haben, bis zur doppelten Zahl der noch zu wählenden Mitglieder bzw. Erfaßmitglieder zufammen. Diefe Zufammenftellung bildet die Lifte derjenigen, welche in der enge=ren Wahl allein wählbar find.

§ 10.

Zur engeren Wahl werden die Wahlberechtigten durch eine das Ergebnis der erften Wahl enthaltende Bekanntmachung binnen einer Woche eingeladen. Bei Stimmengleichheit ent=fcheidet in der engeren Wahl das Los.

§ 11.

Das Ergebnis der Wahl ift durch Anfchlag oder in fonft ge=eigneter Weife den Wählern bekannt zu geben.

§ 12.

Die Gewählten haben fich über die Annahme der Wahl binnen einer Frift von 3 Tagen nach der Bekanntgabe des Wahlergebniffes fchriftlich zu erklären.

Die Abgabe keiner Erklärung gilt als Ablehnung der Wahl. Eine Verpflichtung zur Annahme der Wahl befteht nicht.

§ 13.

Befchwerden über die Rechtsgültigkeit der Wahl find binnen einer Woche von der Bekanntmachung der Wahl ab gerechnet an das Kuratorium zu richten, welches darüber Entfcheidung trifft.

§ 14.

Die Wahl der Ausfchußmitglieder und der Erfaßmitglieder erfolgt auf 3 Jahre.

§ 15.

Das Amt als Ausschußmitglied oder Ersatzmitglied erlischt schon vor Ablauf der dreijährigen Periode:

  a) durch Verlust der Wählbarkeit,
  b) durch freiwillige Niederlegung des Amtes.

§ 16.

Im Falle der Ablehnung des Amtes durch ein Ausschußmitglied oder seines Ausscheidens (§ 15) oder im Falle vorübergehender Verhinderung ist ein Ersatzmitglied einzuberufen.

§ 17.

Die Ersatzmitglieder werden nach der Zahl der für sie bei der Wahl abgegebenen Stimmen in ein Verzeichnis eingetragen, das für die Einberufung an die Stelle eines Mitgliedes maßgebend ist. Sind für mehrere Mitglieder gleich viel Stimmen abgegeben, so entscheidet über ihre Einreihung das Los. Im Falle einer Vakanz ist dasjenige Ersatzmitglied einzuberufen, welches die höchste Stimmenzahl auf sich vereinigt hat, im Falle einer weiteren Vakanz dasjenige, welches die demnach höchste Stimmenzahl erhalten hat usw. fort. Die Einberufung zur dauernden Vertretung eines ausgeschiedenen Mitgliedes geht derjenigen zur Vertretung eines vorübergehend behinderten Mitgliedes vor.

§ 18.

Ausschußmitglieder, welche behindert sind, an einer Sitzung des Ausschusses teilzunehmen, haben den Vorsitzenden rechtzeitig zu benachrichtigen, welcher, wenn möglich, die Einberufung eines Ersatzmitgliedes zu bewirken hat.

§ 19.

Ist die für den Ausschuß vorgeschriebene Zahl von Mitgliedern infolge Ausscheidens von Mitgliedern und Ersatzmitgliedern nicht mehr vorhanden, so findet eine Ergänzung des Ausschusses für den Rest der Wahlperiode statt. Die Ergänzungswahl an Stelle der fehlenden Mitglieder und Ersatzmitglieder erfolgt binnen Monats-

frist. Auf diese Wahl finden die Bestimmungen der §§ 4—13
Anwendung.

§ 20.

Nach Ablauf der Einspruchsfrist ist der Ausschuß von der Ver=
waltung zu einer ersten Sitzung einzuberufen, welche von einem
Beauftragten der Verwaltung geleitet wird. In dieser Sitzung
wählt der Ausschuß aus seiner Mitte einen Vorsitzenden, einen stell=
vertretenden Vorsitzenden und einen Schriftführer. Auf Wunsch des
Ausschusses wird der Schriftführer von der Verwaltung gestellt.

§ 21.

Der Ausschuß tritt nach Bedarf zusammen. Auf Verlangen
der Verwaltung oder auf Antrag von zwei Mitgliedern muß seine
Einberufung erfolgen.

§ 22.

Den Sitzungen des Ausschusses wohnen ein oder mehrere
Beauftragte der Verwaltung mit beratender Stimme bei, welche
auf Verlangen jederzeit zu hören sind.

§ 23.

Die Einladung zu den Sitzungen ist mit der Tagesordnung von
dem Vorsitzenden mindestens 5 Tage vor dem Zusammentritt zu
erlassen und gleichzeitig dem Betriebsleiter mitzuteilen.

§ 24.

Der Ausschuß ist beschlußfähig, wenn mindestens 3 Mitglieder
anwesend sind. Er entscheidet mit einfacher Stimmenmehrheit der
anwesenden Mitglieder. Stimmengleichheit gilt als Ablehnung.

§ 25.

Über die Beratungen des Ausschusses sind Niederschriften auf=
zunehmen, welche die Namen der Anwesenden, ein Verzeichnis der
verhandelten Gegenstände und das Ergebnis der Abstimmung

enthalten sollen. Die Protokolle sind von den Mitgliedern des Ausschusses zu vollziehen und von der Verwaltung, welcher sie einzureichen sind, aufzubewahren.

§ 26.

Die Beschlüsse der Verwaltung, welche auf die Anträge des Arbeiterausschusses ergehen, sind diesem schriftlich mitzuteilen.

§ 27.

Aus Anlaß der Dienstversäumnis gelegentlich der Wahlhand=lung und der Teilnahme an den Sitzungen finden Lohnkürzungen nicht statt.

§ 28.

Zur Entlassung oder zur Aufkündigung des Dienstverhält=nisses der Mitglieder und der Ersatzmitglieder des Arbeiteraus=schusses bedarf es der Genehmigung des Magistrats.

§ 29.

Arbeiterausschüsse, welche sich zur Erfüllung der ihnen ge=stellten Aufgaben als ungeeignet erwiesen haben, können auf An=trag der Verwaltung vom Magistrat aufgelöst werden.

Im Falle der Auflösung ist eine Neuwahl binnen 4 Wochen anzuberaumen.

§ 30.

Auf Grund dieser Bestimmungen findet im Laufe des Monats März 1913 eine Neuwahl des Arbeiterausschusses statt. Im übrigen treten die Bestimmungen mit dem 1. April 1913 in Kraft.

Vorstehende Bestimmungen werden hierdurch genehmigt.

Berlin, den 28. Januar 1913.

Magistrat hiesiger Königl. Haupt= und Residenzstadt.

gez. Reicke.

F.=Nr. 23. G. B. 1/13.

7. Anschlußvertrag.

§ 1.

Gegenstand des Vertrages.

Die Königliche Eisenbahndirektion zu Berlin gestattet der Stadt Berlin vertreten durch ihren Magistrat auf Grund der angehefteten, einen Bestandteil dieses Vertrages bildenden allgemeinen Bedingungen für die Zulassung von Privatanschlüssen und der gleichfalls angehefteten besonderen Bedingungen für die Inanspruchnahme von Eisenbahngelände durch Fahrleistungen elektrisch betriebener Anschlußgleise den Anschluß an die Staatsbahngleise auf Bahnhof Buch gemäß dem beigehefteten Lageplan, in dem das Anschlußgleis rot eingetragen ist.

§ 2.

Herstellung des Anschlußgleises.

1. Die Eisenbahnverwaltung hat für Rechnung des Anschlußinhabers die Beschaffung und den Einbau der Anschlußweiche (Weiche 5) sowie den Anschluß dieser Weiche und der Gleissperre vor Weiche 1a an das Stellwert Bst bewirkt.

2. Die übrigen Anschlußgleisteile hat der Anschlußinhaber selbst auf seine Kosten hergestellt.

§ 3.

Geländepacht.

Für die Mitbenutzung des zu der Anschlußanlage erforderlichen auf dem Lageplan gelb angelegten zukünftigen Geländes der Staatseisenbahnverwaltung in einer Größe von rund 900 qm hat der Anschlußinhaber gemäß § 3 Absatz 3 der Allgemeinen Bedingungen vom Tage der Inbesitznahme des Geländes durch die Staatseisenbahnverwaltung ab eine jährliche Pacht von 0,08 ℳ für das Quadratmeter, also im ganzen 72 ℳ, in Worten „Zweiundsiebenzig Mark" zu zahlen.

§ 4.

Bewachung und Bedienung des Anschluß-gleises.

1. Vom Tage der vorläufigen Inbetriebnahme, d. i. vom 19. Dezember 1911 ab bewirkt die Eisenbahnverwaltung die Be=wachung des gesamten Anschlußgleises sowie die Bedienung des Anschlußgleises von der Anschlußweiche (Weiche 5) bis zur Weiche 2 a einschließlich.

Die Bedienung erstreckt sich jedoch nur auf.die Zeit der eisen=bahnseitigen Zustellung und Abholung der Wagen (vgl. § 7 des Vertrages).

2. Zur Bewachung und Bedienung der Anschlußanlage gemäß Ziffer 1 dieses § ist ½ Weichensteller erforderlich. Gemäß § 9 der allgemeinen Bedingungen ist daher vom Tage der vorläufigen Inbetriebnahme, d. i. vom 19. Dezember 1911, ab eine jährliche Vergütung von 600 ℳ, in Worten: Sechshundert Mark zu zahlen.

§ 5.

Unterhaltung des Anschlußgleises.

1. Vom Tage der vorläufigen Inbetriebnahme, d. i. vom 19. Dezember 1911 ab bis zum Tage der endgültigen Inbetrieb=nahme bewirkt die Eisenbahnverwaltung die Unterhaltung des Anschlußgleises von der Anschlußweiche (Weiche 5) bis zum Stoß vor der Zungenspitze der Weiche 1 a ausschließlich.

Hierfür hat die Stadt Berlin vom 19. Dezember 1911 ab eine jährliche Pauschvergütung von 59 ℳ, in Worten: „Neunund=fünfzig Mark", zu zahlen.

2. Vom Tage der endgültigen Inbetriebnahme ab bewirkt die Eisenbahnverwaltung die Unterhaltung des Anschlußgleises von der Anschlußweiche (Weiche 5) bis zur Weiche 2 a einschließlich mit Ausnahme der Gleiswage und des hierauf befindlichen Gleis=stückes.

3. Hierfür hat die Stadt Berlin vom Tage der endgültigen Inbetriebnahme zu zahlen:

    a) für die laufende bauliche Unterhaltung von rund 660 m Gleisen eine jährliche Vergütung von 132 ℳ, in Worten: „Einhundertzweiunddreißig Mark".

b) Für die Gangbarhaltung, Schmierung und Erleuchtung von drei einfachen Weichen (eine im Hauptgleis) eine jährliche Vergütung von 45+(2×20)=85 ℳ, in Worten: „Fünfundachtzig Mark".

4. Für die Unterhaltung und Beleuchtung einer Gleissperre (s. § 2 Ziffer 1) einschließlich Vorhaltens der Ersatzmaterialien hat die Stadt Berlin vom Tage der vorläufigen Inbetriebnahme, d. i. vom 19. Dezember 1911, ab eine jährliche Pauschvergütung von 15 ℳ, in Worten: „Fünfzehn Mark", zu zahlen.

§ 6.

Nachprüfung pp. der Anschlußgebühren.

Eine Nachprüfung und angemessene Erhöhung der Geländepacht (§ 3) sowie der Kosten für die Bewachung und Bedienung der Anschlußanlage (§ 4) steht der Eisenbahnverwaltung jederzeit zu.

§ 7.

Übergabegleis.

1. Übergabegleise gemäß § 15 Absatz 2 der allgemeinen Bedingungen sind die Gleise I und II.

2. Die Zuführung und Abholung der Wagen nach und von diesen Gleisen geschieht eisenbahnseitig. Alle übrigen Bewegungen der Wagen auf der Anschlußanlage hat der Anschlußinhaber selbst zu besorgen.

§ 8.

Anschlußfracht.

1. Die gemäß § 19 der allgemeinen Bedingungen zu entrichtende Anschlußfracht beträgt 0,70 ℳ.

2. Für die Beförderung von auf eigenen Rädern laufenden Eisenbahnlokomotiven mit oder ohne Tender nach und von dem Anschlußgleis wird der dreifache Satz der Anschlußfracht erhoben. Für die Beförderung von auf eigenen Rädern laufenden Eisenbahnwagen kommt (abgesehen von dem Fall des § 19 Abs. 4 der allgemeinen Bedingungen) die einfache Anschlußfracht zur Erhebung.

§ 9.

Zahlstelle.

1. Zuständige Eisenbahnkasse gemäß § 23 der allgemeinen Bedingungen ist die Eisenbahnhauptkasse in Berlin.

2. Die Begleichung der vereinbarten Beträge kann auch durch Überweisung auf Reichsbankgirokonto der genannten Kasse erfolgen. In diesem Falle hat jedoch der Anschlußinhaber der Eisenbahnhauptkasse vor den festgesetzten Zahlungsterminen anzuzeigen, durch welche Bank und wofür der Betrag überwiesen wird.

Berlin, den 8. Oktober 1912.

Königliche Eisenbahndirektion.

Koch.

Berlin, den 12. September 1912.

Der Anschlußinhaber.

Magistrat hiesiger Königl. Haupt= und Residenzstadt.

Marggraff.　　　Ludwig Hoffmann.

Sachregister.

Druck von H. S. Hermann in Berlin.

Handbuch der Verfassung und Verwaltung
in Preußen und dem Deutschen Reiche
Von **Graf Hue de Grais**
Wirkl. Geh. Oberregierungsrat, Königl. Regierungspräsident a. D.
Zweiundzwanzigste Auflage
In Leinwand gebunden Preis M. 8,—
In Leinwand gebunden und mit Schreibpapier durchschossen M. 9,50

Grundriß der Verfassung und Verwaltung
in Preußen und dem Deutschen Reiche
Von **Graf Hue de Grais**
Wirkl. Geh. Oberregierungsrat, Königl. Regierungspräsident a. D.
Elfte Auflage — Kartoniert Preis M. 1,—

Handbuch des geltenden Öffentlichen und Bürgerlichen Rechtes
Von **R. Zelle**
Oberbürgermeister von Berlin
Sechste Auflage
neubearbeitet von R. Korn, Regierungsrat am Königl. Polizeipräsidium Berlin,
Dr. jur. K. Gordan, Magistratsrat zu Berlin, Dr. jur. W. Lehmann, Magistratsassessor zu Berlin
In Leinwand gebunden Preis M. 9,—

Die Städteordnung von 1853 in ihrer heutigen Gestalt
nebst dem Kommunalabgabengesetz und Nebengesetzen
Von · **R. Zelle**
Oberbürgermeister von Berlin
Fünfte Auflage
durchgesehen und ergänzt von Dr. Kurt Gordan, Magistratsrat in Berlin
Kartoniert Preis M. 1,80

Die Stadtverordneten
Ein Führer durch das bestehende Recht, zunächst durch die Preußische
Städteordnung für die östlichen Provinzen vom 30. Mai 1853
Von **Dr. A. W. Jebens**
Wirkl. Geh. Rat, Senatspräsident des Oberverwaltungsgerichts a. D., Stadtrat
Zweite, neu bearbeitete Auflage — Kartoniert M. 3,—

Die Städteordnung von 1808 und die Stadt Berlin
Festschrift zur hundertjährigen Gedenkfeier der Einführung der Städteordnung
Im Auftrage des Magistrats herausgegeben von
Dr. Clauswitz
Stadtarchivar
In Halbpergament gebunden Preis M. 10,—

Berlin in Geschichte und Gegenwart
Von **Dr. Paul Goldschmidt**
Professor und Oberlehrer am Friedrichs-Gymnasium in Berlin
Mit 4 Übersichtsplänen
Preis M. 6,—; in Halbpergament gebunden M. 7,50

Zu beziehen durch jede Buchhandlung